westermann

W0464265

fit fürs abi

Klausur-Training

Biologie

fit fürs **abi**

Klausur-Training

Biologie

Margareta Hillesheim unterrichtete Biologie, Chemie und Erdkunde, war Seminarausbilderin und arbeitete in verschiedenen Abiturkommissionen mit.

Jennifer Jung unterrichtet Biologie und Mathematik an einem Gymnasium.

Miriam Paweletz unterrichtet Biologie und Deutsch im Zweiten Bildungsweg. Dort hat sie bis zu dreimal im Jahr Schüler, die die Abiturprüfung ablegen. Sie weiß daher ganz besonders gut, welche Tücken auf dem Weg zum Abitur zu überwinden sind und wie man sich optimal darauf vorbereitet.

Dr. Karl Pollmann unterrichtete nicht nur Biologie und Erdkunde, er war zudem Seminarausbilder und erarbeitete Richtlinien für den Fachunterricht.

westermann GRUPPE

Druck ^{4} / Jahr 2022

Redaktion und Satz: imprint, Zusmarshausen
Kontakt: lernhilfen@ westermanngruppe.de
Umschlaggestaltung und Innenlayout: Janssen Kahlert Design & Kommunikation, Hannover
Umschlagfoto: Getty Images iStock (Mark Kuiken)
Druck und Bindung: Westermann Druck Zwickau GmbH, Crimmitschauer Straße 43, 08058 Zwickau

ISBN 978-3-7426-**0150**-6

Symbolerklärung

A Aufgabe L Lösung 1. Aufgabe zum mündlichen Abitur

Vorwort

Die Aufgaben in **Fit fürs Abi – Klausur-Training Biologie** sind verschiedenen **Kompetenzbereichen** zugeordnet. So können die im Buch vorhandenen Trainingsaufgaben gezielt unter dem Aspekt der Kompetenzorientierung ausgewählt werden. Wenn also in einem bestimmten Kompetenzbereich besondere Übungsmöglichkeiten gesucht werden, bietet die vorhandene **Übersichtsskizze** (→ Seite 12/13) eine gute Hilfe für die sinnvolle Auswahl. Allerdings können in der Übersicht nur wenige exemplarische Beispielaufgaben aufgenommen werden, die schwerpunktmäßig einem Kompetenzbereich zuzuordnen sind. Insgesamt decken alle Aufgaben grundsätzlich mehrere, zum Teil alle Kompetenzen ab, allerdings mit unterschiedlicher Gewichtung der verschiedenen Kompetenzbereiche.
Eine besondere Herausforderung stellt in den Abiturprüfungen wie auch in den Biologieklausuren die sehr knappe Zeit und die damit notwendige Reduzierung des eigenen **Lösungs- und Bearbeitungskonzepts** dar. Es wurden daher gezielt exemplarische **Konzeptmuster** aufgenommen, um aufzuzeigen, wie in sehr kurzer Zeit eine möglichst effektive Grundlage für die anschließende Reinschrift gestaltet werden kann. So kann der Trainer für die Vorbereitung auf Klausuren und die Abiturvorbereitung gezielt genutzt werden, sowohl in der individuellen Vorbereitung als auch im Unterricht selbst.

Konzeption des Buches

Fit fürs Abi – Klausur-Training Biologie greift das Anliegen vieler Schülerinnen und Schüler auf, sich an möglichst vielen konkreten Aufgabenbeispielen gezielt und systematisch auf die Abiturprüfung vorzubereiten. Der Band bietet neben dem Training für die schriftliche Prüfung auch konkrete Hilfen und Übungsmöglichkeiten für die **mündliche Prüfung**, insbesondere auch für den 2. Prüfungsteil der mündlichen Abiturprüfung, in dem die Schülerinnen und Schüler – nach der Vorstellung der Ergebnisse einer bearbeiteten Aufgabe im ersten Prüfungsteil – zu weiteren Themengebieten der Qualifikationsphase befragt werden. Im vorliegenden Band wird eine Vielzahl an Aufgaben aus den verschiedenen Teilbereichen der Biologie mit verschiedenen **fachmethodischen Schwerpunkten** und **unterschiedlichsten Arbeitsmaterialien** angeboten. Tipps zur Vorbereitung auf die mündliche Prüfung finden Sie auch in unseren kostenlosen Videos unter **www.westermann.de/fit-fuers-abi** .

Das **Inhaltsverzeichnis und die Übersichtsskizze** ermöglichen die gezielte Auswahl und das Training für die verschiedenen Prüfungsteile. Der vorliegende Trainingsband stellt ein sinnvolles Hilfsmittel und Bindeglied zur Abiturvorbereitung dar. Während der Wissenband **Fit fürs Abi Oberstufenwissen Biologie, ISBN 978-3-7426-0142-1** das notwendige Grundlagenwissen vermittelt und Aufgaben aus dem Zentralabitur, die inzwischen in veröffentlichter Form zur Vorbereitung auf das Abitur vorliegen, die zu erbringenden Abschlussleistungen dokumentieren, können die Inhalte und Methoden mit dem Klausur-Training überprüft trainiert werden. Mit den Fragen zur Wissenswiederholung werden die Grundlagen zu den zentralen Gegenstandsbereichen des Abiturs überprüft. Sie sind in den Kapiteln Stoffwechsel, Genetik, Neurophysiologie, Ökologie, Verhalten und Evolution vorangestellt. Anhand von zwei ausgewählten Aufgaben wird außerdem exemplarisch aufgezeigt, wie man durch genaue Beachtung der **Operatoren** zu optimalen Leistungserfolgen kommen kann. Daneben wird in dieser überarbeiteten Fassung an ausgewählten Beispielen exemplarisch aufgezeigt, wie ein kurzes Konzept erstellt werden kann, um die Zeit zur Reinschrift optimal zu nutzen.

Zum Training bietet der vorliegende Band Aufgaben mit eingeschränktem Umfang an, die in überschaubarer Zeit lösbar sind. **Grundsätzlich sind alle Aufgaben dieses Bandes für eine mündliche Prüfung geeignet**, Aufgaben im schriftlichen Abitur sind häufig umfangreicher und enthalten mehr Operatoren.
Aufgaben, die dem Abiturformat weitgehend entsprechen, sind z. B. die Aufgaben 3.7, 3.9, 3.8, 4.3, 5.7, 6.2, 7.6 und 7.7. Auch bieten die beiden Aufgaben in Kapitel 1 Orientierung für die Anforderungen und Bewertung von Arbeitsaufträgen. Jede Aufgabe wird ergänzt durch mögliche Fragestellungen zu dem entsprechenden Themenkomplex in dem anschließenden Gespräch im 2. Prüfungsteil einer mündlichen Prüfung.

Fit fürs Abi – Klausur-Training Biologie ist zunächst für jeden geeignet, der sich individuell vorbereiten und seine Leistung optimieren möchte. Ein Einsatz in Arbeitsgruppen, die sich wechselseitig über ihre Ergebnisse, Lernschwierigkeiten und Lernwege austauschen, erhöht die Effektivität der Arbeit mit dem Aufgabentrainer. Möglich und sinnvoll ist auch der Einsatz in Selbstlern- oder Freiarbeitsphasen im Unterricht. Dem Titel des Buches entsprechend geht es bei der Arbeit mit dem Buch nicht nur darum, Aufgaben zu lösen, sondern auch darum, **Lernstrategien** zu erwerben.

Exemplarisch wird aufgezeigt, wie man effektiv und konzentriert ein knappes Konzept erstellt. Zur Kontrolle des eigenen Ergebnisses bietet der Band Lösungsvorschläge an, die allerdings im Rahmen des vorliegenden Bandes nur knappe Lösungsansätze enthalten und nicht die Anforderungen der operatorengerechten Bearbeitung im Rahmen einer schriftlichen Abituraufgabe erfüllen können. Am Beispiel der ausgewählten Aufgabe wird exemplarisch die Lösungsstrategie für eine fachgerechte Bearbeitung aufgezeigt (→ Seite 22 ff.). Bei der systematischen Arbeit mit diesem Trainer können Sie durch den Vergleich der eigenen Lösung mit den vorliegenden Hinweisen zu zentralen Lösungsaspekten Ihre vorhandenen Stärken und Lernschwierigkeiten ermitteln. Dadurch erkennen Sie, in welchen Bereichen weitere Übung notwendig ist. Daneben sollte aber auch immer reflektiert werden, wie es zu der richtigen oder falschen Lösung gekommen ist.

Struktur der Aufgaben

Die in diesem Klausur-Training angebotenen Aufgaben sind nach einem einheitlichen Strukturprinzip aufgebaut:

- Auf die Einordnung in das Teilgebiet der Biologie folgt zunächst die konkrete Themen- oder Fragestellung. Sie ist leitend für die gesamte Aufgabe und bildet den roten Faden für die Bearbeitung.
- Es folgt das Arbeitsmaterial, das in der Regel eine Kombination verschiedener fachspezifischer Materialien darstellt.
- Die anschließende gegliederte Aufgabenstellung fordert Leistungen in verschiedenen Anforderungsbereichen. Diese lassen sich anhand der Operatoren (→ Seite 17 ff.) erkennen. Alle Aufgaben sind (wie in der Abiturprüfung) streng an den Operatoren ausgerichtet.
- Es folgen inhaltliche und methodische Voraussetzungen zur Lösung dieser Aufgabe. Anhand dieser Angaben kann abgeschätzt werden, ob die Aufgabe für das Training zu diesem Zeitpunkt geeignet ist.
- Die angebotenen Lösungsaspekte geben eine grobe Orientierung für die zu erwartende Leistung. Es liegen allerdings keine vollständigen Lösungen vor, die alle Operatoren abdecken.
- Zur Sicherung des Fachwissens und zur Vernetzung der Themen finden Sie am Ende einer jeden Aufgabe mögliche Fragen zu dem entsprechenden Themenbereich, wie sie im 2. Prüfungsteil der mündlichen Prüfung gestellt werden könnten.

Trainieren mit dem Klausur-Training – gewusst wie!

Vorbereitung auf die schriftliche Abiturprüfung

Bei der schriftlichen Abiturprüfung geht es vor allem darum, Sachverhalte präzise, umfassend und strukturiert darzulegen. Sie sollten daher die Übungsaufgaben in schriftlicher Form bearbeiten, auch wenn dies mit einem größeren Aufwand verbunden ist.
Vor der Bearbeitung einer Aufgabe prüfen Sie bitte genau, ob Sie das notwendige Vorwissen und die angesprochenen Fachmethoden beherrschen und ob Sie mit der Art des Arbeitsmaterials vertraut sind. Hilfreich und sinnvoll kann zunächst die Wiederholung mithilfe des **Buches Fit fürs Abi – Oberstufenwissen Biologie** oder der „Fragen zur Wissenswiederholung" in diesem Band sein. Auch eine Liste der Fachbegriffe oder eine Mindmap sorgen im Vorfeld für einen besseren Überblick.
Bei der Bearbeitung der Aufgaben sollten Sie insbesondere sehr genau auf die verschiedenen Operatoren achten. Wie Sie in Kapitel 1 erkennen können, hängt die erreichte Punktzahl sehr von der genauen Arbeit an den Operatoren ab.

Die in der folgenden Tabelle aufgeführten fachmethodischen Schritte zur Materialerfassung bieten Hilfen für eine strukturierte und fachlich vertiefte Lösung.

Sechs Schritte zur Materialerfassung

Arbeit mit Texten ① Erfassen des Aussageschwerpunktes ② Erfassen der formalen Aspekte (Quelle, Zeit …) ③ inhaltliche Erfassung im Hinblick auf das Thema der Aufgabe ④ Gliederung der Textinformation ⑤ aufgabenbezogene Auswertung ⑥ Bewertung des Textes (Seriosität, Absicht des Autors) und der Textaussagen im Kontext der Problemstellung der Aufgabe und im Vergleich zu den anderen Arbeitsmitteln	**Arbeit mit Abbildungen und Schemazeichnungen** ① Erfassen des thematischen Rahmens und Einordnung in einen größeren Kontext ② Erfassen der Art der Darstellung ③ genaue Beschreibung der Abbildung ④ inhaltliche Auswertung: Gliederung der enthaltenen Informationen ⑤ Erfassen der zentralen Aussage(n) im Blick auf die Problemstellung ⑥ Bewertung der Aussagen im Kontext zu den anderen Arbeitsmitteln
Arbeit mit Hypothesen Erstellen von Hypothesen ① Informationen aus dem Arbeitsmaterial sammeln und strukturieren ② Hypothese klar als Aussage formulieren, Überprüfen von Hypothesen ③ Daten und Fakten aus dem Material der jeweiligen Hypothese klar zuordnen ④ Fakten gewichten und abwägen ⑤ Hypothese eindeutig verifizieren oder falsifizieren ⑥ präzise und materialbezogen begründen	**Arbeit mit Modellen und Theorien** ① Erfassen und Einordnen in den Kontext ② Erfassen der formalen Aspekte (Art des Modells, Art der Darstellung, räumliche und zeitliche Einordnung, Quelle) ③ inhaltliche Erfassung im Blick auf die Problemstellung ④ saubere Erläuterung des Modells/der Theorie, eventuell an einem Beispiel ⑤ aufgabenbezogene Anwendung des Modells/der Theorie auf das konkrete Beispiel ⑥ Bewertung: Leistungsfähigkeit und Grenzen des Modells/der Theorie zur Erklärung des vorgegebenen Beispiels
Stammbaumanalysen ① Erfassen der aussagekräftigen Personenkonstellationen ② Ermittlung des Erbgangs (autosomal-dominant, autosomal-rezessiv, gonosomal) und Begründung ③ Festlegung der Gensymbole ④ bei gonosomalen Erbgängen Kennzeichnung der Geschlechtschromosomen ⑤ widerspruchsfreie Zuordnung der Genotypen für die eindeutigen Konstellationen ⑥ Zuordnung der verschiedenen Alternativen bei nicht eindeutig festzulegenden Genotypen	**Arbeit mit Bildern** ① Erfassen des Ausschnitts und der Aussage ② Erfassen der formalen Aspekte ③ genaue Beschreibung des Bildinhalts ④ Bildanalyse: Ermittlung zentraler Aussage(n) ⑤ Interpretation: aufgabenbezogene Nutzung ⑥ Bewertung des Bildes als geeignete Quelle und Einordnung der Aussage in den Kontext der anderen Materialien
Arbeit mit Statistiken ① Überblick über Datenbestand verschaffen ② Erfassen der formalen Aspekte ③ gezielte Auswahl zentraler Daten im Blick auf die Problemstellung ④ Auswertung der zentralen Daten ⑤ aufgabenbezogene Nutzung der Ergebnisse ⑥ Bewertung der Aussageergebnisse im Kontext der anderen Materialien	**Arbeit mit Diagrammen** ① Erfassen von Form und Inhalt des Diagramms im Blick auf die Problemstellung ② Beschreibung der Diagrammaussage ③ inhaltliche Aspekte des Diagramms ④ Gliederung der Diagrammaussagen ⑤ aufgabenbezogene Diagrammnutzung ⑥ Bewertung der Art der Darstellung und der Aussage im Kontext der anderen Materialien

Im nächsten Schritt bearbeiten Sie ohne jedes weitere Hilfsmittel die komplette Aufgabe bis zur Reinschrift. Notieren Sie die Zeit, die Sie insgesamt benötigen. Orientieren Sie sich bei der Bearbeitung an den folgenden Arbeitsschritten:

Arbeitsschritte

① Thema, Aufgabenstellung und Anforderungsbereiche erfassen
- Formulieren Sie möglichst präzise und mit eigenen Worten den thematischen Schwerpunkt.
- Machen Sie sich mithilfe der Operatoren klar, welche Leistung zu erbringen ist und welchen Anforderungsbereichen diese zuzuordnen ist.

② Materialien sichten und den einzelnen Aufgaben zuordnen
- Verschaffen Sie sich einen genauen Überblick über die einzelnen Materialien und ordnen Sie diese, soweit möglich, einzelnen Aufgabenteilen zu.

③ Materialien fachmethodisch sauber auswerten
- Werten Sie die vorgegebenen Materialien systematisch nach den bekannten methodischen Schritten aus. Behalten Sie dabei die Themenstellung der Aufgabe und die Teilaufgaben im Auge.
- Notieren Sie wesentliche Auswertungsergebnisse stichwortartig auf dem Konzeptblatt, nach Möglichkeit direkt auf dem Aufgabenblatt (siehe **exemplarische Musterkonzepte** auf den → Seiten 41, 77/78, 129, 167, 172/173 und 177).
- Markieren Sie im Hinblick auf den thematischen Kontext zentrale Ergebnisse Ihrer Erarbeitung neben dem jeweiligen Arbeitsmaterial

④ Konzept der Aufgabenlösung erstellen
- Ordnen Sie alle bisher erarbeiteten Teilergebnisse in ein Gesamtkonzept ein. Dieser entscheidende Schritt bestimmt die Güte Ihrer weiteren Arbeit.

⑤ Lösungskonzept strukturieren und vernetzen
- Bearbeiten Sie sehr präzise alle Arbeitsschritte anhand der Operatoren.
- Bündeln und vernetzen Sie dabei die Einzelinformationen aus der Materialauswertung im Hinblick auf die zentrale Fragestellung.
- Gewichten Sie die Ergebnisse der Einzelauswertungen im Hinblick auf die Fragestellung.
- Verbinden Sie Lösungsaspekte zu logischen Argumentationsketten.
- Prüfen Sie, ob bzw. inwieweit die Aussagen der Einzelauswertungen in Beziehung zueinander stehen oder ob es Widersprüche gibt.

⑥ Lösungskonzept überprüfen
- Stimmt das Lösungskonzept mit den Anforderungen der Aufgabe überein?
- Ist die im Thema aufgeworfene Frage beantwortet?
- Sind zentrale Ergebnisse entsprechend gewichtet?
- Sind alle Aufgabenteile und Anforderungsbereiche den Operatoren entsprechend erfasst?

⑦ Reinschrift erstellen
- Richten Sie die Darstellung konsequent auf die Aufgabenstellung aus. Orientieren Sie sich dabei grundsätzlich an den Operatoren.
- Bauen Sie die Argumentation logisch auf, achten Sie auf eine klare Gliederung.
- Gestalten Sie den Text ordentlich und sprachlich sauber.
- Nutzen Sie durchgängig Belege und Materialbezüge.

⑧ Schlusskorrektur durchführen
- Prüfen Sie, ob Ihre Ausführungen eine eindeutige Lösung bezüglich aller Operatoren darstellen.
- Prüfen Sie Schlüssigkeit und Widerspruchsfreiheit Ihrer Argumentation.
- Korrigieren Sie sprachliche Fehler und achten Sie auf die Rechtschreibung

Machen Sie sich im Anschluss Notizen über aufgetretene Schwierigkeiten, die Ihnen die Lösung erschwert oder verhindert haben.

Erfassung Ihres Leistungsstandes

Für die folgende genaue Erfassung Ihres Leistungsstandes sollten Sie sich viel Zeit nehmen. Prüfen Sie, ob Ihre Teillösungen die zentralen Lösungsvorschläge dieses Buches abdecken. Erfassen Sie präzise, welche Teile Ihnen gut gelungen sind und wo Schwierigkeiten, Fehler oder Lücken aufgetaucht sind. Nutzen Sie zur Kontrolle auch die allgemeinen Hilfen zu den **Operatoren** (→ Seite 14 ff.).

Stellen Sie bei der Bestandsaufnahme gravierende Wissenslücken und Fehler fest, sollten Sie diese zunächst beheben. Die Hinweise zu den Operatoren helfen Ihnen, die Aufgabenstellung präziser zu erfassen, auch schärfen sie den Blick für das genaue Anforderungsprofil der jeweiligen Teilaufgabe.

Vorbereitung auf die mündliche Abiturprüfung

Bei der mündlichen Abiturprüfung geht es vor allem darum, vorhandenes Wissen schnell zu aktivieren, dieses in größere Zusammenhänge einzuordnen und fachsprachlich sauber vorzutragen. Um in der mündlichen Prüfung schnell reagieren zu können, müssen Sie also über ein gutes Wissen und Sicherheit in der Verwendung zentraler Fachbegriffe verfügen. Anders als in der schriftlichen Prüfung, in der Formulierungen überarbeitet werden können, ist bei einem mündlichen Vortrag eine Korrektur nur sehr begrenzt möglich.
Im Rahmen der Vorbereitung geht es daher insbesondere auch darum, entsprechende Sicherheit in zentralen Kenntnissen zu erlangen.

In der Regel werden Sie zunächst in einer festen Vorbereitungszeit (meist etwa 30 Minuten) eine Aufgabe vorbereiten, um die Lösung dann in einer zusammenhängenden Darstellung frei vorzutragen. Darauf folgen manchmal kurze klärende Nachfragen. Diese dienen nur dem Verständnis, keinesfalls sind Erweiterungen oder Hilfen zur Korrektur vorgesehen. Im dann folgenden zweiten Prüfungsteil werden Grundlagen aus anderen Teilbereichen der Biologie eingefordert. Im Rahmen der Vorbereitung auf die mündliche Prüfung müssen Sie sich also ein gutes Wissen über die zentralen Themen aneignen. Außerdem sollten Sie trainieren, in kurzer Zeit ein möglichst knappes, stichwortartiges Konzept für die Aufgabenlösung zu entwerfen, das tragfähig ist für den folgenden freien Vortrag (siehe auch **exemplarische Musterkonzepte** auf den → Seiten 41, 77/78, 129, 167, 172/173 und 177).

Zur Vorbereitung einer mündlichen Prüfung bietet sich das folgende Verfahren an:

- Wiederholen Sie zunächst alleine mithilfe des Wissensbandes und des Schulbuches die zentralen Inhalte und Methoden eines Themas. Lösen Sie anschließend zur Kontrolle die entsprechenden Wissensfragen in diesem vorliegenden Band.
- Arbeiten Sie dann nach Möglichkeit in einem Team von etwa drei bis vier Personen, um die Prüfung zu simulieren.
- Wählen Sie zunächst gemeinsam eine Aufgabe aus diesem Trainer aus. In der folgenden Prüfungssimulation übernehmen zwei Teilnehmer die Rolle des „Prüflings", zwei Teilnehmer übernehmen die Rolle der „Prüfer".
- In den folgenden 30 Minuten erstellen die „Prüflinge" einen stichwortartigen Überblick über die Aufgabenlösung in Form eines „Spickzettels". Die „Prüfer" verständigen sich auf der Basis der vorliegenden Lösungsvorschläge auf die zentralen Antworten, die in der Präsentation erwartet werden.
- In der folgenden Simulation trägt der „Prüfling" seine Lösung ohne Unterbrechung in maximal 10 Minuten vor. Die Beobachter prüfen die Präsentation auf Vollständigkeit und notieren aufmerksam Lücken und Fehler. Auch sollte ein Blick auf die Darstellung gelegt werden (Sicherheit, Körpersprache, Deutlichkeit in der Artikulation, Klarheit, Struktur). Jeder „Prüfer" kann maximal eine Nachfrage stellen, um Missverständnisse zu klären. Die gesamte Simulation sollte 10 bis 15 Minuten nicht überschreiten.
- Anschließend tauschen die Beobachter zunächst ihre Eindrücke aus und überlegen, welche Rückmeldung sie dem Vortragenden geben wollen. Zunächst sollten sie mit einer positiven Rückmeldung beginnen. Welche Teile sind gut gelungen? Was sollte beibehalten werden? Welche Vorschläge zur Optimierung sollten gemacht werden?
- Die Rückmeldung sollte so gestaltet werden, dass jeder Vortragende bestärkt aus der Simulation entlassen wird. Im ersten Schritt sollten gelungene Anteile klar benannt werden. Ebenso klar müssen aber auch Fehler und Lücken angesprochen werden. Die Gruppe sollte abschließend gemeinsam überlegen, welche Maßnahmen geeignet sind, um deutlich gewordene Schwächen aufzuarbeiten.

Tipp

Auf **www.westermann.de/fit-fuers-abi** finden Sie kostenlose Videos mit Prüfungstipps. Unter anderem können Sie hier einer mündlichen Prüfung beiwohnen.

Überblick über die Grundlagen einer erfolgreichen

Strategien im methodischen Vorgehen bei der Lösung von Aufgaben

Kompetenzbereich Fachwissen
Fragen zur Wissenswiederholung jeweils im ersten Teil der Kapitel
Auch der Wissensband FIT FÜRS ABI bietet bei Wissenslücken hervorragende Möglichkeiten der Behebung dieser Lücken.

Stoffwechsel

- Energieumwandlung bei Pflanzen und Tieren und deren Orte
  → z. B. Aufgaben 2.3, S. 36 und 2.5, S. 42
- Stoffwechsel der CAM Pflanzen
  → z. B. Aufgabe 2.6, S. 45
- Steuerung von Stoffwechselvorgängen
  → z. B. Aufgaben 2.4, S. 39 und 3.6, S. 70

Genetik

- Molekulare Grundlagen u. Informationsumsetzung
  → z. B. Aufgaben 3.2 bis 3.5, S. 57 – 69
- Begriffsdefinitionen
  → z. B. Aufgabe 3.3, S. 60
- Biomedizin und ihre ethischen Grenzen
  → z. B. Aufgaben 3.7 und 3.8, S. 73 – 83
- Epigenetik
  → z. B. Aufgabe 3.9, S. 84

Neurophysiologie

- Aufbau und Funktion einer Nervenzelle
  → z. B. Aufgabe 4.4, S. 103
- Zusammenwirken von Nervenzellen
  → z. B. Aufgaben 4.2 und 4.3, S. 93 – 102
- Beinflussung der Nervenzellen durch Medikamente und Gifte
  → z. B. Aufgaben 4.2 und 4.3, S. 93 – 102

Ökologie

- Umweltfaktoren, Lebensgemeinschaften und Ökosysteme
  → z. B. Aufgaben 5.2 bis 5.7, S. 115 – 134
- Einfluss des Menschen auf Ökosysteme
  → z. B. Aufgaben 5.5 bis 5.7, S. 123 – 134
- Nachhaltige Nutzung von Ökosystemen
  → z. B. Aufgabe 5.6, S. 126

Verhalten

- Physiologische Grundlagen
  → z. B. Aufgabe 6.2, S. 141
- Methoden der Verhaltensforschung
  → z. B. Aufgabe 6.3, S. 146
- Unterschiedliche Aspekte des Verhaltens
  → z. B. Aufgabe 6.2 und 6.3, S. 141 – 146
- Lernverhalten
  → z. B. Aufgabe 6.2, S. 141

Evolution

- Fitness, Angepasstheit
  → z. B. Aufgaben 4.4, S. 103 und 7.6, S.182
- Evolutionstheorien
  → z. B. Aufgaben 4.4, S. 103 und 7.2, S. 164
- Art und Artbildung
  → z. B. Aufgabe 7.5, S. 178
- Evolution des Menschen
  → z. B. Aufgabe 7.4, S. 174

Abiturvorbereitung in Biologie mit Bezügen zum Trainer

Bundeslandspezifische Voraussetzungen

→ Information durch individuelle Recherchen auf den Internetseiten des entsprechenden Bundeslandes

- Themenbereiche, die vorausgesetzt werden
- genaue Definition der Operatoren
- Kompetenzen, die gefordert werden

(Die Kompetenzbereiche orientieren sich an den EPAs der Kultusministerkonferenz.)

Kompetenzbereich Kommunikation

Alle Kompetenzen im Anforderungsbereich Kommunikation werden in allen Aufgaben gefordert.

Darstellung auf Wesentliches reduzieren

Sprache und Fachsprache angemessen verwenden
Material zielgerichtet einsetzen

Sachverhalte und naturwissenschaftliche Erkenntnisse verständlich darstellen und diskutieren

Kompetenzbereich Methoden

- Fachspezifische Kompetenzen
- Naturwissenschaftliche Kompetenzen
- Allgemeine methodische Kompetenzen

Biologische Systeme analysieren und deren Eigenschaften beschreiben und erklären

Nutzung biologischer Zusammenhänge und Basiskonzepte

→ z. B. Aufgabe 2.4, S. 39
Aufgabe 2.6, S. 45
Aufgabe 3.2, S. 57

Ergebnisse & Erkenntnisse in komplexere Zusammenhänge stellen

→ z. B. Aufgaben
3.3, S. 60,
3.5, S. 66
3.9, S. 84

Betrachtungen auf verschiedenen Organisationsebenen (Molekül, Zelle, Organismus)

→ z. B. Aufgaben
3.9, S. 84 und
4.4, S. 103

Kompetenzbereich Reflexion

Abwägung von Entscheidungsmöglichkeiten und Formulierung von begründeten Hypothesen

→ z. B. Aufgaben
4.4, S. 103 und
6.2, S. 141

Reflexion der Möglichkeiten und Grenzen von Problemlösungen

→ z. B. Aufgaben
3.7, S. 73,
4.3, S. 98,
5.6, S. 126,
7.5, S. 178

Kriteriengeleitete Analysen und Bewertungen von Erkenntnissen vor einem biologischen Hintergrund

→ z. B. Aufgaben 2.4, S. 39,
4.2, S. 93,
6.3, S.146,
7.3, S.168

1 Der Umgang mit Operatoren

Alle Handlungsanweisungen in den Abituraufgaben erfolgen seit einigen Jahren entsprechend der Vereinbarung der Kultusminister der Bundesländer durch bestimmte festgelegte Operatoren. Die Liste dieser Operatoren ist in allen Bundesländern weitgehend gleich und wird bei den Ländern mit Zentralabitur in den Bewertungsvorgaben für die schriftlichen Arbeiten als Basis für die Gliederung der Punktevergabe benutzt. Deshalb ist die Kenntnis der Operatoren von zunehmender Wichtigkeit für ein gutes Abschneiden bei einer Abiturprüfung. Nutzen Sie unbedingt die Operatorenliste des eigenen Bundeslandes.

1.1 Richtiger Umgang mit den Operatoren führt zu einer höheren Punktzahl

Musterfragen und Bewertungsvorgaben: Die Evolution der Vögel

1.1 Vergleichen Sie die Fingerknochen und Mittelhandknochen von *Theropoden, Archaeopteryx* und *Gallus* und prüfen Sie anhand der Homologiekriterien, ob diese Strukturen homolog sind (Material A, Abbildung 1).
Begründen Sie, inwieweit das Ergebnis die vorgelegte Stammbaumkonstruktion (Material A, Abbildung 2) bestätigt. *(19 Punkte)*

1.2 Beschreiben Sie die Veränderungen im Aufbau der Hand während der Individualentwicklung des Vogels (Material B, Abbildung 3).
Vergleichen Sie Abbildung 3 c (Material B) mit Abbildung 1 f (Material A) und erklären Sie, weshalb die Abstammung der Vögel von den Sauriern durch die neuen Befunde der Embryologie infrage gestellt wird. *(15 Punkte)*

1.3 Werten Sie die Ergebnisse der Sequenzanalyse der Kollagene aus (Material C, Tabelle 1).
Zeichnen Sie einen möglichen Stammbaum ausschließlich auf der Grundlage der Untersuchungen der Kollagene, der die Verwandtschaft von *Tyrannosaurus rex* mit den überprüften Wirbeltieren veranschaulicht, und begründen Sie Ihren Stammbaumvorschlag. *(22 Punkte)*

1.4 Diskutieren Sie, ob die Stammesgeschichte der Vögel mithilfe der hier vorliegenden morphologischen, embryologischen und biochemischen Befunde endgültig aufgeklärt werden kann. *(10 Punkte)*

Ministerium für Schule und Weiterbildung des Landes Nordrhein-Westfalen, Abiturprüfung 2012

Am Beispiel der **Bewertungsvorgaben** zur Abiturmusteraufgabe *Die Evolution der Vögel* ist das in der Einleitung erwähnte System deutlich zu erkennen.

Teilaufgabe 1.1

	Anforderungen	Lösungsqualität			
	Der Prüfling	**maximal erreichbare Punktzahl**	**EK**	**ZK**	**DK**
1	vergleicht die Fingerknochen …	6			
2	prüft anhand der …	8			
3	begründet, inwieweit das …	5			
4	erfüllt ein weiteres aufgabenbezogenes Kriterium: (2) …				
Summe 1.1 Teilaufgabe		19			

Teilaufgabe 1.2

	Anforderungen	Lösungsqualität			
	Der Prüfling	**maximal erreichbare Punktzahl**	**EK**	**ZK**	**DK**
1	beschreibt die Veränderungen …	8			
2	vergleicht Abbildung 3c …	5			
3	erklärt, weshalb die …	2			
4	erfüllt ein weiteres aufgabenbezogenes Kriterium: (2) …				
Summe 1.2 Teilaufgabe		15			

Teilaufgabe 1.3

	Anforderungen	Lösungsqualität			
	Der Prüfling	**maximal erreichbare Punktzahl**	**EK**	**ZK**	**DK**
1	wertet die Ergebnisse …	6			
2	zeichnet einen möglichen …	8			
3	begründet seinen Stammbaum-vorschlag …	8			
4	erfüllt ein weiteres aufgabenbezogenes Kriterium: (2) …				
Summe 1.3 Teilaufgabe		22			

Teilaufgabe 1.4

	Anforderungen	Lösungsqualität			
	Der Prüfling	**maximal erreichbare Punktzahl**	**EK**	**ZK**	**DK**
1	diskutiert, ob die …	10			
2	erfüllt ein weiteres aufgabenbezogenes Kriterium: (2) …				
Summe 1.4 Teilaufgabe		10			
Summe der 1.1, 1.2, 1.3 und 1.4 Teilaufgabe		66			

Darstellungsleistung

Anforderungen	Lösungsqualität			
Der Prüfling	**maximal erreichbare Punktzahl**	**EK**	**ZK**	**DK**
führt seine Gedanken … strukturiert seine Darstellung … verwendet eine differenzierte … gestaltet seine Arbeit …	9			
Summe Darstellungsleistung	9			
Summe insgesamt (inhaltliche und Darstellungsleistung)	75			

Rahmen der Vorgabe für die Bewertung der Schülerleistungen aus dem Zentralabitur 2012 des Landes NRW für die Aufgabe *Die Evolution der Vögel*. (EK – Erstkorrektor; ZK – Zweitkorrektor; DK – Drittkorrektor)

Das Bewertungsraster, das als Vorgabe für den Erst- bzw. Zweitkorrektor dient, orientiert sich genau an den einzelnen Operatoren. Die Teilaufgaben 1.1 bis 1.3 enthalten beispielsweise jeweils drei Punktegruppen, jede dieser Gruppen ist genau einem Operator zugeordnet. Somit können die Teilaufgaben entsprechend den Operatoren wiederum weiter in noch feinere Teilaufgaben zerlegt werden. Dies ist, um keine Punkte zu „verpassen", auch sinnvoll. So besteht die vorliegende Aufgabe *Die Evolution der Vögel* zum Beispiel aus insgesamt 10 Teilaufgaben. Die Anzahl kann durchaus noch höher sein. Müssen zwei Aufgaben im schriftlichen Abitur bearbeitet werden, so können durchaus 20 und mehr Teilaufgaben bearbeitet werden, die dann jeweils 3 bis 5 % der Gesamtleistung darstellen (12 bis 20 % werden für die Darstellungsleistung festgelegt).

Punkte werden jeweils nur für die genaue Durchführung der vorgegebenen Handlungsanweisungen erteilt, für einen anderen Umgang mit dem angegebenen Gegenstand gibt es definitiv keine Punkte. So gibt es z. B. in Teilaufgabe 1.2 ausschließlich Punkte für die Beschreibung der Vordergliedmaßen der abgebildeten Vogelarten; für einen sinnvollen Vergleich mit anderen Vögeln oder für eine Erläuterung des Zusammenhangs zwischen Ontogenese und Phylogenese gibt es *keinerlei* Punkte, auch wenn diese Leistung wesentlich anspruchsvoller ist als die bloße Beschreibung.

Tipp **Die genaue Kenntnis der Operatoren und der dahinterstehenden Punkteverteilung ist also sehr wichtig.**

1.2 Übersicht über die Operatoren

Operator	Beschreibung der erwarteten Leistung
Ableiten	Auf der Grundlage wesentlicher Merkmale sachgerechte Schlüsse ziehen.
Analysieren und Untersuchen	Wichtige Bestandteile oder Eigenschaften auf eine bestimmte Fragestellung hin herausarbeiten. „Untersuchen" beinhaltet ggf. zusätzlich praktische Anteile.
Angeben	siehe „Nennen"
Auswerten	Daten, Einzelergebnisse oder andere Elemente in einen Zusammenhang stellen und ggf. zu einer Gesamtaussage zusammenführen.
Begründen	Sachverhalte auf Regeln und Gesetzmäßigkeilen bzw. kausale Beziehungen von Ursachen und Wirkung zurückführen.
Beschreiben	Strukturen, Sachverhalte oder Zusammenhänge strukturiert und fachsprachlich richtig mit eigenen Worten wiedergeben.
Beurteilen	Zu einem Sachverhalt ein selbstständiges Urteil unter Verwendung von Fachwissen und Fachmethoden formulieren und begründen.
Bewerten	Einen Gegenstand an erkennbaren Wertkategorien oder an bekannten Beurteilungskriterien messen.
Darstellen	Sachverhalte, Zusammenhänge, Methoden etc. strukturiert und gegebenenfalls fachsprachlich wiedergeben.
Deuten	siehe „Interpretieren"
Diskutieren Synonym: Erörtern	Argumente und Beispiel zu einer Aussage oder These einander gegenüberstellen und abwägen.
Erklären	Einen Sachverhalt mithilfe eigener Kenntnisse in einen Zusammenhang einordnen sowie ihn nachvollziehbar und verständlich machen.
Erläutern	Einen Sachverhalt veranschaulichend darstellen und durch zusätzliche Informationen verständlich machen.
Ermitteln	Einen Zusammenhang oder eine Lösung finden und das Ergebnis formulieren.
Erörtern	siehe „Diskutieren"
Hypothese entwickeln Synonym: Hypothese aufstellen	Begründete Vermutung auf der Grundlage von Beobachtungen, Untersuchungen, Experimenten oder Aussagen formulieren.
Interpretieren Synonym: Deuten	Fachspezifische Zusammenhänge in Hinblick auf eine gegebene Fragestellung begründet darstellen.

Tab. 1.1: Operatoren in Anlehnung an die Vorgaben in NRW

In der Tabelle sind die offiziellen Beschreibungen der Leistungserwartungen zu den einzelnen Operatoren am Beispiel der Beschreibung des Landes NRW dargestellt. **Vergleichen Sie die Nutzung der folgenden Beschreibungen mit denen Ihres Bundeslandes**.

Um den Unterschied deutlicher herauszustellen sind ähnliche Operatoren einander gegenübergestellt.

- **Gruppe A:** Nennen (Angeben) – Beschreiben – Darstellen – Vergleichen
- **Gruppe B:** Erklären – Analysieren (bzw. Untersuchen) – Erläutern – Begründen

- **Gruppe C:** Auswerten – Interpretieren (bzw. Deuten) – Ermitteln – Ableiten
- **Gruppe D:** Bewerten – Überprüfen (bzw. Prüfen)
- **Gruppe E:** Hypothesen entwickeln (bzw. aufstellen)
- **Gruppe F:** Erörtern (Diskutieren) – Beurteilen – Stellung nehmen

Der Operator **Zeichnen** ist sehr selten und kommt im schriftlichen Abitur so gut wie gar nicht vor, ebenso der Operator **Protokollieren**.

Gruppe A: Nennen/Angeben – Beschreiben – Darstellen – Vergleichen

Diese Gruppe von Operatoren zeigt eine deutliche Progression.

- **Benennen** stellt die einfachste Stufe dar. Hier werden die Punkte oft nur für einzelne Fachbegriffe gegeben. Erläuterungen oder gar Bewertungen führen nicht zu Punkten.
- **Beschreiben** erfordert eine klare Strukturierung. Dies kann z. B. die sinnvolle Gliederung eines Kurvendiagramms oder eines Versuchs, die Kategorisierung von Merkmalen usw. bedeuten. Punkte können bei dieser Handlungsanweisung nicht nur für einfaches Nennen erreicht werden.
  Beispiel: Übungsaufgabe Kap. 2.4, Aufgabe 2 (→ Seite 39). Die Beschreibung wird hier sinnvoll in die äußere Form und die Klassifizierung des Kurvendiagramms sowie in eine Gliederung des Kurvenverlaufs unterteilt.
- **Darstellen** entspricht weitgehend dem Operator „Beschreiben“. Schon die offiziellen Beschreibungen der erwarteten Leistung bei diesen beiden Operatoren Tab. 1.1., (→ Seite 17) lautet fast gleich. Vielleicht wird bei „Darstellen“ ein noch stärkerer Fokus auf die Strukturierung gelegt. Also: Noch klarer strukturieren, hierfür gibt es Punkte.
- Die Anweisung **Vergleichen** stellt die höchsten Ansprüche in dieser Gruppe. Dieser Operator wird deshalb auch teilweise dem Anforderungsbereich III zugeordnet. Die Gliederung in Gemeinsamkeiten, Ähnlichkeiten und Unterschiede erfordert eine besondere Fokussierung auf das Thema. Die Kategorien des Vergleichs müssen entsprechend ausgesucht werden. Der geforderte Vergleich kann ein solcher zwischen den im Material gegebenen Fakten oder auch ein Vergleich zwischen den im Material gegebenen Fakten und bekannten Objekten bzw. Ergebnissen aus dem Unterricht sein. Es kann auch ein Vergleich mit einem vorher erarbeiteten Ergebnis gefordert werden.
  Beispiel: Musteraufgabe Kap. 1.1, Aufgabe 1.1 (→ Seite 14). Da es um die *Evolution der Vögel* und die Überprüfung der Homologiekriterien geht, steht der Vergleich der Strahlen der Handskelette im Vordergrund. Die Bewertungsvorgaben zu dieser Teilaufgabe mit dem Operator „Vergleichen“ sehen keine Punkte für den Vergleich hinsichtlich anderer Kriterien als den Strahlen vor. Es muss also zu Beginn entschieden werden, welche Kriterien für die Stammesentwicklung des Handskeletts der Vögel wichtig sind.

Gruppe B: Erklären – Analysieren/Untersuchen – Erläutern – Begründen

Die Operatoren **Erklären** und **Analysieren** unterscheiden sich in der Grundlage, mit der ein Sachverhalt verdeutlicht werden soll.

- Die Handlungsanweisung **Erklären** erfordert die Mobilisierung und Anwendung eigener Kenntnisse. Hier muss eigenes Wissen zur Einordnung des Sachverhaltes benutzt werden. Ohne dieses Wissen ist eine Lösung nicht möglich. Die Punkte werden auch entsprechend des Einbringens von Kenntnissen verteilt.
  Beispiel: Übungsaufgabe Kap. 2.5, Aufgabe 2 (→ Seite 43). Hier ist das Wissen über den Zusammenhang von Lichtintensität und Atmungsrate einzubringen, die Kenntnisse über die Teilschritte der Fotosynthese aus einer fotochemischen (Lichtreaktion) und einer biochemischen (Dunkelreaktion) Reaktion sowie die RGT-Regel müssen gewusst und angewendet werden.
- **Analysieren** erfordert als Basis einer Aussage das gegebene Material. Die erwarteten Ergebnisse sind durch Verknüpfung des vorhandenen Materials zu entwickeln, d. h. durch eine reine Präsentation von Wissen sind hier keine Punkte zu holen.
  Es sind Methodenkenntnisse gefordert. Anders als beim Operator „Auswerten" werden hier die Materialien hinsichtlich der Aufgabenstellung bearbeitet.
  Beispiel: Übungsaufgabe Kap. 7.7, Aufgabe 2 (→ Seite 188). Die erwarteten Leistungen dieser Teilaufgabe beruhen auf der Analyse des Materials **M2**. Die Richtung der Analyse ist durch die Aufgabenstellung vorgegeben, hier in Richtung von Kosten und Nutzen für den Spender und den Empfänger. Es muss aus dem Kurvendiagramm abgelesen werden können, dass das Hervorwürgen einer kleinen Blutmenge für den wohl ernährten Spender ein wesentlich geringerer Lebenszeitverlust bedeutet als der Lebenszeitverlust für den unterernährten Empfänger. Kenntnisse sind hier also hauptsächlich hinsichtlich der Auswertung eines Kurvendiagramms gefordert.
- Geringer im Anspruch ist der am häufigsten vorkommende Operator **Erläutern**. Hier geht es meist darum, einen Sachverhalt verständlich zu machen oder auch nur einfacher darzustellen. Dazu können sowohl Kenntnisse herangezogen als auch am konkreten Material (Beispiel) veranschaulicht werden. Es gibt meist viele Lösungsmöglichkeiten, daher ist eine Bepunktung im Normalfall offener gehalten. Also gilt: Verschiedene Wissenselemente einbringen, am besten mit unterschiedlichen Ansätzen und Perspektiven, erhöht die Wahrscheinlichkeit auf eine hohe Punktausbeute.
- Im Gegensatz dazu werden die Punkte beim Operator **Begründen** nur für die Anwendung von bestimmten Regeln oder Gesetzmäßigkeiten bzw. bestimmten Ursachen – Wirkungsgefügen verteilt. Diese müssen präzise benannt werden, manchmal sind sie aber auch im Material gegeben. Da hilft suchen.
  Beispiel: Übungsaufgabe Kap. 3.6, Aufgabe 2 (→ Seite 71). Die Lösung dieser Teilaufgabe bringt nur dann Punkte, wenn konkret das Ursachen-Wirkungsgefüge zwischen „*der Konzentration des Arginins und der Enzymsynthese*" genannt werden.

Gruppe C: Auswerten – Interpretieren/Deuten – Ermitteln – Ableiten

- Die Handlungsanweisung **Auswerten** erfordert, ähnlich wie der Operator „Analysieren“, als Basis einer Aussage das gegebene Material. Anders als beim „Analysieren“ wird beim Operator „Auswerten“ die Zielrichtung der Erarbeitung weniger durch die Aufgabenstellung als mehr durch das Material und durch das Thema vorgegeben.
  Beispiel: Übungsaufgabe Kap. 7.6, Aufgabe 3 (→ Seite 183). Auf Basis von M2 können hier Aussagen über die unterschiedlichen Reproduktionserfolge in Abhängigkeit zum Paarungsverhalten der Weibchen gemacht werden. Es kann der Schluss gezogen werden, dass Weibchen am erfolgreichsten sind, wenn sie den polygenen Interessen des Männchens entgegenwirken und gleichzeitig ein zweites Männchen in das Brutgeschäft einbinden. Leitfunktion für die Richtung der Auswertung gibt nicht die Aufgabenstellung sondern hier das Thema.
- **Ermitteln** erfordert die Darstellung und Formulierung von Zusammenhängen und Lösungen, die aus dem gegebenen Material gewonnen werden können. Für die Begründung dieser formulierten Lösungen oder Zusammenhängen werden keine Punkte verteilt.
- **Ableiten** geschieht grundsätzlich auch materialbezogen. Die zu erfassenden wesentlichen Merkmale sind aus dem gegebenen Material ersichtlich, aber für die sachgerechten Schlüsse, die gezogen werden sollen, werden Sach- und Methodenkenntnisse benötigt. Hier gibt es also auch Punkte für die sachgerechte Anwendung von Wissen und Methoden.
- **Interpretieren (bzw. Deuten)** erfordert auch eine materialbasierte Darstellung von Zusammenhängen und Ergebnissen, deren Zielrichtung durch die Aufgabenstellung vorgegeben wird. Diese Darstellungen müssen aber auch jeweils begründet werden. Für die Begründung der Zusammenhänge bzw. Ergebnisse gibt es wiederum Punkte.

Gruppe D: Bewerten – Überprüfen/Prüfen

- Der Operator **Bewerten** setzt die Kenntnisse von Bewertungskategorien bzw. Beurteilungskategorien voraus. Die Benutzung dieser Kriterien ist für eine erfolgreiche Bepunktung unbedingt notwendig. Unbegründete Stellungnahmen führen hier nicht zu Punkten. Die Aufgabenstellung kann für die geforderte Bewertung auch Einschränkungen vornehmen.
  Beispiel: Übungsaufgabe Kap. 3.5, Aufgabe 3 (→ Seite 68). Hier wird eine Bewertung aus evolutionärer Sicht gefordert. Die fällt hier genau entgegengesetzt zur genetischen Sichtweise aus. Auch dafür kann es Punkte geben. Die Einschränkung kann z. B. auch „aus heutiger Sicht“ usw. lauten.

Gruppe E: Hypothesen entwickeln/aufstellen

- Beim Operator **Hypothese entwickeln bzw. aufstellen** stehen nicht klare Lösungen im Vordergrund, sondern es wird eine Formulierung von Vermutungen erwartet. Diese muss sinnvoll aus den Zusammenhängen und Lösungen, welche sich aus dem Material ergeben, hergeleitet und begründet werden. Nicht nur für Formulierung einer Vermutung, die ja unterschiedlich ausfallen kann, sondern auch für die Begründung der gewählten Formulierung werden Punkte vergeben. Da unterschiedliche Formulierungen von Vermutungen sinnvoll sein können, ist die Begründung hierbei von besonderer Bedeutung.
  Beispiel: Übungsaufgabe Kap. 4.4, Aufgabe 3 (→ Seite 104). In dem Lösungsvorschlag dieser Teilaufgabe werden die Lernvorgänge der operanten Konditionierung hypothetisch angenommen. Für die Punkterlangung ist aber die nachfolgende Begründung, die auf den Aussagen von gegebenen Materialien und den Ergebnissen der Teilaufgabe 2 beruhen, wichtig.

Gruppe F: Erörtern/Diskutieren – Beurteilen – Stellung nehmen

- Die Punkteverteilung bei der Anweisung **Erörtern (Diskutieren)** folgt oft einem festen Schema. Es werden genauso viele Punkte für die Pro- wie auch für die Kontra-Argumente verteilt. Außerdem gibt es eine geringe Anzahl von Punkten für das anschließende Fazit. Bei der Bearbeitung einer Teilaufgabe mit diesem Operator muss darauf geachtet werden, dass für beide Seiten umfangreiche und verschiedenartige Argumente vorgetragen werden und dass ein Fazit nicht vergessen wird.
  Beispiel: Übungsaufgabe Kap. 3.8, Aufgabe 4 (→ Seite 81). Hier werden die Punkte für die richtige Lösung zu ca. 40 % jeweils für die Pro- bzw. Kontraseite verteilt. 20 % werden für das abschließende Fazit gegeben, wobei die Schlüssigkeit der Argumente und weniger die eigene Meinung im Vordergrund steht.
- Im Gegensatz zum Operator „Erörtern/Diskutieren“ können bei der Bearbeitung einer Teilaufgabe mit dem Operator **Beurteilen** die Argumente für eine Seite durchaus überwiegen. Hier kommt es weniger auf eine Ausgewogenheit als auf eine stichhaltige Herleitung des gefällten Urteils an.
  Bespiel: Übungsaufgabe Kap. 7.3, Aufgabe 4 (→ Seite 170).
- Noch weitergehend ist die Handlungsanweisung **Nehmen Sie Stellung**. Hier kommt es oft nur noch auf die Begründung der Position an.
  Beispiel: Übungsaufgabe Kap. 3.7, Aufgabe 3 (→ Seite 75). Vorsicht! Anders als in den Gesellschaftswissenschaften, wo die Position meist völlig unbewertet bleibt, kann es bei diesem Operator in den Naturwissenschaften durchaus ein „Richtig“ oder „Falsch“ geben und damit eine Punkteverteilung für die eindeutige Position.
  Beispiel: Übungsaufgabe Kap. 6.3, Aufgabe 3 (→ Seite 149). Es wird erwartet, dass die Begrenztheit der Aussagekraft des Experiments klar formuliert wird.

1.3 Anwendungsbeispiel zum Umgang mit Operatoren

Das kann nicht sein! – Behandlung einer Alkoholvergiftung mit Alkohol?

M1 Tod durch Methanolvergiftung – Staatsanwaltschaft ermittelt

Die gesamte Stadt trauert um 14-jähriges Mädchen

In der Nacht zum Donnerstag starb die 14-jährige M. S. aus Wiesenbrück in der Uni-Klinik an den Folgen einer schweren Methanolvergiftung. Alle Bemühungen und der enorme Einsatz der Ärzte konnten sie nicht mehr retten. Wie wir schon berichtet hatten: M. hatte am Wochenende zuvor auf einer privaten Feier eine Flasche mit einem Gemisch aus Fruchtsaft, Mineralwasser und Methanol getrunken. Viele Stunden später wurde sie dann, schon wieder zuhause, bewusstlos. Ihre Eltern brachten sie daraufhin ins Krankenhaus [...].

(fiktiver Zeitungsartikel)

M2 Maßnahmen zur Behandlung von Methanolvergiftungen

Als erste Maßnahme zur Behandlung von Methanolvergiftungen findet sich in allen Fachbüchern übereinstimmend folgende Anweisung:

„Methanolvergiftungen lassen sich, wenn sie rechtzeitig erkannt werden, gut behandeln, da die Giftwirkung erst langsam einsetzt und gute Gegengifte zur Verfügung stehen. Ist der Patient ansprechbar, sollte ein Erwachsener unverzüglich mit Ethanol, dem normalen Trinkalkohol, behandelt werden. Angebracht sind etwa 0,7 g/kg Körpergewicht, das entspricht etwa 150 ml Weinbrand, Wodka oder Doppelkorn."

M3 Enzymsaktivität von Alkoholdehydrogenase

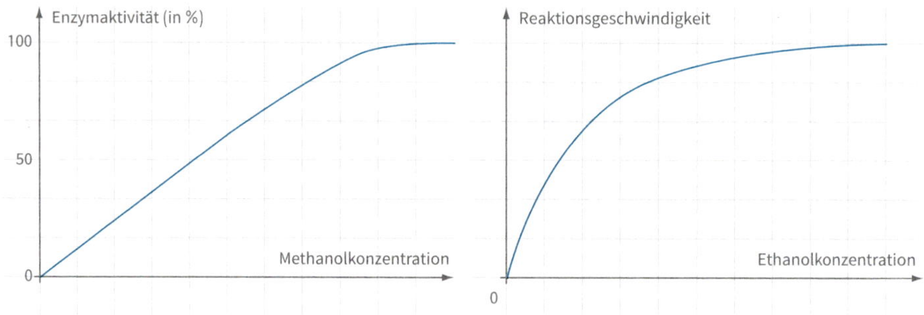

A

1. Erläutern Sie Eigenschaften des Enzyms Alkoholdehydrogenase und stellen Sie dar, wie Alkohol im Körper verarbeitet wird.

2. Vergleichen Sie die Ergebnisse aus **M3** und werten Sie diese in Bezug auf die Behandlungsanweisung in **M2** aus.

3. Erklären Sie die einzelnen Behandlungsanweisungen aus **M2** mithilfe eines geeigneten Modells.

4. Nehmen Sie Stellung zur Verwendung von Alkohol als „Behandlungsmittel".

Tipps zur Herangehensweise Tipp

- Wiederholung: Aufbau von Enzymen, allosterische und kompetitive Hemmung
- Achten Sie bei der Bearbeitung insbesondere auf eine präzise Erklärung der molekularen Vorgänge und auf die kritische Diskussion einer derartigen Behandlung als absolute Ausnahmesituation.

Lösungsvoraussetzungen: Wirkungsweise von Enzymen, Substratspezifität, Wirkungsspezifität, Enzymhemmung

1. Vorüberlegungen

In dieser Teilaufgabe finden sich zwei Operatoren: Erläutern und Darstellen. Für eine erste Teilaufgabe ist der Operator „Erläutern" möglich, wenn die zu erörternden Sachverhalte sich aus dem Material und dem Unterricht ergeben. Hier müssen vorhandene Kenntnisse und Fachbegriffe im Zusammenhang zu den Inhalten des Arbeitsmaterials strukturiert wiedergegeben werden.
Aus dem Arbeitsmaterial ergibt sich, dass sowohl Methanol als auch Ethanol von dem Enzym Alkoholdehydrogenase umgesetzt wird. Eingebracht werden müssen also Kenntnisse zur Reaktionsweise von Enzymen im Enzym-Substrat-Komplex, Substratspezifität sowie kompetitive Hemmung. Diese Grundlagen sind im Zusammenhang wiederzugeben, aber am vorgegebenen Beispiel.
Der Operator „Darstellen" lässt offen, ob die Ergebnisse als Erläuterung in rein verbaler Form oder auf Basis einer Skizze oder Zeichnung angeboten werden. Auf jeden Fall müssen Skizzen aber kurz erläutert und voll beschriftet sein.

Also

Erläutern: Das Enzym setzt als Substrat sowohl Methanol als auch Ethanol um, seine Substratspezifität ist also nicht so hoch, dass es nur einen bestimmten Alkohol umsetzt. Die Wirkungsspezifität oder Reaktionsspezifität liegt in der Oxidation von Alkanolen (Alkoholen) zu Alkanalen (Aldehyden). Das Enzym bindet Alkanole über entsprechende funktionelle Gruppen im aktiven Zentrum. Im Enzym-Substrat-Komplex wird Wasserstoff abgespalten (daher der Name Dehydrogenase).

Darstellen: Im zweiten Schritt soll der weitere Abbauweg im Körper dargestellt werden. Dieser Operator bietet die Möglichkeit einer verbalen Darstellung oder aber auch mithilfe einer Skizze. Alkohol wird zum Aldehyd und zur Essigsäure oxidiert, die dann über den Zitronensäurezyklus und die Atmungskette weiter zu Kohlendioxid und Wasser abgebaut wird. Sie können also auch eine kurze Skizze über die Vernetzung der Stoffwechselschritte des Zitronensäurezyklus und der Atmungskette anfertigen und müssen aufzeigen, dass die Einschleusung der Alkohol-Abbauprodukte über Acetyl-CoA in den Zitratzyklus erfolgt.

2. **Vorüberlegungen**

Hier geht es um zwei Operatoren und zwei verschiedene Materialien. In **M3** sollen zunächst die Ergebnisse der Enzymaktivität bei Einsatz von Methanol und Ethanol verglichen werden. Anschließend ist auf Basis der Ergebnisse ein Zusammenhang zu der Behandlungsanweisung herzustellen.
Also liegen zwei Unteraufgaben vor, die im Bewertungsschlüssel auch getrennt bepunktet werden. Das Vergleichen erfordert unter Einbeziehung der Vorkenntnisse die Einordnung beider Kurven als Sättigungskurven, allerdings ist die deutlich stärkere Enzymaktivität gegenüber Ethanol als entscheidender Unterschied herauszustellen. Das „Vergleichen" erfordert die Fähigkeit, Diagramme fachgerecht auszuwerten und Gemeinsamkeiten und Unterschiede klar zu benennen. Das Ergebnis dieses Vergleichs liefert die wissenschaftliche Grundlage für die Auswertung im Blick auf einen Zusammenhang zu dem Behandlungsvorschlag in Material **M2**.

Also

Vergleich: Beide Diagramme zeigen den Verlauf einer Sättigungskurve, wobei die optimale Sättigung bei Ethanol sehr viel schneller erreicht wird. Der Anstieg in beiden Diagrammen beruht darauf, dass zunehmend Enzymmoleküle mit Substratmolekülen besetzt werden und daraus eine höhere Enzymaktivität resultiert. Sind alle Enzymmoleküle mit optimaler Umsatzrate an der Umsetzung beteiligt, lässt sich trotz Erhöhung der Substratkonzentration die Reaktionsgeschwindigkeit nicht weiter steigern.
Der steilere Anstieg der Kurve mit Ethanol zeigt, dass die Enzymaktivität beim Umsatz von Ethanol höher ist. Ethanol wird im aktiven Zentrum besser gebunden und schneller umgesetzt.
Auswertung in Bezug zu der Handlungsanweisung: Diese Tatsache ist Grundlage der Behandlung. Es wird versucht, möglichst viele Enzymmoleküle mit dem weniger toxischen Ethanol zu besetzen, um die Folgeschäden der Methanol-Oxidation zu minimieren. Durchaus sinnvoll ist auch eine kleine Skizze, die die Konkurrenz von Ethanol und Methanol im aktiven Zentrum zeigt.
So könnten z. B. mehrere aktive Zentren des Enzyms mit Ethanol besetzt sein und nur ein Enzymmolekül mit Methanol. Oder die Skizze könnte zeigen, dass das

Methanolmolekül im aktiven Zentrum des Enzymmoleküls nur mäßig gut angepasst ist gegenüber einer guten Schlüssel-Schloss-Passung mit Ethanol.

3. **Vorüberlegungen**
   Das „Erklären“ erfordert den Einsatz eigenen Wissens, hier insbesondere die Kenntnis und Skizzierung von *Modellen* zur Verdeutlichung enzymatischer Reaktionen und zur Hemmung. Insbesondere sind möglichst vielfältige Bezüge zu **M2** herzustellen.
   In diesem Fall bieten sich Skizzen zur kompetitiven Hemmung an.
   Wichtig: Ausführungen zum allgemeinen Modell der kompetitiven Hemmung reichen hier nicht. Sie müssen unbedingt am vorgegebenen Fallbeispiel arbeiten: Alkoholdehydrogenase als Enzym, Methanol und Ethanol als konkurrierende Substrate.
   Also
   Eine Erklärung liefert das Modell der kompetitiven Hemmung. Ethanol und Methanol konkurrieren um das aktive Zentrum des Enzyms Alkoholdehydrogenase.
   Bei einer Methanolvergiftung besetzen Methanolmoleküle nach und nach die aktiven Zentren der Enzymmoleküle, es entsteht das giftige Reaktionsprodukt Methanal.
   Da Methanol aber sehr langsam aufgenommen (**M1** „viele Stunden später“, Zeile 5; **M2** „Giftwirkung langsam einsetzt“, Zeile 4) und auch langsamer umgesetzt wird (**M3**), liegt das Ziel der Behandlung darin, die aktiven Zentren der Enzymmoleküle möglichst mit dem weniger toxischen Ethanol zu besetzen. Die zur Behandlung empfohlene große Menge hochprozentigen Ethanols dient dazu, möglichst schnell möglichst viele Enzymoleküle mit dem weniger toxischen Ethanol zu besetzen.

4. **Vorüberlegungen**
   Der Operator „Nehmen Sie Stellung“ erfordert, dass Sie Argumente, die sich auf Basis des Materials ergeben, aufzeigen, für und gegen abwägen und anschließend Ihre eigene Position darlegen und vor allem Ihre Entscheidung begründen.
   Also
   Im absoluten Notfall sollte alles, was möglich ist, unternommen werden, um Leben zu retten. In einer solchen Situation ist der Einsatz von Alkohol „als Medikament“ vertretbar. Ansonsten ist der Genuss von Alkohol ist in jedem Fall problematisch.
   Die hier vorgeschlagene Behandlung kann nur als Notfallbehandlung in besonderen Ausnahmefällen angesehen werden, um noch schlimmere Folgen zu verhindern.
   Die Antwort auf die Frage im Thema kann nur sein: in einem solchen Ausnahmefall notwendig, als Behandlungsmittel sonst abzulehnen.

2 Aufgaben zum Bereich Stoffwechsel

Mithilfe der „Fragen zur Wissenswiederholung“ können Sie überprüfen, ob Sie über die notwendigen Kenntnisse verfügen. Im Folgenden sind Kenntnisse zum aufbauenden und abbauenden Stoffwechsel an konkreten Aufgabenbeispielen anzuwenden. Am Anfang einer jeden Aufgabe finden Sie Hinweise zu den Lernvoraussetzungen, die Grundlage zur Lösung der Aufgabe sind, sodass Sie eine gezielte Auswahl treffen können.

2.1 Fragen zur Wissenswiederholung

A

1. Formulieren Sie ausgehend von den jeweiligen Grundbausteinen die Bildung eines Disaccharids, eines Dipeptids und eines Fett-Moleküls.
Vergleichen Sie den Reaktionstyp dieser drei Reaktionen.

L

1. Bildung eines Disaccharids

Zwei Monosaccharide, z. B. zwei Glucose-Moleküle, reagieren unter Wasserabspaltung (Kondensationsreaktion) zum Disaccharid.
Die Verknüpfung erfolgt über ein Sauerstoffatom.

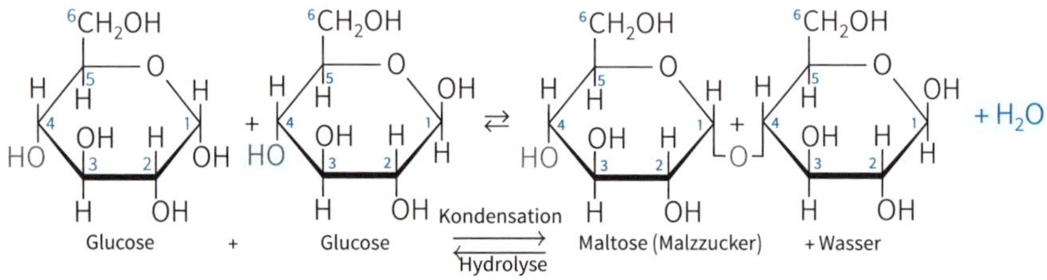

Bildung eines Dipeptids

Zwei Aminosäuren reagieren unter Wasserabspaltung. Die Verknüpfung erfolgt über die Peptidbindung. Eine Peptidbindung (—NH—CO—) ist eine **amidartige Bindung** zwischen der **Carboxyl-Gruppe** der einen Aminosäure und der **Amino-Gruppe** der anderen Aminosäure.

Im Beispiel reagieren zwei Moleküle der Aminosäure Glycin zu einem Dipeptid Glycylglycin:

$$H_2N{-}CH_2{-}COOH + H_2N{-}CH_2{-}COOH \rightleftarrows H_2N{-}CH_2{-}\underset{\underset{O}{\|}}{C}{-}NH{-}CH_2{-}COOH + H_2O$$

Glycin + Glycin ⇄ Dipeptid aus zwei Molekülen Glycin + Wasser

Bildung eines Fett-Moleküls

Ein Fett-Molekül entsteht bei der Veresterung meist verschiedener Fettsäuren (längerkettige Carbonsäuren) mit dem dreiwertigen Alkohol Glycerin. Auch hier liegt eine Kondensationsreaktion vor. In natürlichen Fetten und Ölen häufig vorkommende Fettsäuren sind die Palmitinsäure [CH_3—$(CH_2)_{14}$—COOH] und die Stearinsäure [CH_3—$(CH_2)_{16}$—COOH] sowie die ungesättigten Verbindungen Ölsäure [CH_3—$(CH_2)_7$—CH=CH—$(CH_2)_7$—COOH], Linolsäure (= 9, 12-Octadecadiensäure) und Linolensäure (9, 12, 15-Octadecatriensäure).

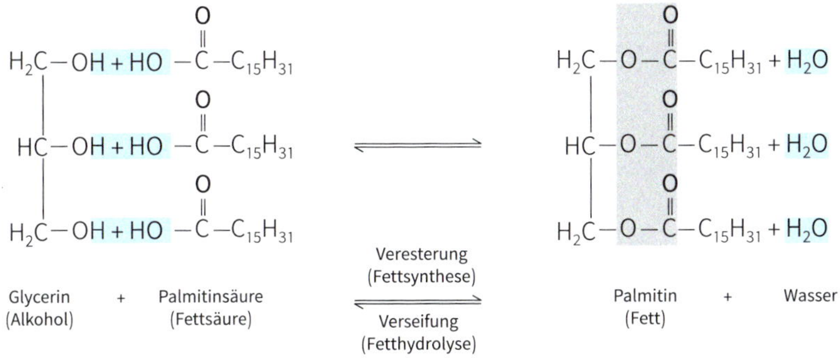

Bei allen drei Beispielen wird Wasser abgespalten, es handelt sich jeweils um eine Kondensationsreaktion. Es unterscheiden sich lediglich die funktionellen Gruppen, die an der Verknüpfung beteiligt sind. Da Wasser als zentrales Molekül in allen Zellen vorhanden ist, ist der Reaktionstyp der Wasserabspaltung oder der Wasseraufnahme biologisch besonders sinnvoll.

2. Hämoglobin zeigt den typischen Aufbau eines Proteins mit Quartärstruktur. Beschreiben Sie an diesem Beispiel den grundsätzlichen Aufbau eines Proteins und geben Sie an, durch welche Bindungsarten die jeweiligen Strukturen stabilisiert werden. A

2. Unter dem Begriff **Primärstruktur** versteht man die lineare Abfolge der verschiedenen Aminosäuren eines Polypeptides (Aminosäuresequenz). Stabilisiert wird diese Sequenz durch stabile Elektronenpaarbindungen (Peptidbindung). Die genaue Abfolge und Verknüpfung bestimmt die weitere Auffaltung der Peptidkette im Raum. L
Unter der **Sekundärstuktur** versteht man die symmetrische Anordnung einer Peptidkette im Raum: Mögliche symmetrische Anordnungen sind die α-Helix und die β-Faltblattstruktur. Die Stabilisierung erfolgt über Wasserstoffbrückenbindungen zwischen den Peptidbindungen (—CO—NH—). Durch die Summe sehr vieler Wasserstoffbrückenbindungen ergibt sich eine relative Stabilität (eine Wasserstoffbrückenbindung hat nur etwa ein Hundertstel der Bindungsstärke einer Elektronenpaarbindung).
Die folgende dreidimensionale unsymmetrische Auffaltung der Sekundärstuktur im Raum nennt man **Tertiärstruktur.** Die Stabilisierung erfolgt über die verschiedenen Reste der Aminosäuren. Aufgrund der unterschiedlichen Seitengruppen (polar, unpolar, sauer, basisch) ergeben sich unterschiedliche Wechselwirkungen. Sowohl Ionenbindungen (zwischen sauren und basischen Gruppen), Van-der-Waals-Bindungen (hydrophobe Wechselwirkungen zwischen aliphatischen Resten), Wasserstoffbrücken-

bindungen als auch sehr stabile Disulfidbrücken zwischen den Schwefelatomen zweier Cystein-Reste dienen der Stabilisierung. Bei der im Hämoglobinmolekül vorliegenden **Quartärstruktur** bilden mehrere Proteinketten (hier zwei α- und zwei β-Ketten um ein zentrales Fe^{2+}-Ion) eine Funktionseinheit. Die Stabilisierung erfolgt über lockere Wechselwirkungen zwischen den Proteinketten. Die lockeren Wechselwirkungen sind die Ursache dafür, dass sowohl Quartär- als auch Tertiärstruktur recht labil sind und durch Änderungen der Temperatur oder des pH-Wertes beeinflusst werden.

A **3.** Pepsin ist ein eiweißspaltendes Enzym, das bei Körpertemperatur und einem pH-Wert = 1 optimal arbeitet. Erklären Sie die Wirkungsweise des Enzyms mithilfe des Schlüssel-Schloss-Modells.

L **3.** Das Enzym Pepsin bindet im aktiven Zentrum des Enzyms das Substrat (in diesem Fall Eiweiß). Es bildet sich ein Enzym-Substrat-Komplex, da Substrat und Enzym wie Schlüssel und Schloss zusammenpassen. Im Enzym-Substrat-Komplex werden die Peptidbindungen unter Aufnahme von Wasser gespalten (meist unter Mitwirkung von protonierenden und deprotonierenden Seitengruppen im aktiven Zentrum des Enzyms). Die entstehenden Produkte (hier: Aminosäuren) verlassen das Enzym, das für die weitere Katalyse zur Verfügung steht.

A **4.** Stellt man die Temperaturabhängigkeit von Pepsin grafisch dar, so erhält man eine Optimumskurve. Betrachtet man dagegen die Reaktionsgeschwindigkeit in Abhängigkeit von der Substratkonzentration, so erhält man eine Sättigungskurve. Beschreiben und erklären Sie den jeweiligen Verlauf.

L **4.** **Optimumskurve der Temperaturabhängigkeit:** Die Kurve steigt von 0 °C bei einer Temperaturerhöhung um 10 °C so an, dass sich die Reaktionsgeschwindigkeit etwa verdoppelt. Sie erreicht das Optimum bei ca. 40 °C und fällt dann relativ steil ab. Für enzymatische Reaktionen gilt im Temperaturbereich von ca. 0 bis ca. 40 °C die RGT-Regel, das heißt, die Reaktionsgeschwindigkeit verdoppelt sich in etwa bei einer Temperaturerhöhung um 10 °C. Die Zunahme der Reaktionsgeschwindigkeit erklärt sich durch die zunehmende Bewegung der Teilchen, sodass Enzym und Substrat schneller im Enzym-Substrat-Komplex binden. Bei einer Temperatur über 40 bis 50 °C (artspezifisch) denaturieren die Enzymmoleküle, das heißt, sie verlieren ihre typische Raumstruktur, sodass im Bereich des aktiven Zentrums keine Bindung des Substrats und keine Katalyse mehr möglich sind. Modellhaft passen also Schlüssel und Schloss nicht mehr zueinander.

Sättigungskurve der Substratabhängigkeit: Die Kurve steigt zunächst leicht, dann kontinuierlich an und erreicht bei einer bestimmten Konzentration das Maximum. Der Kurvenverlauf bleibt auf diesem maximalen Wert, eine weitere Steigerung der Substratkonzentration führt zu keinem weiteren Anstieg, sondern eher zu einem leichten Abfall der Kurve.

Der zunächst leichte Anstieg lässt sich damit erklären, dass bei geringer Substratkonzentration zunächst nicht alle aktiven Zentren der Enzymmoleküle mit Substrat besetzt sind. Die zunehmende Besetzung aller aktiven Zentren erklärt den Anstieg der Enzymaktivität bei steigender Substratkonzentration. Sind alle aktiven Zentren im zeitlichen Mittel mit Substrat besetzt, ist die optimale Umsatzrate erreicht und lässt sich nicht weiter steigern. Die Substratkonzentration, bei der die halbmaximale Reaktionsgeschwindigkeit erreicht wird, bezeichnet man als MICHAELIS-MENTEN-Konstante (K_M). Eine weitere Erhöhung der Substratkonzentration über den Sättigungspunkt hinaus führt eher zu einer Einschränkung der Umsatzrate (Substrathemmung), da sich die Substratmoleküle bei der Bindung an das aktive Zentrum behindern.

5. Im Bakterium *E. coli* wird die Aminosäure Isoleucin in einer Synthesekette gebildet, die von der Aminosäure Threonin ausgeht und fünf aufeinanderfolgende enzymkatalysierte Reaktionen umfasst. Wird das gebildete Isoleucin nicht rasch genug für weitere Proteinbiosynthesen verbraucht und reichert es sich somit in der Zelle an, so wird aus Threonin nicht mehr das erste Zwischenprodukt gebildet.
Erklären Sie diesen Sachverhalt und erläutern Sie die biologische Bedeutung dieses Prinzips. A

5. Die fehlende Bildung des ersten Zwischenprodukts bei einer hohen Konzentration an Isoleucin lässt auf eine nicht kompetitive Hemmung des Enzyms schließen, das den ersten Schritt katalysiert. Bei hoher Konzentration an Isoleucin bindet dieses an einen allosterischen Bereich des ersten Enzyms der Synthesekette. Die Folge ist eine Veränderung der räumlichen Struktur, die auch eine veränderte Bindungsfähigkeit des aktiven Zentrums nach sich zieht. Somit kann kein Threonin mehr umgesetzt werden. Die Konformationsänderung ist reversibel, das heißt, bei Absinken der Isoleucinkonzentration lösen sich die Isoleucin-Moleküle vom allosterischen Zentrum. Damit nimmt das Enzym-Molekül wieder seine funktionsfähige Struktur ein. Die biologische Bedeutung dieser Hemmung liegt in der ökonomischen Steuerung. Bei Bedarf können einzelne Stoffwechselketten an- und abgeschaltet und damit reguliert werden. Besonders vorteilhaft ist, dass die Regulation an der ersten Stelle der Stoffwechselkette ansetzt. L

6. Erläutern Sie den PASTEUR-Effekt und stellen Sie die biologische Bedeutung dieses Phänomens dar. A

6. Der **PASTEUR-Effekt** beschreibt das Phänomen, dass Hefe unter anaeroben Bedingungen (also in Abwesenheit von Sauerstoff) mehr Glucose verbraucht als unter aeroben Bedingungen. Im erweiterten Sinne versteht man unter diesem Begriff Schaltvorgänge zwischen **anaerobem** und **aerobem Energiestoffwechsel**, je nach Verfügbarkeit von Sauerstoff. Am Beispiel der Hefe lässt sich bei Sauerstoffzufuhr die Umstellung von anaerobem auf aeroben Stoffwechsel beobachten: Ausgehend von der Glucose wird L der Umsatz unter Sauerstoffeinfluss drastisch gedrosselt, was beispielhaft über die Absorption von intrazellulärem NADH + H^+ verfolgt werden kann. Bei Sauerstoffmangel dagegen steigt der Verbrauch an Glucose drastisch. Grundlage sind die entsprechenden Stoffwechselvorgänge: Unter dem Einfluss von Sauerstoff erfolgt bei der Zellatmung die vollständige Oxidation von Glucose zu Kohlenstoffdioxid und Wasser. Dabei wird eine große Energiemenge in Form von ATP freigesetzt. Unter Sauerstoffmangel findet dagegen die Gärung statt. Dabei wird energiereiche Glucose zu Produkten wie Ethanol oder Milchsäure abgebaut. Die Energieausbeute ist allerdings nur sehr gering (etwa ein Zwanzigstel des vollständigen Abbaus). Dieser (wenn auch geringe) Energiebetrag sichert dennoch das Überleben unter anaeroben Bedingungen. Das Umschalten von der Zellatmung auf die Gärung unter Sauerstoffmangel stellt also eine gute Form der Anpassung dar.

A **7.** Erstellen Sie die stoffliche und energetische Bilanz für den aeroben und anaeroben Abbau eines Moleküls Glucose. Geben Sie auch an, in welchen Bereichen der Zelle die entsprechenden Teilschritte ablaufen.

L **7. aerober Abbau**

Ort	**Stoffwechsel-schritt**	**Reaktionsprodukt**	**NADH + H^+/ $FADH_2$**	**ATP**
Cytoplasma	Glykolyse	2 Moleküle Brenztraubensäure	2 Moleküle NADH + H^+	– 2 ATP + 4 ATP
Mitochondrien	Decarboxylierung der Brenztraubensäure	2 Moleküle aktivierte Essigsäure, 2 Moleküle CO_2	2 Moleküle NADH + H^+	
Mitochondrien	Zitronensäurezyklus	pro Molekül aktivierter Essigsäure 2 Moleküle CO_2, also insgesamt: 4 Moleküle CO_2	pro Molekül aktivierter Essigsäure 3 Moleküle NADH + H^+ und 1 Molekül $FADH_2$ also insgesamt: 6 NADH + H^+ 2 $FADH_2$	+ 2 GTP
Mitochondrien	Atmungskette	12 Moleküle H_2O		insgesamt 10 Moleküle NADH + H^+ liefern $10 \cdot 3 = 30$ Moleküle ATP 2 Moleküle $FADH_2$ liefern $2 \cdot 2 = 4$ Moleküle ATP
Summe		6 Moleküle CO_2 und 12 Moleküle H_2O		36 ATP und 2 GTP

anaerober Abbau (Beispiel: Milchsäuregärung)

Ort	Stoffwechsel-schritt	Reaktionsprodukt	NADH + H^+	ATP
Cytoplasma	Glykolyse	2 Moleküle Brenztraubensäure	Bildung von 2 Molekülen NADH + H^+	– 2 ATP + 4 ATP
Cytoplasma	Folgeschritt	2 Moleküle Milchsäure	Verbrauch von 2 Molekülen NADH + H^+	
Summe		2 Moleküle Milchsäure		2 ATP

Da anaerobe Organismen über keine Mitochondrien verfügen, beziehen sie ihre Energie allein aus der Glykolyse. Mit zwei Molekülen ATP pro Glucose-Molekül ist die Ausbeute damit sehr gering. Die anfallenden beiden Moleküle NADH + H^+ werden in einem folgenden Schritt wieder zu NAD^+ oxidiert. Dazu wird der Wasserstoff auf ein Produkt der Glykolyse, z. B. auf die Brenztraubensäure übertragen. Diese wird dabei zu Milchsäure reduziert (Milchsäuregärung).

8. Vergleichen Sie die Reaktionen der Atmungskette mit der Knallgasreaktion. A

8. Das Grundprinzip ist identisch: Es wird Wasserstoff mit Sauerstoff zur Reaktion gebracht (Knallgasreaktion). Dabei werden die Elektronen des Wasserstoffs auf das Sauerstoffatom übertragen. Da Sauerstoff mit 6 Außenelektronen 2 weitere Elektronen aufnehmen kann (Oktettregel), liefern 2 Wasserstoffatome je ein Elektron; es wird Wasser gebildet. Wasserstoff wird dabei oxidiert (Elektronenabgabe), Sauerstoff wird reduziert. L
Die Oxidation liefert sehr viel Energie, da ein energiearmes Endprodukt (Wasser) gebildet wird. Bei der Knallgasreaktion im Labor wird diese Energie in einem Schritt explosionsartig frei. Da dieser hohe Energiebetrag für die Zelle nicht nutzbar ist, ist eine „Portionierung“ in Teilbeträge biologisch sinnvoll. Die Elektronen werden daher nicht direkt vom Wasserstoff auf den Sauerstoff übertragen, sondern durchlaufen ein Transportsystem aus verschiedenen Redoxpartnern. So kann die Energie schrittweise zur Bildung von ATP-Molekülen genutzt werden.

9. Längere Zeit ging man davon aus, dass der bei der Fotosynthese freigesetzte Sauerstoff aus dem Kohlenstoffdioxid stammt. Heute weiß man, dass er durch Wasserspaltung entsteht. Formulieren Sie die entsprechende korrekte Summengleichung der Fotosynthese und geben Sie Befunde und experimentelle Ergebnisse an, die zu dieser Auffassung geführt haben. A

9. Die korrekte Summengleichung, die diesen Ergebnissen entspricht, lautet: L

$$6\ CO_2 + 12\ H_2O \rightarrow C_6H_{12}O_6 + 6\ O_2 + 6\ H_2O$$

Dass der Sauerstoff aus dem Wasser und nicht aus dem Kohlenstoffdioxid stammt, konnte durch Versuche mit isotopenmarkiertem Wasser nachgewiesen werden. Der radioaktiv markierte Sauerstoff des Wassers fand sich nachher ausschließlich im frei werdenden Sauerstoff wieder. Wurde der Sauerstoff im Kohlenstoffdioxid radioaktiv

markiert, fand sich dieser in der Glucose und im freigesetzten Wasser. Isolierte Chloroplasten entwickeln bei Abwesenheit von Kohlenstoffdioxid im Licht Sauerstoff, wenn man ihnen als Wasserstoffakzeptor $NADP^+$ zusetzt. Es bildet sich Sauerstoff. $NADP^+$ wird zu $NADPH + H^+$ reduziert. Damit stammt der Sauerstoff aus dem Wasser.
Indirekter Hinweis: Verschiedene Schwefelbakterien verwenden bei der Fotosynthese Schwefelwasserstoff (H_2S) statt Wasser und setzen anstelle von Sauerstoff Schwefel frei. Wegen der Analogie zu grünen Pflanzen liegt die Vermutung nahe, dass das Schwefelwasserstoff-Molekül als Wasserstoffdonator dient.

A **10.** Erläutern Sie die Hill-Reaktion und deren Schlussfolgerungen.

L **10.** Hill zeigte, dass isolierte Chloroplasten bei Belichtung und bei Zusatz von künstlichen Elektronenakzeptoren (z. B. Eisen (III)-salze) oder von $NADP^+$ Sauerstoff bilden. Selbst kleine Bruchstücke, deren Größe in die Nähe der fotosynthetischen Elementareinheiten reichen, zeigten ein vergleichbares Ergebnis. In einer Chlorophylllösung war dagegen keine Wasserspaltung möglich. Hill konnte so zeigen,

- dass die Lichtenergie zur Spaltung des Wassers verwendet wird und damit der Sauerstoff aus dem Wasser stammt,
- die Fotolyse des Wassers nicht unmittelbar mit der Reduktion des Kohlenstoffdioxids verbunden ist,
- die strukturelle Zuordnung der Chlorophyll-Moleküle innerhalb der Thylakoidmembran die Voraussetzung ist.

A **11.** Erläutern Sie die Grundzüge der lichtabhängigen und lichtunabhängigen Reaktionen der Fotosynthese und deren Zusammenhang.

L **11.** Der Gesamtvorgang der Fotosynthese besteht aus zwei unterschiedlichen Reaktionsfolgen: den lichtabhängigen Primärreaktionen in der Thylakoidmembran und den lichtunabhängigen Sekundärreaktionen im Stroma. An den Primärreaktionen sind zwei unterschiedliche Fotosysteme beteiligt. Die von Antennenpigmenten gesammelte und zum Reaktionszentrum weitergeleitete Energie regt hier ein besonderes Chlorophyll-Molekül an. Es gibt ein energiereiches Elektron ab, das über Redox-Systeme weitergeleitet wird. Entlang der Elektronentransportkette werden Produkte für die nachfolgenden lichtunabhängigen Reaktionen bereitgestellt. So werden die $NADP^+$-Moleküle mit Wasserstoff und Elektronen beladen, die für die Reduktion des Kohlenstoffdioxids in der lichtunabhängigen Reaktion notwendig sind. Außerdem wird Energie in Form von ATP gewonnen. Der zur Reduktion notwendige Wasserstoff entsteht durch die Spaltung des Wassers, als Abfallprodukt fällt Sauerstoff an. In den lichtunabhängigen Reaktionen wird Kohlenstoffdioxid mithilfe von ATP und $NADPH + H^+$ reduziert. Die Kohlenstoffdioxid-Fixierung und Herstellung des C_6-Körpers Glucose erfolgt im Stroma im Rahmen des Calvin-Zyklus.

2.2 Eigenschaften von Enzymen

M1 Das Harden-Young-Experiment

Im Jahre 1878 wurde von Kühne der Begriff Enzym für katalytisch wirksame Stoffe eingeführt. Neben anderen Forschern arbeiteten Harden und Young in den folgenden Jahren an der genaueren Untersuchung des Aufbaus und der Funktionsweise von Enzymen.

Versuche an Hefeextrakten zeigten, dass die Prozesse der Energiegewinnung auch außerhalb von lebenden Zellen stattfinden können. Diese Erkenntnis nutzten Harden und Young 1905 in dem folgenden Experiment, das Aufschluss über den genaueren Aufbau von Enzymen geben sollte:

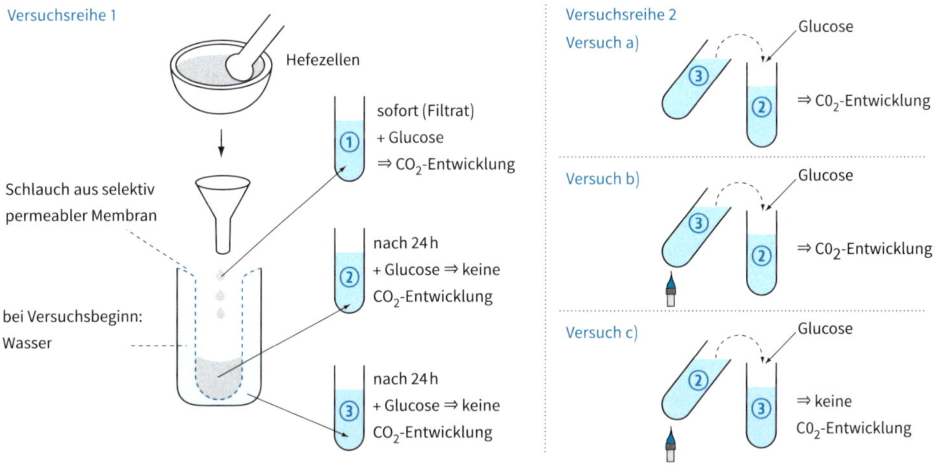

1. Beschreiben Sie das Experiment von Harden und Young. Erläutern Sie kurz die Stoffwechselreaktion, die diesem Versuch zugrunde liegt. A

2. Entwickeln Sie aus den einzelnen Versuchsergebnissen von Harden und Young Hypothesen über den Aufbau der beteiligten Enzyme.

3. Erklären Sie die Versuchsergebnisse aus heutiger Sicht.

Lösungsvoraussetzungen: Aufbau und Eigenschaften von Enzymen, Protein- und Nichtproteinanteile von Enzymen, selektive Permeabilität von Membranen, Grundprinzip der alkoholischen Gärung

L

1. In einer **ersten Versuchsreihe** wurden zunächst Hefezellen in einem Mörser zerrieben. Den entstandenen zellfreien Extrakt filtrierten sie und gaben ihn in einen Schlauch, der als selektiv permeable Membran wirkte. Der Schlauch befand sich in einem mit Wasser gefüllten Becherglas. Aus dem inneren Bereich des Schlauches wurden sofort (Ansatz ①) sowie nach 24 Stunden (Ansatz ②) Proben entnommen. Daneben entnahm man nach 24 Stunden eine Probe aus dem Bereich außerhalb der Membran (Ansatz ③). Zu den drei Ansätzen wurde Glucose gegeben. Nur im Ansatz ① war anschließend eine CO_2-Entwicklung nachweisbar.

In einer **zweiten Versuchsreihe** wurden die Ansätze ② und ③ in unterschiedlicher Weise weiter behandelt:

- Im **Versuch a)** wurden beide Ansätze direkt ohne Erhitzung vermischt.
- Im **Versuch b)** wurde der Ansatz ③ erhitzt und anschließend zu Ansatz ② gegeben,
- Im **Versuch c)** erhitzten sie Ansatz ② und gaben ihn zu Ansatz ③.

Zudem gab man in allen drei Versuchen Glucose hinzu.

Nur in den **Versuchen a) und b)** war anschließend eine CO_2-Entwicklung nachweisbar. Kohlenstoffdioxid entsteht unter anaeroben Bedingungen im Verlauf der alkoholischen Gärung. Glucose wird dabei zunächst im Verlauf der Glykolyse zu Brenztraubensäure abgebaut. Je Molekül Glucose werden zwei Moleküle ATP gebildet. Brenztraubensäure wird anschließend decarboxyliert. Dabei entstehen Kohlenstoffdioxid und Ethanal (Acetaldehyd). Letzteres wird dann durch NADH + H^+ zu Ethanol reduziert:

$$C_6H_{12}O_6 \rightarrow 2\,CH_3CH_2OH + 2\,CO_2;\ \Delta G = -234\,kJ/mol$$

2. Harden und Young konnten aufgrund der Versuchsergebnisse folgende Hypothesen aufstellen:

- Am Energiegewinnungsprozess sind entweder verschiedene Enzyme mit unterschiedlichen Eigenschaften im Hinblick auf Hitzebeständigkeit und Diffusionsfähigkeit durch eine Biomembran beteiligt oder der Prozess wird von einem Enzym katalysiert, das aus unterschiedlichen Komponenten mit unterschiedlichen Eigenschaften besteht.
- Ein Teil der Enzyme (bzw. Enzymkomponenten) diffundiert durch die selektiv permeable Membran. Wird dieser mit der Komponente, die nicht diffundieren kann, vermischt, so entsteht wieder ein funktionsfähiges Enzym (**Versuch a**).
- Die diffusionsfähige Enzymkomponente ist überdies hitzebeständig (**Versuch b**).
- Andere Enzymkomponenten können nicht diffundieren und verlieren beim Erhitzen ihre Funktion (**Versuch c**).
- Die einzelnen Enzyme (bzw. Enzymkomponenten) sind für sich alleine nicht in der Lage, Kohlenstoffdioxid zu bilden.

3. Enzyme können aus einem Protein- und einem Nichtproteinanteil (Cofaktor) bestehen. Der Proteinanteil wird durch Hitze irreversibel zerstört (**Versuch c**).
Beim Cofaktor handelt es sich um eine niedermolekulare, nur lose ans Enzym gebundene Komponente, die durch eine Biomembran diffundieren kann (Ansatz ③).
Der Cofaktor ist daneben hitzeunempfindlich (**Versuch b**). Ein Stoffumsatz findet nur bei vollständigem Enzym statt (Ansatz ① und **Versuche a und b**).

Hinweis: Der von HARDEN und YOUNG entdeckte Cofaktor der Gärung, die sogenannte Cozymase, wurde erst im Jahr 1936 durch die Arbeiten von EULER und WARBURG als Nicotinamid-adenin-dinucleotid (NAD) identifiziert.

Tipps zur Herangehensweise Tipp

- Wiederholung: Enzyme: Bau und Funktion, Stoffwechsel: anaerober und aerober Abbau von Glucose
- Achten Sie bei der Bearbeitung auf eine genaue Beschreibung der Versuche, aus denen die Gemeinsamkeiten und Unterschiede deutlich werden. Bei der Ableitung der Hypothesen ist der Bezug zu den Versuchsergebnissen entscheidend.

Mögliche Prüfungsfragen zu diesem Thema für einen zweiten Prüfungsteil

1. Erläutern Sie die Funktion von NAD beim aeroben Abbau von Glucose. A

2. Im Rahmen der Fotosynthese nimmt NADP als Cofaktor die entscheidende Rolle ein. Erläutern Sie diese zentralen Schritte und die Funktion des NADP.

3. Vergleichen Sie den anaeroben und aeroben Abbau von Glucose unter energetischen Gesichtspunkten.

4. Stellen Sie eine Hypothese auf, wie Gärung und Zellatmung evolutionsbiologisch einzuordnen sind.

2.3 Der Zitronensäurezyklus – die Drehscheibe des Stoffwechsels?

M1 Übersicht über zentrale Stoffwechselwege

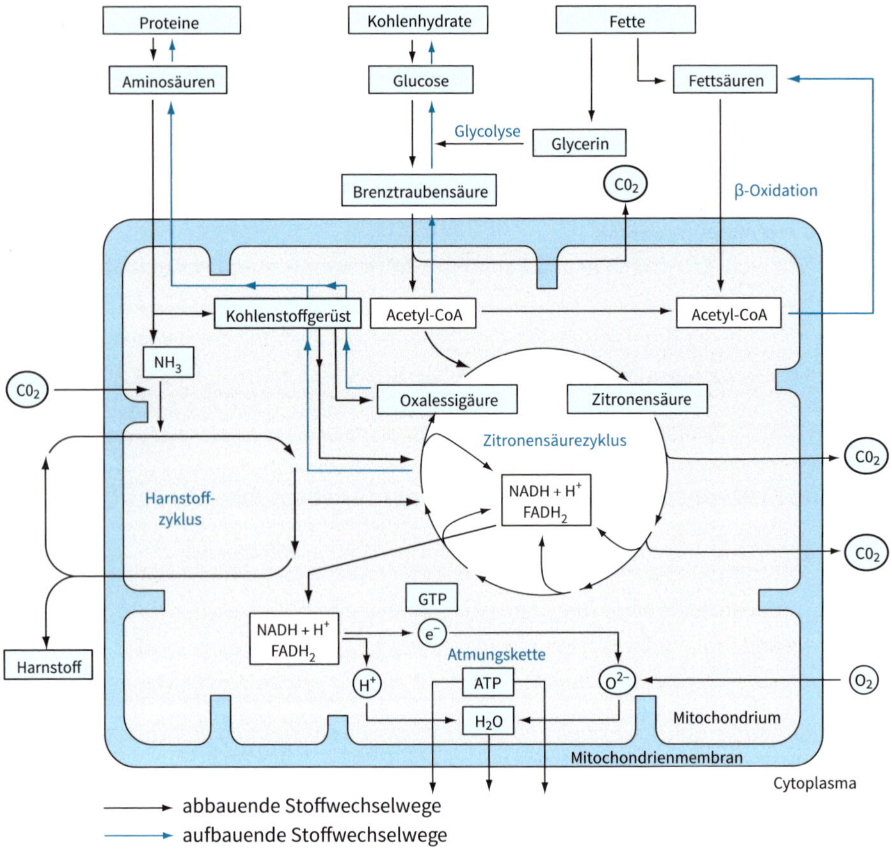

A

1. Geben Sie eine Stoff- und Energiebilanz für den vollständigen Abbau von Acetyl-CoA im Zitronensäurezyklus an.

2. Erläutern Sie, warum ein Schwein fett wird, auch wenn es ausschließlich mit Kohlenhydraten gefüttert wird.

3. Beurteilen Sie, ob es berechtigt ist, den Zitronensäurezyklus als „Drehscheibe des Stoffwechsels" zu bezeichnen und Acetyl-CoA als „Antrieb der Drehscheibe".

Lösungsvoraussetzungen: Überblick über die Vernetzungen der verschiedenen Stoffwechselwege, Verknüpfung von Stoffabbau und Stoffaufbau, Aufbau biochemisch wichtiger Moleküle (Kohlenhydrate, Fette, Proteine)

L

1. Im Zitronensäurezyklus erfolgt der Abbau von Acetyl-CoA (aktivierte Essigsäure) zu Kohlenstoffdioxid und die Bindung von Wasserstoff an NAD^+ bzw. FAD. Pro Zyklus werden aus einem C_2-Körper (Acetyl-CoA) zwei Moleküle Kohlenstoffdioxid, drei Moleküle NADH + H^+, ein Molekül $FADH_2$ und ein Molekül GTP gebildet. Der gebundene Wasserstoff wird anschließend in der Atmungskette mithilfe von Sauerstoff oxidiert.
   Die exotherme Reaktion liefert dort die entscheidende Menge Energie, die zur Bildung von ATP genutzt wird. Die zentrale Bedeutung des Zitronensäurezyklus liegt also nicht in der Bereitstellung von Energie, sondern im Abbau von C_2-Körpern zu Kohlenstoffdioxid und der Bindung des vorhandenen Wasserstoffs an Überträger, sodass dieser in der Atmungskette zur Endoxidation zur Verfügung steht.

2. Wird ein Schwein mit Kohlenhydraten gefüttert, werden diese über Glucose in die Glycolyse eingeschleust und zu Acetyl-Coenzym A abgebaut. Acetyl-Coenzym A ist wiederum Ausgangsprodukt für die Synthese von Fettsäuren, die mit Glycerin zu Fetten verestert werden. Die Vernetzung von Kohlenhydrat- und Fettstoffwechsel ermöglicht den Ab- und Umbau von aufgenommenen Kohlenhydraten in körpereigene Fette.
   Auch ein Umbau von Kohlenhydraten in körpereigene Proteine ist durch die Vernetzung im Zitronensäurezyklus gegeben, da Zwischenprodukte des Zitronensäurezyklus Ausgangsprodukte für Aminosäuren darstellen. Da Fette deutlich energiereicher als Kohlenhydrate und Proteine sind, bilden sie die beste Speicherform. Neben den Fettreserven sind die körpereigenen tierischen Proteine das zentrale Produkt dieses Stoffumbaus.

3. Es ist sinnvoll, den Zitronensäurezyklus als „Drehscheibe des gesamten Stoffwechsels“ zu bezeichnen, da sowohl die wesentlichen Stoffwechselabbauwege als auch wichtige Aufbauwege über Zwischenprodukte aus dem Zitronensäurezyklus gespeist werden.
   Da Kohlenhydrat- und Fettstoffwechsel miteinander verknüpft sind und auch wichtige Aminosäuren ausgehend von Zwischenstufen des Zitronensäurezyklus synthetisiert werden, ist das Bild der Drehscheibe, die die Funktion eines Verteilers und damit der Steuerung übernimmt, hier angemessen. So bilden zum Beispiel Acetyl-CoA und Glycerinaldehyd als Abbauprodukte der Kohlenhydrate gleichzeitig die Ausgangsprodukte für die Bildung von Fetten. An mehreren Stellen des Zitronensäurezyklus werden Zwischenprodukte des Stoffabbaus aus dem Kreislauf entnommen und durch Aminierung zu Aminosäuren umgesetzt, die als Ausgangsprodukte von Proteinen oder Hormonen dienen. Gespeist wird der Zitronensäurezyklus durch Acetyl-CoA, das im

ersten Schritt zu Zitronensäure umgesetzt wird und damit den weiteren Zyklus steuert. Damit begründet sich auch die richtige Einordnung von Acetyl-CoA als „Motor dieser Drehscheibe“.

Tipp

Tipps zur Herangehensweise

- Wiederholung: Überblick über die zentralen Abbauwege der Kohlenhydrate, Fette und Eiweiße
- Nutzen Sie für die Bearbeitung von **Aufgabe 1** am besten eine tabellarische Auflistung.
- Beachten Sie in **Aufgabe 2**, dass das Schwein, wenn es fett wird, vorrangig Proteine und Fette bildet. Es muss sowohl die Bildung von Fett als auch die von Eiweiß angesprochen werden.
- In **Aufgabe 3** ist eine Konkretisierung an ausgewählten Stoffwechselschritten unbedingt erforderlich. Dabei muss die Vernetzung in besonderer Weise im Vordergrund stehen. Auch ist die Verzahnung von Stoffabbau und Neusynthese ein zentraler Aspekt der Bearbeitung.

Mögliche Prüfungsfragen zu diesem Thema für einen zweiten Prüfungsteil

A

1. Geben Sie für die oben angegebenen Stoffwechselwege bestimmte Zellstrukturen an und nennen Sie Beispiele für Organismen, die Energie über die oben aufgeführten Stoffwechselwege beziehen.

2. Vergleichen Sie den aeroben Abbau mit dem Stoffwechsel von Anaerobiern. Stellen Sie eine Hypothese auf, wie die Stoffwechselschritte von Anaerobiern und Aerobiern evolutionär einzuordnen sind.

3. Entwickeln Sie Hypothesen für die Tatsache, dass der aerobe Abbau heute zwar überwiegt, bestimmte Anaerobier aber dennoch ihre Energie über Gärungsprozesse beziehen.

2.4 Regulationsprinzipien des Stoffwechsels

M1 Übersicht über die Verknüpfung der Stoffwechselwege

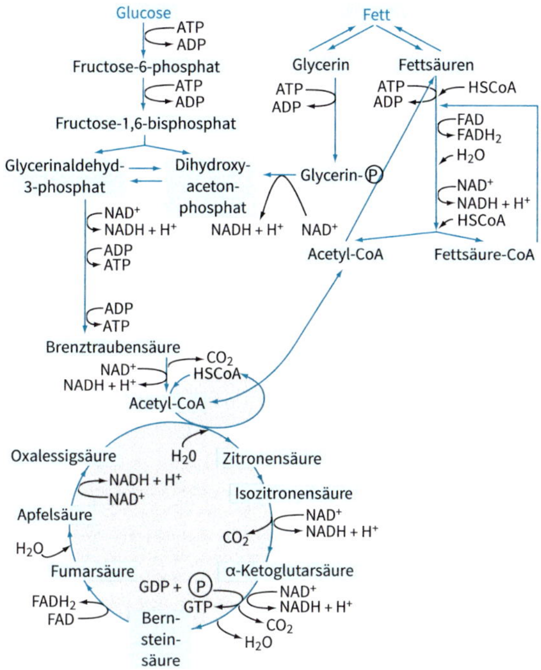

M2 Laborexperiment zur Steuerung eines zentralen Teilschrittes im Stoffwechsel

Das Enzym Phosphofructokinase katalysiert die Umsetzung von Fructose-6-phosphat zu Fructose-1,6-bisphosphat.

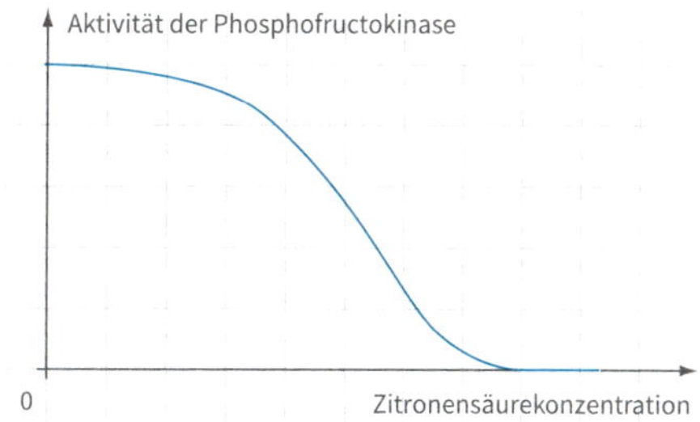

Angaben in %

Einfluss der Konzentration von Zitronensäure auf die Enzymaktivität der Phosphofructokinase

1. Stellen Sie dar, wie der Versuchsansatz aus **M2** unter Berücksichtigung der Stellung der beteiligten Moleküle in die Stoffwechselübersicht **M1** einzuordnen ist. A

2. Beschreiben Sie die Versuchsergebnisse aus **M2** und erklären Sie diese mithilfe eines Modells.

3. Beurteilen Sie die biologische Bedeutung dieses Ergebnisses und leiten Sie ausgehend von diesem Beispiel ein allgemeines Grundprinzip für die Steuerung in komplexen vernetzten Stoffwechselsystemen ab.

Lösungsvoraussetzungen: grundsätzliche Kenntnisse zu Glykolyse, Zitronensäurezyklus, Aufbau und Wirkungsweise von Enzymen, verschiedene Formen der Hemmung, Grundsätze der Steuerung

L

1. Der untersuchte Teilschritt ist einer der ersten Schritte im Verlauf der Glykolyse. Er wird mithilfe des Enzyms Phosphofructokinase katalysiert. In dem Experiment wird die Enzymaktivität der Phosphofructokinase unter dem Einfluss von Zitronensäure, dem ersten Reaktionsprodukt aus dem Zitronensäurezyklus, gemessen. Bei dem Experiment wird also der mögliche Einfluss von Molekülen aus dem Zitronensäurezyklus auf einen Reaktionsschritt der Glykolyse untersucht.

2. Ohne Zitronensäure ist die Enzymaktivität der Phosphofructokinase maximal. Bei Zugabe geringer Mengen an Zitronensäure bleibt die Enzymaktivität zunächst weitgehend konstant, sinkt aber bei weiterer Zugabe höherer Zitronensäurekonzentrationen kontinuierlich bis auf null. Der Kurvenverlauf lässt sich dadurch erklären, dass Zitronensäure-Moleküle Einfluss auf die Bindungsfähigkeit der Phosphofructokinase zum Substrat haben. Nach dem Prinzip der nichtkompetitiven Hemmung besetzen Zitronensäure-Moleküle die allosterischen Regionen des Enzyms, wodurch eine Konformationsänderung hervorgerufen wird, die die Bindungsfähigkeit zum Substrat beeinträchtigt bzw. verhindert. Bei höherer Konzentration an Substrat werden immer mehr Enzym-Moleküle in ihrer Raumstruktur verändert, bis letztlich kein Stoffumsatz mehr erfolgt, die Enzymaktivität liegt bei Null.

3. Bei hoher Konzentration an Zitronensäure findet bereits in einem der ersten Teilschritte der Glykolyse eine Hemmung statt, sodass eine sinnvolle Steuerung möglich ist. Erst bei sinkender Konzentration wird der Zitronensäurezyklus wieder aus der Glykolyse gespeist. Beide Systeme werden dadurch sinnvoll vernetzt. Ein Zwischenprodukt wirkt als Inhibitor im ersten Schritt eines anderen, vorgeschalteten Systems.

Tipp

Tipps zur Herangehensweise

- Achten Sie bei der Einordnung genau auf die Zuordnung zu den verschiedenen Teilschritten der Stoffwechselwege. Überdenken Sie die Ihnen bekannten Modelle zur Enzymregulation und wählen Sie begründet ein geeignetes Modell aus, das diese Versuchsergebnisse erklärt.
  Hier Konzept Regulation einfügen

A

Mögliche Prüfungsfragen zu diesem Thema für einen zweiten Prüfungsteil

1. Erläutern Sie die Bedeutung von regulatorischen Prozessen für den Organismus.

2. Geben Sie weitere Beispiele für die Steuerung in biologischen Systemen an.

3. Entwickeln Sie Hypothesen, wie derartige Steuerungsprozesse aus evolutionärer Sicht entstanden sein könnten.

Konzeptvorschlag

M1 Übersicht über die Verknüpfung der Stoffwechselwege

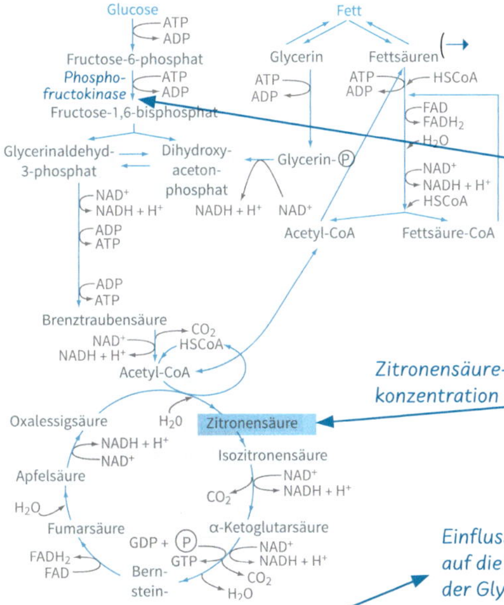

Zitronensäure-konzentration

M2 Laborexperiment zur Steuerung eines zentralen Teilschrittes im Stoffwechsel

Das Enzym Phosphofructokinase katalysiert die Umsetzung von Fructose-6-phosphat zu Fructose-1,6-bisphosphat.

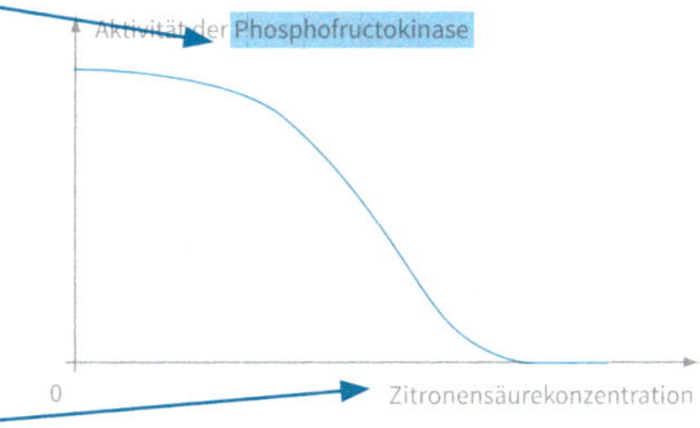

Angaben in %

Einfluss der Konzentration von Zitronensäure auf die Enzymaktivität der Phosphofructokinase

Einfluss des ersten Produktes des Zitronensäurezyklus auf die Enzymaktivität des Enzyms des zweiten Schrittes der Glycolyse:
Ohne Zitronensäure: Enzymaktivität optimal
Hohe Zitronensäurekonzentration: keine Enzymaktivität

1. Stellen Sie dar, wie der Versuchsansatz aus **M2** unter Berücksichtigung der Stellung der beteiligten Moleküle in die Stoffwechselübersicht **M1** einzuordnen ist.

2. Beschreiben Sie die Versuchsergebnisse aus **M2** und erklären Sie diese mithilfe eines Modells.

3. Beurteilen Sie die biologische Bedeutung dieses Ergebnisses und leiten Sie ausgehend von diesem Beispiel ein allgemeines Grundprinzip für die Steuerung in komplexen vernetzten Stoffwechselsystemen ab.

Ein Zwischenprodukt wirkt als Inhibitor im ersten Schritt eines vorgeschalteten Systems.

Modell:
nicht kompetitive Hemmung: Zitronensäuremoleküle besetzen allosterische Regionen des Enzyms: Konformationsänderung bewirkt veränderte Bindungsfähigkeit zum Substrat

Modell zur nicht kompetitiven Hemmung als Skizze in die Reinschrift aufnehmen

Sinnvolle Steuerung: beide Systeme vernetzt.

2.5 Was leistet der wissenschaftshistorische Versuch von ARNON zur Aufklärung der Fotosynthese?

M1 Verschiedene Gleichungen zur Fotosynthese

Als „Grundgleichung der Fotosynthese" führen alle Lehrwerke die folgende Gleichung auf:

$6\ CO_2 + 6\ H_2O \rightarrow C_6H_{12}O_6 + 6\ O_2$

Als „erweiterte Gleichung der Fotosynthese" findet sich daneben die folgende Gleichung:

$6\ CO_2 + 12\ H_2O \rightarrow C_6H_{12}O_6 + 6\ O_2 + 6\ H_2O$

M2 Versuchsergebnisse von ARNON

Arnon entwickelte ein Verfahren, Chloroplasten aus Pflanzenzellen zu isolieren und aufzubrechen, sodass sie in Thylakoide und Stroma getrennt werden konnten. Die funktionsfähigen Bestandteile wurden dann für weitere Versuchsreihen genutzt.

	Versuchsreihe ①	**Ergebnis**
1	ARNON belichtete Thylakoide in Anwesenheit von Kohlenstoffdioxid, ADP, Phosphat und $NADP^+$.	Es entstanden Sauerstoff, ATP und $NADPH + H^+$.
2	ARNON gab zu Thylakoiden Kohlenstoffdioxid, ATP und $NADPH + H^+$, ohne das Gemisch zu beleuchten.	keine Reaktion
3	ARNON belichtete Thylakoide in Anwesenheit von ADP, Phosphat und $NADP^+$.	Es entstanden Sauerstoff, ATP und $NADPH + H^+$.
4	ARNON gab zu Thylakoiden Kohlenstoffdioxid, ADP, Phosphat und $NADP^+$, ohne zu beleuchten.	keine Reaktion

	Versuchsreihe ②	**Ergebnis**
1	ARNON beleuchtete Stroma in Anwesenheit von Kohlenstoffdioxid, ADP, Phosphat und $NADP^+$.	keine Reaktion
2	ARNON gab zum Stroma Kohlenstoffdioxid, ATP und $NADPH + H^+$, ohne das Gemisch zu beleuchten.	Es entstanden Glucose, ADP, Phosphat und $NADP^+$.
3	ARNON gab zu Thylakoiden Kohlenstoffdioxid, ATP und $NADPH + H^+$, ohne das Gemisch zu beleuchten.	keine Reaktion
4	ARNON beleuchtete Stroma in Anwesenheit von Kohlenstoffdioxid, ATP und $NADPH + H^+$.	Es entstanden Glucose, ADP, Phosphat und $NADP^+$.
5	ARNON gab zu Stroma ATP und $NADPH + H^+$, ohne das Gemisch zu beleuchten.	keine Reaktion

A

1. Ermitteln Sie die Fragestellung(en), die den Versuchsreihen von ARNON zugrunde liegen.

2. Erklären Sie die jeweiligen Versuchsergebnisse.

3. Stellen Sie dar, welche historische Bedeutung diese Ergebnisse für die Aufklärung der Fotosynthese hatten.

4. Bewerten Sie anschließend die in **M1** angegebene Grundgleichung der Fotosynthese.

Lösungsvoraussetzungen: Aufbau von Chloroplasten, grundsätzlicher Überblick über lichtabhängige und lichtunabhängige Reaktionen, Grundgleichung und erweiterte Gleichung der Fotosynthese

L

1. Die beiden Versuchsreihen legen folgende Fragestellungen nahe:
   - An welchen Bereichen der Chloroplastenmembran finden einzelne Schritte der Fotosynthese statt?
   - Erfolgt die Fotosynthese in einem einzigen Schritt, wie es die Grundgleichung nahelegt, oder erfolgen Teilschritte an verschiedenen Membranbereichen der Chloroplasten?
   - Welche Reaktionen laufen an den Thylakoiden, welche im Stroma ab?

2. - **Versuchsreihe ①:** Die Versuchsreihe belegt, dass an den Thylakoiden nur unter Lichteinfluss Reaktionen stattfinden. Als typische Produkte der lichtabhängigen Primärreaktion findet man Sauerstoff, NADPH + H^+ und ATP (Versuche 1 und 3). Diese können nur gebildet werden, wenn als Ausgangsprodukte $NADP^+$, Phosphat und ADP vorhanden sind (Versuche 2 und 4). Ein Angebot von Kohlenstoffdioxid hat keinen Einfluss auf die Reaktion. Die Reduktion von Kohlenstoffdioxid findet also nicht an den Thylakoiden statt. Die lichtabhängige Teilreaktion an den Thylakoiden liefert als Zwischenprodukte ATP, NADPH + H^+ und Sauerstoff.
   - **Versuchsreihe ②:** Die Versuchsreihe zeigt, dass die Reduktion von Kohlenstoffdioxid nur erfolgen kann, wenn die Produkte der lichtabhängigen Reaktion vorliegen. Die Fotosynthese erfolgt in zwei Teilschritten: den lichtabhängigen Reaktionen an den Thylakoiden und den lichtunabhängigen Reaktionen am Stroma. Dabei wird der Wasserstoff des NADPH + H^+ auf Kohlenstoffdioxid übertragen (Versuche 2 und 4). Versuch 2 zeigt, dass die Reduktion auch ohne Licht erfolgt, die Übertragung des Wasserstoffs auf Kohlenstoffdioxid erfordert allerdings ATP, da in Versuch 1 keine Reaktion möglich ist. Auch ist die Folgereaktion an das Stroma gebunden, da im Versuch 3 an Thylakoiden keine Synthese erfolgt.
   - Zusammenfassend ergibt sich: Die Fotosynthese erfolgt in zwei Teilschritten, der lichtabhängigen Reaktion an Thylakoiden und der anschließenden lichtunabhängigen Reaktion am Stroma.

3. Die Ergebnisse zeigen, dass die lichtabhängige Reaktion an die Thylakoide gebunden ist und die lichtunabhängigen Reaktionen im Stroma ablaufen. ATP und NADPH + H^+ als Produkte der Primärreaktion werden an den Thylakoiden gebildet und sind Ausgangsprodukte für die folgende Kohlenstoffdioxidfixierung in der lichtunabhängigen Reaktion, die im Stroma erfolgt. Die wissenschaftshistorische Bedeutung des Experimentes von ARNON liegt in dem Beweis der Trennung von lichtabhängigen und lichtunabhängigen Reaktionen an verschiedenen Membranbereichen der Chloroplasten.

4. Da als Produkte der lichtabhängigen Reaktion ATP, NADPH + H^+ und Sauerstoff an den Thylakoiden entstehen und NADPH + H^+ erst in der lichtunabhängigen Reaktion im Stroma zur Reduktion des Kohlenstoffdioxids weiterverarbeitet wird, stammt der entstehende Sauerstoff aus der Spaltung des Wassers und nicht vom Kohlenstoffdioxid. Die Fotosynthesegrundgleichung ist damit eine verkürzte Darstellung, die dem Ablauf der beiden Teilreaktionen (lichtabhängige und lichtunabhängige Reaktionen) nicht entspricht. Die erweiterte Gleichung erfasst den Ablauf der Fotosynthese exakter und ist folglich vorzuziehen.

Tipp

Tipps zur Herangehensweise

- Wiederholung: Lichtabhängige und lichtunabhängige Reaktionsschritte der Fotosynthese, Orte der Teilreaktionen, zentrale Moleküle
- Zur Lösung dieser Aufgabe sind sichere Grundlagen notwendig.

A

Mögliche Prüfungsfragen zu diesem Thema für einen zweiten Prüfungsteil

1. Vergleichen Sie den Ablauf der Fotosynthese hinsichtlich der molekularen und energetischen Bilanz mit den Reaktionen der Zellatmung.

2. Erläutern Sie, inwiefern die obigen Versuchsreihen den Weg der naturwissenschaftlichen Erkenntnisgewinnung widerspiegeln.

3. Vergleichen Sie den Weg der Erkenntnisgewinnung im Experiment bei ARNON mit der Erkenntnisgewinnung bei der Ermittlung evolutiver Abstammungsverhältnisse.

2.6 CAM-Pflanzen – Angepasstheit an trockene Lebensräume

M1 CAM-Pflanzen

Dickblattgewächse (Crassulacea) und Kakteen (Cactaceae) kommen an heißen und trockenen Standorten mit starker Sonneneinstrahlung vor. Man nennt diese Pflanzen auch Sukkulenten (lat. succus: Saft), da sie Wasser in den Blättern speichern.

M2 Der Fotosyntheseweg der CAM-Pflanzen

Die Abkürzung CAM steht für Crassulacean-Acid-Metabolism, d. h. für den Säure-Stoffwechselweg der Crassulaceen, deutsch „Dickblattgewächse", bei denen dieser Stoffwechselweg zuerst untersucht wurde.
Die CAM-Pflanzen zeigen eine Besonderheit in der Fixierung von Kohlenstoffdioxid (CO_2).
CO_2 wird vorübergehend in gebundener Form als Apfelsäure gespeichert, bevor es im Calvin-Zyklus endgültig durch Rubisco fixiert wird.

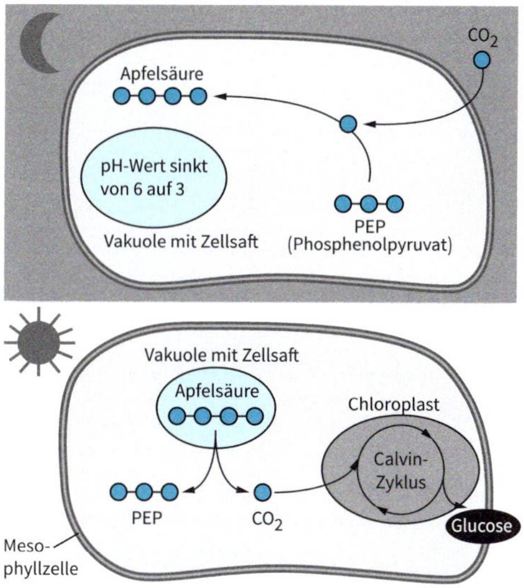

M3 Relative Konzentration der Apfelsäure und pH-Wert des Zellsaftes in der Vakuole im Tagesverlauf

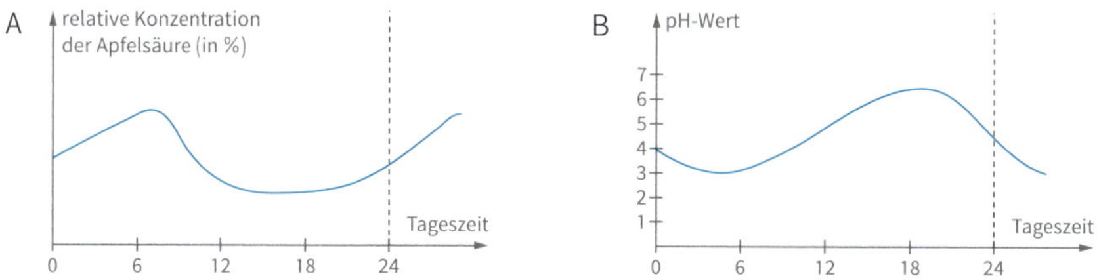

A

1. Beschreiben Sie den Fotosyntheseweg der CAM-Pflanzen anhand **M1** und **M2**.

2. Beschreiben und erklären Sie das Diagramm in **M3** und stellen Sie die Zusammenhänge zu **M2** her.

3. Skizzieren Sie jeweils ein Diagramm zur relativen Konzentration von Glucose und zur Öffnung der Stomata analog zu **M3** und erläutern Sie diese.

4. Erläutern Sie, wie CAM-Pflanzen das Dilemma zwischen der notwendigen CO_2-Aufnahme und der Gefahr der Austrocknung umgehen.

Lösungsvoraussetzungen: Grundlagen der Fotosynthese, lichtabhängige und lichtunabhängige Reaktionen bei C3-Pflanzen (Primär- und Sekundärreaktionen), grafische Darstellungen.

L

1. Nachts diffundiert CO_2 in die Mesophyllzellen und wird von PEP (Phosphoenolpyruvat) im Cytoplasma fixiert (enzymatische Reaktion). Dadurch wird Apfelsäure gebildet, die in der Vakuole gespeichert wird. Tagsüber wird die Apfelsäure aus der Vakuole heraus transportiert und in PEP und CO_2 gespalten. Das CO_2 wird in den Chloroplasten durch Rubisco fixiert und geht somit in den Calvin-Zyklus ein. Über mehrere Zwischenprodukte wird Glucose gebildet.

2. Im Diagramm A ist die relative Konzentration der Apfelsäure in Abhängigkeit von der Tageszeit dargestellt. Morgens ist die Konzentration am höchsten und nimmt im Tagesverlauf bis 18 Uhr ab und steigt anschließend wieder bis 6 Uhr morgens.
Im Diagramm B ist der pH-Wert in Abhängigkeit von der Tageszeit dargestellt. Morgens gegen 6 Uhr ist der pH-Wert mit pH 3 am niedrigsten und steigt dann im Tagesverlauf bis 18 Uhr bis auf einen pH-Wert von 6. Im weiteren Verlauf sinkt der Wert wieder bis 6 Uhr morgens.
Die Kurven der Diagramme A und B sind genau entgegengesetzt, da morgens der pH-Wert gering ist (saurer Bereich, ca. pH 3), da nachts PEP mit CO_2 zu Apfelsäure umgewandelt und diese in der Vakuole gespeichert wird. Abends ist der pH-Wert bei ca. 6, da die Apfelsäure fast vollständig zu PEP und CO_2 umgesetzt wurde.

3.

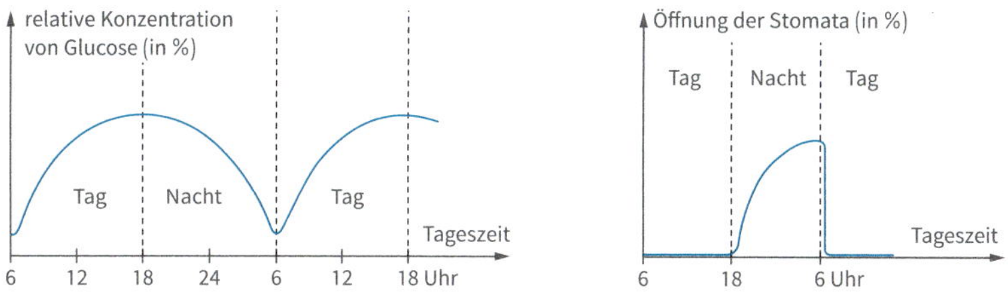

links: relative Konzentration von Glucose in Abhängigkeit von der Tageszeit
rechts: Öffnungszustand der Stomata in Abhängigkeit von der Tageszeit

CAM-Pflanzen sind in der Lage, CO_2 nachts bei Dunkelheit in Form von Apfelsäure zu fixieren. Die Stomata müssen hierzu geöffnet sein. Die Glucose-Konzentration nimmt damit nachts ab und ist am frühen Morgen am niedrigsten. Am Tage laufen die lichtabhängigen Reaktionen sowie der Calvin-Zyklus mit der Bildung von Glucose ab, wobei das gebundene CO_2 von der Apfelsäure abgespalten wird. Die Konzentration an Glucose steigt damit kontinuierlich an. Die Stomata müssen nicht geöffnet sein. (Anmerkung: Sollte ein Überschuss an O_2 entstehen, sollte dieser über die Stomata entlassen werden können.)

4. Im Gegensatz zu C3-Pflanzen findet bei CAM-Pflanzen eine zeitliche Trennung der CO_2-Fixierung und der Glucosebildung durch den Calvin-Zyklus statt. CO_2 wird nachts bei geöffneten Stomata durch PEP fixiert und in Form von Apfelsäure gespeichert. CAM-Pflanzen an Standorten mit extremer Trockenheit umgehen das Dilemma zwischen der notwendiger CO_2-Aufnahme und der Gefahr der Austrocknung. Die Stomata sind nur nachts geöffnet, wenn es kühler ist, um Wasserverluste durch Transpiration zu vermeiden.

Tipps zur Herangehensweise

Tipp

- Wiederholung: Lichtabhängige und lichtunabhängige Reaktionsschritte der Fotosynthese; Orte der Teilreaktionen.
- Achten Sie auf eine genaue Beschreibung der Abb. **M2**. Unterscheiden Sie die Vorgänge bei Tag und bei Nacht.

Mögliche Prüfungsfragen zu diesem Thema für einen zweiten Prüfungsteil

1. Erläutern Sie Beispiele für Angepasstheiten an Hitze und Kälte aus dem Tierreich. A

2. Erklären Sie die Entstehung der CAM-Pflanzen anhand der Synthetischen Evolutionstheorie.

3. Bewerten Sie die Bedeutung von Variabilität für ein Ökosystem.

3 Aufgaben zum Bereich Genetik

Genetik stellt ein sehr zentrales Thema im Abitur aller Bundesländer dar. Es lohnt daher, ein möglichst breites Spektrum der hier vorliegenden Aufgaben zu trainieren. Mithilfe der „Fragen zur Wissenswiederholung" können Sie überprüfen, ob Sie über die notwendigen Kenntnisse der verschiedenen Teilbereiche der Genetik verfügen. Im Folgenden sind Kenntnisse der klassischen und molekularen Genetik sowie der Cytogenetik an konkreten Aufgabenbeispielen anzuwenden. Am Anfang einer jeden Aufgabe finden Sie Hinweise zu den Lernvoraussetzungen, die Grundlage zur Lösung der Aufgabe sind, sodass Sie eine gezielte Auswahl treffen können.

3.1 Fragen zur Wissenswiederholung

A

1. Zeigen Sie in tabellarischer Form Gemeinsamkeiten und Unterschiede zwischen der Mitose und der Meiose beim Menschen auf.

L

1.

	Mitose	**Meiose**
Ort	Zellkern der Körperzellen	Zellkern der Urkeimzellen (Hoden/Eierstock)
sich anschließende Vorgänge/ Phasen	Cytokinese (Zellteilung) und Interphase; Mitose, Cytokinese und Interphase bilden den Zellzyklus.	Cytokinese sowohl nach der 1. Reifeteilung wie auch nach der 2. Reifeteilung
Funktion	Vermehrung von Körperzellen (Wachstum, Wundheilung, Regeneration)	Bildung von Keimzellen mit haploidem Chromosomensatz
Ziel	Bildung identischer Tochterkerne: Aus einem Zellkern mit 46 Zwei-Chromatiden-Chromosomen entstehen zwei genetisch identische Zellkerne mit jeweils 46 Ein-Chromatid-Chromosomen.	Reduktion des diploiden Chromosomensatzes ($2n = 46$ Chromosomen) zum haploiden Chromosomensatz ($n = 23$ Chromosomen); Neukombination des Erbguts durch zufällige Verteilung der väterlichen und mütterlichen Chromosomen
Ergebnis	zwei genetisch identische Tochterzellen	Je vier gleich große haploide Spermien beim Mann; eine große Eizelle und drei plasmaarme Pol- oder Richtungskörperchen bei der Frau. Die Richtungskörper gehen im weiteren Verlauf zugrunde.
Dauer	durchschnittlich 24 Stunden	etwa 10 Tage beim Mann; bei der Frau zwischen 12 und etwa 45 Jahren; hier Beginn bereits im 2. bis 7. pränatalen Monat, Ende nach dem Eisprung

Ablauf	Die verdoppelten Schwesterchromatiden werden getrennt und auf die Tochterkerne verteilt; es schließt sich eine Cytokinese an; zum Schluss enthält jede Zelle 46 Ein-Chromatid-Chromosomen.	1. Reifeteilung: homologe Chromosomen paaren sich und werden zufallsgemäß auf die neu entstehenden Zellen verteilt (interchromosomale Rekombination). Nach der Cytokinese liegen zwei Zellen mit haploidem Chromosomensatz vor. Jedes einzelne Chromosom besteht dabei aus zwei Schwesterchromatiden. 2. Reifeteilung: Schwesterchromatiden werden getrennt; es schließt sich eine Cytokinese an; zum Schluss enthält jede Keimzelle 23 Ein-Chromatid-Chromosomen.

2. Auf wie viele verschiedene Arten lassen sich die 23 homologen Chromosomenpaare des Menschen neu kombinieren? A

2. Die 23 Chromosomenpaare lassen sich auf $2^{23} = 8\,388\,608$ Arten neu kombinieren. L

3. Erläutern Sie den Begriff **Nondisjunction** und stellen Sie dar, inwiefern ein solches Ereignis auch in der Mitose von zentraler Bedeutung sein kann. A

3. Unter dem Begriff Nondisjunction (dt. Nichttrennung) versteht man die fehlende Trennung von Chromosomen während der Meiose oder Mitose. Es können entweder homologe Chromosomen während der Anaphase 1 (der ersten Reifeteilung der Meiose) nicht getrennt werden oder es findet eine Nichttrennung der Schwesterchromatiden während der Anaphase 2 (der zweiten Reifeteilung der Meiose) statt. Auf diese Weise können Keimzellen mit einem zusätzlichen oder fehlenden Chromosom entstehen. Kommt eine solche Keimzelle zur Befruchtung, so entsteht eine Trisomie ($2n + 1$) bzw. eine Monosomie ($2n - 1$). L

Die bekannteste menschliche Trisomie betrifft das Chromosom Nr. 21 und wird auch als DOWN-Syndrom bezeichnet.

Auch in der Mitose kann eine Nichttrennung der Chromatiden stattfinden. Geschieht dies in einem frühen Stadium der Embryonalentwicklung, so wird dieser Fehler an alle Tochterzellen weitergegeben und kann somit auch hier gravierende phänotypische Auswirkungen haben.

4. Mithilfe von Transplantationsexperimenten konnte die besondere Bedeutung des Zellkerns experimentell bestätigt werden. Zeigen Sie den Ablauf und die Schlussfolgerungen des entsprechenden Experimentes auf. A

L

4. Anhand des Pfropf-Experimentes mit einzelligen *Acetabularia*-Grünalgen konnte gezeigt werden, dass das kernhaltige Rhizoid der Art A dem aufgepfropften Stiel der Art B die Schirmform der Art A aufzwingt. Experimente mit kernlosen Rhizoiden der Art A, in die Zellkerne der Art B implantiert wurden, bestätigten diese Ergebnisse: Es regenerierte sich ein Algenschirm, der der Art B entsprach. Der Zellkern ist also Träger der Erbinformation und bestimmt das äußere Erscheinungsbild.

A

5. Geben Sie den Ablauf und die Ergebnisse der Experimente von GRIFFITH und AVERY wieder.

L

5. GRIFFITH führte im Jahre 1928 Experimente mit dem Bakterium *Streptococcus pneumoniae* durch, das in zwei Varianten vorkommt. Bakterien des S-Typs rufen bei Mäusen Lungenentzündung hervor; sie sind virulent. Abgetötete S-Bakterien verlieren ihre Virulenz. Lebende Bakterien des R-Typs sind ebenfalls avirulent. GRIFFITH konnte jedoch nachweisen, dass avirulente R-Bakterien, die er mit virulenten, aber abgetöteten Bakterien vom S-Typ zusammengab, zum virulenten S-Typ umgeformt (transformiert) werden können. Die Eigenschaft der Virulenz wurde offenbar von den abgetöteten Bakterien auf die R-Bakterien übertragen. GRIFFITH' Vermutung war, dass die Transformation auf dem Austausch von genetischen Informationen beruht. AVERY führte 1944 das Experiment von GRIFFITH fort und konnte beweisen, dass die DNA der Träger der Erbinformationen ist: Nur gereinigte DNA von virulenten S-Bakterien transformiert avirulente R-Bakterien zu virulenten S-Bakterien, Proteine der S-Bakterien bewirken hingegen keine Transformation.

A

6. Das DNA-Molekül des größten menschlichen Chromosoms ist mit gut 8 cm vielfach länger als eine normale Zelle. Erläutern Sie den Aufbau eines kompakten Metaphase-Chromosoms.

L

6. Der DNA-Doppelstrang ist wie ein Faden auf die kugeligen Nucleosomen (Eiweißkomplexe) aufgewickelt. Diese Nucleosomen liegen in der Chromatinschnur dicht beieinander. Die Chromatinschnur ist wiederum stark kondensiert (verdichtet) und baut das lichtmikroskopisch gut sichtbare Metaphase-Chromosom auf.

A

7. Erläutern Sie den Aufbau der DNA-Bausteine.

L

7. Die DNA besteht aus Nucleotiden. Diese enthalten einen Zucker (Desoxyribose), eine Pyrimidinbase (Cytosin oder Thymin) oder eine Purinbase (Adenin oder Guanin) und eine Phosphatgruppe. Die Verknüpfung der jeweiligen Base mit dem Zucker-Molekül erfolgt über das erste C-Atom des Zuckers. Die Zucker-Moleküle sind über das dritte und fünfte C-Atom durch Phosphatgruppen miteinander zum Polynucleotid verbunden.

8. Geben Sie die Unterschiede im Aufbau von DNA und RNA an. A

8. DNA und RNA sind Nukleinsäuren. Während DNA als Zucker eine 2-Desoxyribose besitzt, findet sich bei der RNA als Zucker eine Ribose, die am zweiten C-Atom eine OH-Gruppe trägt. Daneben unterscheiden sich beide Nukleinsäuren in einer Pyrimidinbase: Anstelle der DNA-Base Thymin findet sich in der RNA die Base Uracil. L

9. Erläutern Sie das DNA-Modell nach WATSON und CRICK. A

9. Das DNA-Modell von WATSON und CRICK (1953) zeigt zwei Polynucleotidstränge, die antiparallel zueinander orientiert sind und eine helicale, also schraubenartig gewundene Struktur bilden (DNA-Doppelhelix). Das Rückgrat der DNA wird dabei aus den Zuckermolekülen und den Phosphatgruppen gebildet, während die Basen nach innen zeigen. Zwischen den beiden Strängen kommt es zu komplementären Basenpaarungen zwischen Adenin und Thymin bzw. Guanin und Cytosin. Zwischen Adenin und Thymin stabilisieren jeweils zwei Wasserstoffbrückenbindungen die Basenpaarung, während sich zwischen Cytosin und Guanin drei Wasserstoffbrückenbindungen bilden. L

10. Nach welchem Mechanismus erfolgt die Replikation der DNA und wie wurde dieser Mechanismus experimentell bestätigt? A

10. Der Replikation der DNA liegt der semikonservative Mechanismus zugrunde. Der DNA-Doppelstrang wird wie ein Reißverschluss geöffnet, an die freien Basen binden die komplementären Nucleotide, die zu einem neuen Tochterstrang verknüpft werden. Damit besteht jeder der beiden Tochterstränge aus einem alten und aus einem neu gebildeten Strang. Die Bezeichnung semi-konservativ (dt.: halb-bewahrend) weist auf diesen Replikationsmechanismus hin. L

MESELSON und STAHL konnten den entsprechenden Mechanismus experimentell bestätigen: Sie setzten dazu Stickstoffisotope ein. Bakterien, die zunächst als Stickstoffquelle das schwere Isotop (^{15}N) zur Verfügung hatten, wurden für die Dauer eines Zellzyklus in ein Kulturmedium mit leichtem Isotop (^{14}N) gegeben. Anschießend wurde die Dichte der DNA mithilfe der Dichtegradientenzentrifugation bestimmt. Die Bande im Reagenzglas befand sich dabei genau in der Mitte zwischen der Bande von DNA, die ausschließlich aus ^{15}N besteht, und der Bande von DNA, die ausschließlich aus dem leichteren ^{14}N besteht. Verblieben die Bakterien für die Dauer von zwei Teilungszyklen im ^{14}N-Medium, bildeten sich zwei Banden: Die erste Bande lag weiterhin in der Mitte, die andere lag in Höhe der DNA, die ausschließlich ^{14}N enthält.

Das Ergebnis bestätigt die semikonservative Replikation: Die neu gebildeten DNA-Einzelstränge enthielten nach der ersten Replikation das leichte ^{14}N-Isotop, während die alten Einzelstränge noch das schwere Isotop enthielten. Folglich lag die Bande in der Mitte. Nach der zweiten Replikation enthielt ein Teil der DNA-Stränge noch immer zur

Hälfte das schwere Isotop (→ mittlere Bande), während mehr Stränge entstanden, die ausschließlich ^{14}N enthalten (→ obere Bande).

A

11. Die DNA besteht aus zwei antiparallelen Doppelsträngen. Erläutern Sie diese Aussage und stellen Sie dar, welche Konsequenzen sich daraus für die Replikation der DNA ergeben.

L

11. Antiparallel bedeutet, dass die Orientierung der beiden komplementären DNA-Stränge entgegengesetzt ist: Der eine Strang verläuft von 3′- in 5′-Richtung, der andere Strang von 5′- in 3′-Richtung. Die DNA-Polymerase kann die neuen Nucleotide nur an das 3′-Ende des Primers binden, sodass der neu entstehende Strang nur in 5′-3′-Richtung wachsen kann. Die Folge ist, dass nur an einem der beiden Stränge die Replikation kontinuierlich in Richtung der Replikationsgabel erfolgen kann. Am anderen Strang kann die Synthese wegen der Antiparallelität nur stückweise aus der Replikationsgabel heraus erfolgen.

A

12. Erläutern Sie das Prinzip der Polymerase-Chain-Reaction (PCR).

L

12. Die PCR dient der Vervielfältigung geringer DNA-Mengen. Dazu benötigt man neben der zu vervielfältigenden DNA als Matrize alle für eine Replikation nötigen Komponenten im Überschuss: die vier DNA-Nucleotide, zwei Primer mit definierter DNA-Sequenz und das hitzebeständige Enzym *Taq-Polymerase*. Zunächst wird die DNA durch Hitzebehandlung (94 °C) denaturiert; sie zerfällt durch die Lösung der Wasserstoffbrückenbindungen zwischen den Basen in ihre Einzelstränge. Die anschließende schnelle Abkühlung auf 65 °C verhindert die Renaturierung zum Doppelstrang, erlaubt aber die Anlagerung der Primer-Sequenzen an die bereits bekannten kurzen DNA-Stücke am 3′-Ende der beiden Matrizenstränge. Sie dienen der *Taq-Polymerase* als Startpunkt für die Synthese des komplementären Stranges. Die DNA-Synthese erfolgt bei der Optimaltemperatur der *Taq-Polymerase* bei 72 °C. Dieser Vorgang der Verdopplung lässt sich beliebig oft wiederholen.

A

13. Es wird eine PCR mit einer doppelsträngigen DNA durchgeführt. Geben Sie an, wie viele Kopien der DNA nach 30 Zyklen entstanden sind.

L

13. Nach 30 Zyklen sind $2^{30} = 1\,073\,741\,824$ (über 1 Mrd.) Kopien entstanden.

A

14. Stellen Sie den grundlegenden Zusammenhang zwischen Genotyp und Phänotyp bei Eukaryoten anhand einer Skizze dar.

L

14.

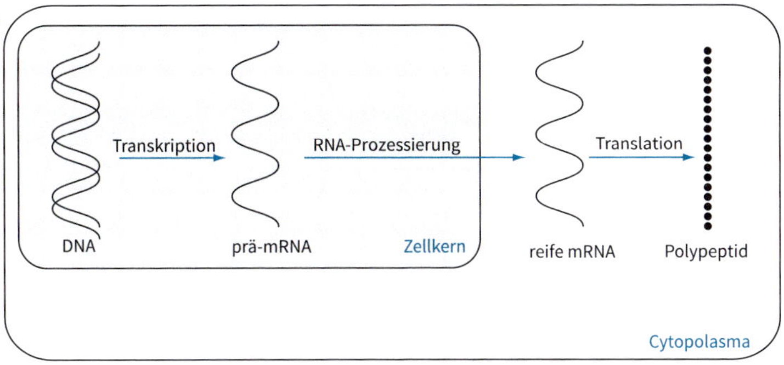

A

15. Erläutern Sie, wie genetische Fingerabdrücke erstellt werden und in welchen Bereichen dieses Verfahren häufig eingesetzt wird.

L

15. Beim genetischen Fingerabdruck wird DNA aus Zellmaterial wie Blutspuren, Haarwurzeln oder Gewebeproben molekulargenetisch untersucht. Man nutzt nichtcodierende DNA-Bereiche, da sich hier Mutationen anhäufen können, die nicht der Selektion unterliegen. So besitzt jeder Mensch im nichtcodierenden Bereich individuell unterschiedliche Basensequenzen.
Man unterscheidet beim genetischen Fingerabdruck zwei Methoden, die RFLP-Analyse (RFLP: Restriktions-Fragment-Längen-Polymorphismus) und die VNTR- bzw. STR-Analyse (VNTR: *variable-number-of-tandem-repeats*; STR = *short–tandem-repat*). Die RFLP-Analyse beruht auf der unterschiedlichen Länge von DNA-Fragmenten, die beim Schneiden von DNA mit Restriktionsenzymen entstehen, da sich verschiedene Personen auch in den Schnittstellen für bestimmte Restriktionsenzyme unterscheiden. Die VNTR- bzw. STR-Analyse nutzt die Tatsache, dass verschiedene Personen an bestimmten Stellen im Genom unterschiedlich viele tandemartige Wiederholungen bestimmter Basensequenzen mit einer Länge von ungefähr 20 bis 200 Basen besitzen. So entstehen nach dem Schneiden mit Restriktionsenzymen ebenfalls unterschiedlich lange Restriktionsfragmente, die auf der Anzahl der tandemartig wiederholten Sequenzen zwischen den Schnittstellen beruhen. Die VNTR- bzw. STR-Analyse wird oft gekoppelt mit einer PCR durchgeführt, um die geringe Menge an Satelliten-DNA zu vervielfältigen. Dabei verwendet man fluoreszenzmarkierte Primer. Es folgt die Auftrennung der Tandem-Repeats durch Gelelektrophorese. Mithilfe eines Scanners, der die Signale der fluoreszierenden Fragmente erfasst, lässt sich dann das Ergebnis der Auftrennung visualisieren.
Bei der RFLP-Methode werden die durch Gelelektrophorese aufgetrennten DNA-Stücke mittels *Southern-Blot* auf eine Trägermembran überführt und anschließend mit DNA-Sonden markiert. Durch Vergleich der Bandenmuster verschiedener DNA-Proben können Straftäter überführt oder Vaterschaften nachgewiesen werden.

A

16. Begründen Sie, warum man heute von der Ein-Gen-ein-Polypeptid-Hypothese anstelle der Ein-Gen-ein-Enzym-Hypothese spricht.

L

16. Neben Enzymen sind auch Proteine ohne katalytische Wirkung das Produkt von Genen. Da zudem viele Proteine aus mehreren Polypeptidketten aufgebaut sind und jede der Untereinheiten durch ein eigenes Gen codiert wird, ist es sinnvoller und genauer, von der Ein-Gen-ein-Polypeptid-Hypothese zu sprechen.

A

17. Erläutern Sie die Unterschiede zwischen der Proteinbiosynthese bei Pro- und Eukaryoten.

L

17. Bei Eukaryoten erfolgen Transkription und Translation räumlich und zeitlich getrennt voneinander. Die Transkription erfolgt im Zellkern, die Translation im Cytoplasma.
Bei den kernlosen Prokaryoten beginnt die Translation bereits, wenn sich das vordere Ende der mRNA von der Matrizen-DNA löst. Weitere Unterschiede ergeben sich durch den mosaikartigen Aufbau eukaryotischer Gene. Die für Polypeptide codierenden Bereiche (Exons) sind durch nichtcodierende Bereiche (Introns) unterbrochen. Bei der Transkription wird zunächst die vollständige DNA-Sequenz in eine prä-mRNA transkribiert. Im anschließenden Reifungsprozess, der RNA-Prozessierung, wird an das 5'-Ende eine sogenannte cap-Sequenz angehängt, die vor hydrolysierenden Enzymen schützt und die Anlagerung an das Ribosom erleichtert. Das 3'-Ende wird mit einer Sequenz aus 100 bis 200 Adeninnucleotiden (PolyA-Schwanz) versehen, die die RNA vor enzymatischem Abbau schützt. Beim anschließenden Spleißen werden die Introns von Enzymen herausgeschnitten und die Exons zu einem fortlaufenden RNA-Molekül verbunden.
Die anschließende Translation verläuft wie bei den Prokaryoten. Lediglich bei der Struktur der Ribosomen zeigen sich Unterschiede.

A

18. Erläutern Sie den Unterschied zwischen Substratinduktion und Endproduktrepression bei der Genregulation.

L

18. Bei der Substratinduktion wird die Enzymsynthese erst durch Anwesenheit ihres Substrates ausgelöst. So werden z. B. bei *E. coli* die Enzyme des Lactose-Abbaus erst in Gegenwart ihres Substrates Lactose synthetisiert. So lange keine Lactose vorhanden ist, blockiert ein Repressorprotein durch Bindung am Operator die Transkription, sodass die Enzyme des Lactose-Abbaus nicht synthetisiert werden.
Ist Lactose vorhanden, induziert diese dann den eigenen Abbau, indem es sich an den Repressor bindet, der daraufhin seine Konformation ändert, was zur Inaktivierung und Ablösung des Repressors vom Operator führt. Dadurch werden die Transkription und damit die Bildung der Lactose abbauenden Enzyme ermöglicht.
Bei der Endproduktrepression hemmt das Endprodukt eines Syntheseweges bei genügend hoher Konzentration die Enzymneusynthese, sodass es die eigene Bildung stoppt.

So wirkt z. B. bei *E. coli* die Aminosäure Tryptophan als Inhibitor der Tryptophan-Synthese. Im Gegensatz zum lac-Repressor ist der trp-Repressor zunächst inaktiv, kann also nicht an den Operator binden. Bindet aber Tryptophan an den trp-Repressor, wird dieser in die aktive Form überführt und blockiert die Transkription der Gene, die für die Tryptophan-Synthese zuständig sind.

19. Übersetzen Sie die folgende DNA-Sequenz in die entsprechende Aminosäuresequenz (AS): A

3′-GACCCTATGCGTCACAAGTCG-5′

19. L

DNA	3′	GAC	CCT	ATG	CGT	CAC	AAG	TCG	5′
m-RNA	5′	CUG	GGA	UAC	GCA	GUG	UUC	AGC	3′
AS		Leu	Gly	Tyr	Ala	Val	Phe	Ser	

20. Bei folgender DNA-Sequenz: 3′-GACCCTATGCGTCACAAGTCG-5′ soll eine Basensubstitution stattgefunden haben. Benennen Sie den Mutationstyp und erläutern Sie die Folgen für das Protein, wenn A

a) die an der 6. Stelle stehende Base Thymin gegen Guanin ausgetauscht wurde.
b) die an der 9. Stelle stehende Base Guanin gegen Thymin ausgetauscht wurde.
c) die an der 11. Stelle stehende Base Guanin gegen Thymin ausgetauscht wurde.

20. a) L

DNA	3′	GAC	CCG	ATG	CGT	CAC	AAG	TCG	5′
m-RNA	5′	CUG	GGC	UAC	GCA	GUG	UUC	AGC	3′
AS		Leu	Gly	Tyr	Ala	Val	Phe	Ser	

Durch die Basensubstitution wird die Aminosäuresequenz und damit die Funktionsfähigkeit des Proteins nicht beeinflusst. Es handelt sich um eine stumme Mutation.

b)

DNA	3′	GAC	CCT	ATT	CGT	CAC	AAG	TCG	5′
m-RNA	5′	CUG	GGA	UAA	GCA	GUG	UUC	AGC	3′
AS		Leu	Gly	Stopp					

Durch die Basensubstitution entsteht in der mRNA ein Stoppcodon. Es handelt sich um eine Nonsense-Mutation. Die Folge ist ein vorzeitiger Kettenabbruch während der Translation. Das entstehende Protein ist in der Regel völlig funktionsuntüchtig.

c)

DNA	3′	GAC	CCT	ATG	CTT	CAC	AAG	TCG	5′
m-RNA	5′	CUG	GGA	UAC	GAA	GUG	UUC	AGC	3′
AS		Leu	Gly	Tyr	Glu	Val	Phe	Ser	

Durch die Basensubstitution wird an der vierten Stelle der Aminosäureabfolge statt der Aminosäure Alanin die Aminosäure Glutaminsäure eingebaut.
Es handelt sich um eine Missense-Mutation. Die Folgen für das Protein hängen von den Eigenschaften (z. B. polar/unpolar bzw. sauer/basisch) der ausgetauschten Aminosäure und der Region des Austausches im Protein ab. Der Einbau einer Aminosäure mit anderen Eigenschaften führt zu einer veränderten Raumstruktur und damit zu einer veränderten Funktionsfähigkeit des Proteins. Deutliche Auswirkungen auf die Aktivität des Proteins hat auch der Austausch einer Aminosäure in einem funktionell wichtigen Bereich eines Proteins wie dem aktiven Zentrum eines Enzyms.

A **21.** Erläutern Sie die Folgen der Deletion einer DNA-Base für das betreffende Protein und erklären Sie, warum sich damit die Kommafreiheit des genetischen Codes belegen lässt.

L **21.** Eine Deletion hat für das betreffende Protein meist schwerwiegende Folgen, da diese das Leseraster ändert, wenn die Zahl der verlorenen Nucleotide kein Vielfaches von drei ist. Die gesamte Basensequenz hinter der Deletion ist dann nicht mehr im richtigen Leseraster und wird in falsche Aminosäuren übersetzt. Dabei können auch Nonsense-Tripletts entstehen, die zum frühzeitigen Abbruch der Translation führen. Ein funktionsfähiges Protein kann höchstens dann entstehen, wenn sich der Rasterschub sehr nahe am Ende eines Gens befindet.
Wäre der genetische Code nicht kommafrei, so würde durch eine Deletion nur eine Aminosäure verändert, eine Leserasterverschiebung wäre nicht möglich, da die einzelnen Tripletts durch bestimmte Kommazeichen voneinander getrennt wären. Die Folgen für das Protein wären nicht so schwerwiegend wie bei einer Leserasterverschiebung.

A **22.** Erklären Sie den Begriff „Degeneration" des genetischen Codes und erläutern Sie den möglichen Vorteil, den diese Degeneration für einen Organismus mit sich bringt.

L **22.** Unter der Degeneration des genetischen Codes versteht man die Tatsache, dass es für fast jede Aminosäure mehrere verschiedene Codons gibt. Der Vorteil liegt darin, dass nicht jeder Basenaustausch in einem Codon zu einem Aminosäureaustausch und damit zum möglichen Funktionsverlust des Polypeptids führen muss.

3.2 Meiose, Mitose und relativer DNA-Gehalt pro Zelle

M1 Relativer DNA-Gehalt pro Zelle von der Gametenbildung bis zur Embryonalentwicklung

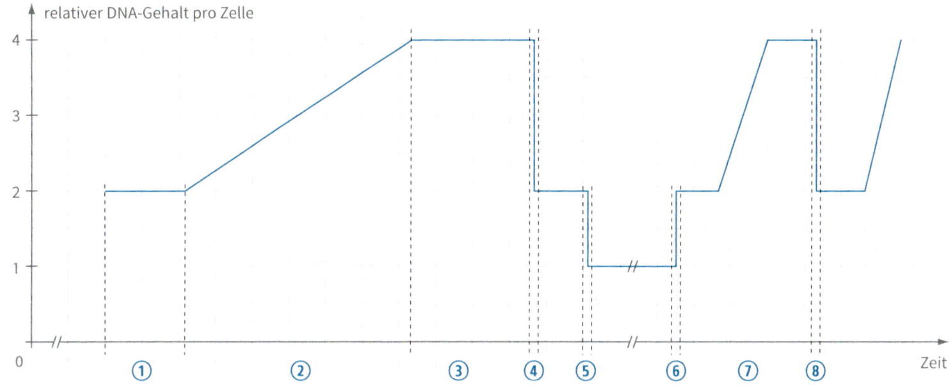

Veränderung des DNA-Gehaltes während der Meiose und Mitose

M2 Triploidie beim Menschen

Triploidie, das heißt ein dreifacher Chromosomensatz in sämtlichen Körperzellen, findet man beim Menschen nur in äußerst seltenen Fällen. Die betroffenen Kinder sterben bereits innerhalb des ersten Lebensjahres.

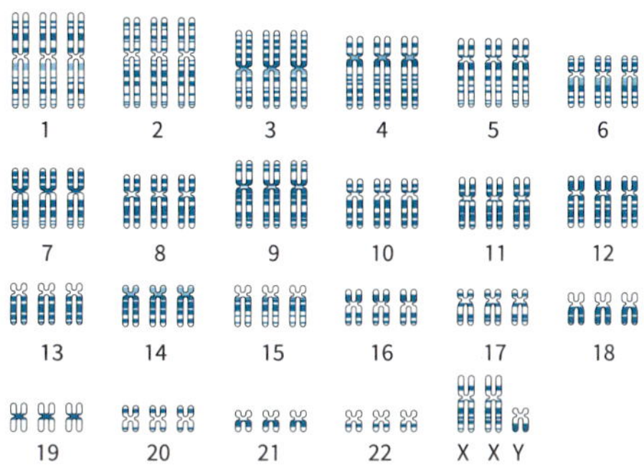

Karyogramm eines Menschen mit Triploidie

1. Erläutern Sie den Aufbau eines kondensierten Chromosoms unter Berücksichtigung des Aufbaus der DNA. A

2. Beschreiben Sie die wesentlichen Aspekte im Ablauf der Meiose und Mitose und geben Sie für die Abschnitte ① bis ⑧ aus **M1** die beschriebenen cytologischen Vorgänge an.

3. Entwickeln Sie Hypothesen, wie die in **M2** beschriebene Triploidie entstanden sein könnte, und erläutern Sie, an welchen Stellen Sie dann die Abbildung aus **M1** ändern müssten.

Lösungsvoraussetzungen: Aufbau der DNA, Aufbau eines kondensierten Chromosoms, Zellzyklus, Interphase, Ablauf von Mitose und Meiose, Fehler (Nondisjunction) in der Meiose und deren Konsequenzen

L

1. Grundbausteine der DNA sind die Nucleotide. Jedes Nucleotid besteht aus einer der vier Basen Adenin, Cytosin, Guanin und Thymin, dem Zucker Desoxyribose und einem Phosphat-Rest. In der DNA sind zwei komplementäre Polynucleotid-Stränge durch Wasserstoffbrücken zwischen den Basen zu einem Doppelstrang verbunden. Dabei paart stets Guanin mit Cytosin und Adenin mit Thymin. Die Zucker-Phosphat-Bänder befinden sich außen. Das ganze Molekül ist schraubig gedreht, man spricht von einer Doppelhelix. Jede Chromatide eines Chromosoms enthält eine DNA-Doppelhelix.
   In einem kondensierten Chromosom ist die DNA-Doppelhelix zunächst um basische Proteine (Histone) gewickelt. Dieser DNA-Histon-Komplex wird Nucleosom genannt. Die Nucleosomen sind wie bei einer Perlenkette zum Nucleofilament aufgewickelt. Mithilfe weiterer Proteine wird dieses zur Chromatinfaser aufgeschraubt. Die Chromatinfaser ist zu Schleifen aufgedreht und um ein zentrales Proteingerüst angeordnet. Dies ist die typische Gestalt eines Metaphase-Chromosoms.

2. **Meiose:** Ausgangspunkt ist eine Zelle mit diploidem Chromosomensatz. Jedes Chromosom besteht aus einem Chromatid (①; relativer DNA-Gehalt pro Zelle: 2).
   In der Interphase findet die Verdopplung der Chromatiden statt, jedes Chromosom besteht nunmehr aus zwei Chromatiden. Der relative DNA-Gehalt hat sich verdoppelt (Ende ②). Die Chromosomen verkürzen sich und werden sichtbar. In der Prophase I paaren sich die homologen Chromosomen. In der Metaphase I ordnen sich die homologen Chromosomen in der Äquatorialebene an (③). In der Anaphase I werden die homologen Chromosomen getrennt und zu den Polen transportiert. In der Telophase I befindet sich an den Zellpolen je ein haploider Chromosomensatz. Es entstehen zwei Zellen. Jede Zelle hat einen haploiden Chromosomensatz, jedes Chromosom besteht aus zwei Chromatiden. Damit ist die Reduktion der DNA auf die Hälfte erfolgt (④; relativer DNA-Gehalt pro Zelle: 2). In der folgenden 2. Reifeteilung, die in ihrem Verlauf einer Mitose gleicht, ordnen sich die Chromosomen erneut in der Äquatorialebene an.
   Die Chromatiden werden dann getrennt. Es entstehen vier Zellen, jede Zelle besitzt einen haploiden Chromosomensatz. Jedes Chromosom besteht aus einem Chromatid. Es hat also wiederum eine Reduktion des DNA-Gehaltes um die Hälfte stattgefunden. Der relative DNA-Gehalt pro Zelle beträgt nunmehr 1 (⑤). Entstanden sind Eizellen bzw. Samenzellen. Durch deren Verschmelzung entsteht die Zygote. Der DNA-Gehalt der Zelle wird also verdoppelt, es liegt ein diploider Chromosomensatz vor. Jedes Chromosom besteht aus einem Chromatid (⑥).

Mitose: Nach einer gewissen Zeit findet eine Interphase mit Verdopplung der Chromatiden statt (⑦). Jedes Chromosom besteht aus zwei Chromatiden. Die Chromosomen werden in der Prophase sichtbar und ordnen sich in der Metaphase nebeneinander in der Äquatorialebene an (Ende ⑦). Die Schwesterchromatiden werden in der Anaphase getrennt. Es entstehen zwei Zellen, jede Zelle hat einen diploiden Chromosomensatz. Jedes Chromosom besteht aus einem Chromatid (⑧).

3. Ursache der in **M2** beschriebenen Triploidie könnte die Befruchtung einer Eizelle mit zwei verschiedenen Spermien sein. Ein Spermium müsste dann neben den Autosomen ein X-Chromosom besitzen, das andere ein Y-Chromosom. In der Phase ⑥ aus **M1** stiege dann der relative DNA-Gehalt auf 3 an. In der Phase ⑦ entstünde ein relativer DNA-Gehalt von 6, der dann in der Phase ⑧ wieder auf 3 reduziert würde. Denkbar wäre auch eine Nichttrennung (Nondisjunction) aller homologen Chromosomen in der Anaphase der 1. Reifeteilung der Meiose oder eine Nichttrennung aller Chromatiden in der Anaphase II, wobei die zweite Möglichkeit bei dem XXY-Karyotyp aus **M2** nicht möglich wäre (nur bei XXX- oder XYY-Karyotyp). In **M1** entfiele somit die Phase ④, in den anderen Fällen wäre es Phase ⑤. Der relative DNA-Gehalt der Gametenzelle läge dann bei 2. Die daraus entstehende Zygote wäre wiederum triploid mit einem relativen DNA-Gehalt von 3 (⑥).

Tipps zur Herangehensweise

Tipp

- Wiederholung: Skizzen zu Mitose, Meiose, Meiosefehler
- Achten Sie bei der Bearbeitung auf eine fachsprachlich saubere Darstellung unter Verwendung der zentralen Fachbegriffe. In Aufgabe 3 sollten verschiedene Alternativen durchdacht und im Hinblick auf den DNA-Gehalt in den einzelnen Phasen geprüft werden.

Mögliche Prüfungsfragen zu diesem Thema für einen zweiten Prüfungsteil

1. Nennen Sie weitere Beispiele für Meiosefehler und deren Konsequenzen. A

2. Vergleichen Sie den Fall der Triploidie mit der bekannten Trisomie 21.

3. Beurteilen Sie, ob es sich bei Trisomie 21 um eine „Erbkrankheit" handelt.

4. Viele Früchte, Blüten oder Getreidesorten sind mithilfe von Colchizin (Gift der Herbstzeitlose) als polyploide Formen gezüchtet worden. Erläutern Sie die Zielsetzung und das Verfahren.

5. Beurteilen Sie das Phänomen der „Nondisjunction" aus Sicht der Evolution.

3.3 Was ist ein Gen? Ein alter Begriff im Spiegel neuer Erkenntnisse

M1 Verwendung des Genbegriffs in einem Schulbuch (1971)

a) „Diese Tatsachen führten zu der Annahme, dass die drei Gene gelber Körper, weißäugig und rubinäugig in dieser Reihenfolge mit entsprechenden Abständen im Chromosom liegen und dass der Austauschwert zweier Gene ein Maß für ihren Abstand ist."

b) „Die zwischen Start- und Stop-Codon der m-RNA liegende Nucleotidsequenz trägt die Information eines Gens. [...] Es liegt nun nahe, die Bildung eines bestimmten Enzyms einem bestimmten Gen zuzuordnen ..."

M2 Umsetzung der genetischen Information bei dem Virus X 174

Das Virus X 174 besitzt neun Gene. Als man die Zahl der Nucleotide ermittelte, welche für die Codierung der neun Proteine benötigt werden, bemerkte man, dass das Genom etwa 700 Nucleotide zu wenig besitzt. Bei genauerer Untersuchung wurde der folgende Ablauf der Translation ermittelt:

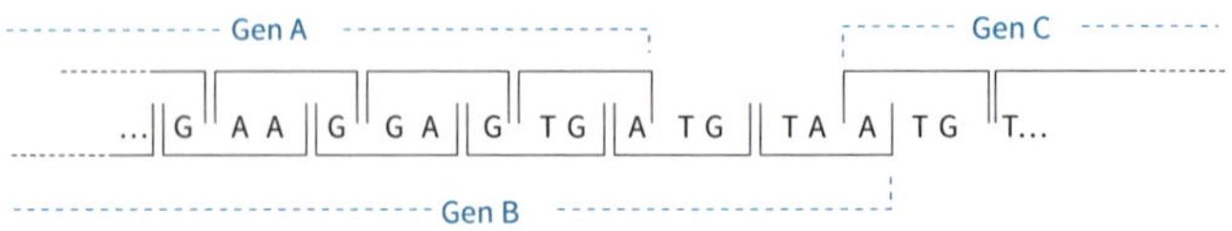

M3 Neuere Erkenntnisse zum menschlichen Genom

Man kann davon ausgehen, dass der Zahl der Gene eine um ein bis zwei Größenordnungen höhere Anzahl von Proteinarten gegenübersteht. Andere Schätzungen besagen, dass das menschliche Genom etwa 20 000 bis 25 000 Gene umfasst, jede Zelle des menschlichen Körpers dagegen mindestens 100 000 verschiedene Proteine enthält, die sogar in jedem Zelltyp anders sind. Die Vielzahl unterschiedlicher Proteinarten beruht vor allem auf alternativem Spleißen und posttranslationalen Modifikationen, wie z. B. Phosphorylierungen und Acetylierungen, die in vivo die Aktivität der Proteine beeinflussen.

M4 Übersicht über das alternative Spleißen

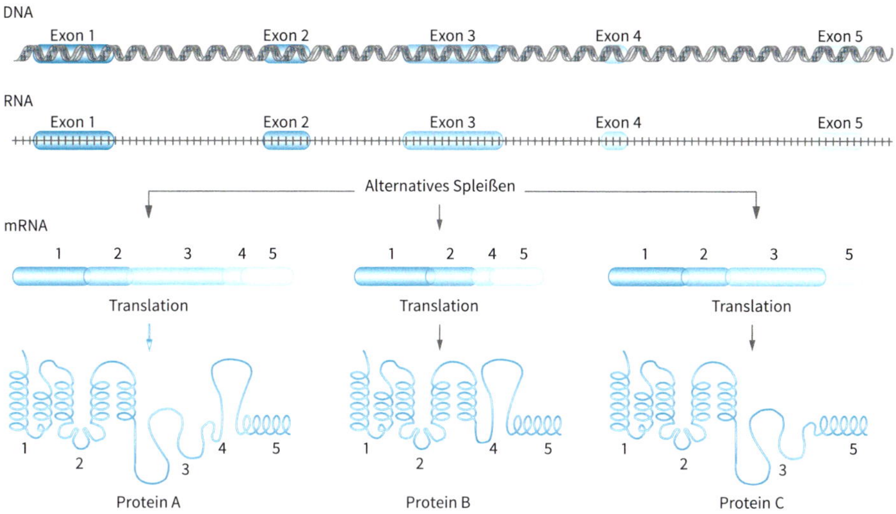

M5 Weitere Bedeutung der Gene

Heute ist bekannt, dass „Gene" nicht nur Polypeptide codieren, sondern auch funktionelle RNAs, zum Beispiel rRNA oder tRNA.

A

1. Erläutern Sie den wissenschaftlichen Stand, der zu dem vorliegenden Begriffsverständnis in **M1** geführt hat.

2. Stellen Sie den Weg der Informationsumsetzung nach **M1 b)** dar.

3. Vergleichen Sie die neueren Erkenntnisse mit dem klassischen Verständnis eines Gens und entwickeln Sie eine erweiterte Begriffsdefinition, die dem Erkenntnisstand in **M3** bis **M5** gerecht wird.

L

1. **M1 a)** gibt die klassische Auffassung Mendels wieder. Danach bezeichnet der Begriff „Gen" eine Funktionseinheit, durch die ein Merkmal bestimmt wird.
So bestimmt nach Mendel die Anlage für die Farbe „gelb" in der homozygoten Form die Ausbildung der Samenfarbe „gelb".
Im Rahmen der Drosophilagenetik wird das Gen als eine Mutationseinheit oder Austauscheinheit betrachtet, die ebenfalls zur Ausprägung bestimmter Merkmale (gelber Körper, weißäugig, rubinäugig) führt. Die Bestimmung zahlreicher Austauschwerte durch gezielte Kreuzungsexperimente führte zu der Vorstellung:
Die Gene sind als Informationseinheiten zu verstehen, die für die Ausbildung bestimmter Merkmale zuständig und linear auf dem Chromosom angeordnet sind.

2. Die **M1 b)** zugrunde liegende Definition ist die Ein-Gen-ein-Enzym-Hypothese. Ein Gen ist als Abschnitt der DNA zu verstehen, der durch ein Start- und ein Stopp-Codon begrenzt wird und dessen Information im Rahmen der Transkription in die m-RNA übersetzt wird. Diese verlässt den Zellkern und transportiert die Information zu den Ribosomen. Dort wird die genetische Information, die in der Sprache der Nucleotide vorliegt, bei der Translation in Proteine übersetzt. Die genetische Informationseinheit zwischen einem Start- und einem Stopp-Codon führt dabei zur Bildung eines bestimmten Proteins, das als Enzym einen bestimmten Schritt im Stoffwechselgeschehen katalysiert.

3. Die neuen Ergebnisse stehen teilweise im Widerspruch zu den Grundaussagen des Genbegriffs aus **M1**. So zeigt **M2**, dass durchaus nicht alle Gene linear auf dem Chromosom angeordnet sind. Vielmehr können bestimmte Nucleotidsequenzen Bestandteile mehrerer Gene sein. So ist die Nucleotidsequenz in **M2** Bestandteil der sich überlappenden Gene A, B und C. Dadurch ergibt sich die in **M3** genannte Konsequenz, dass es viel mehr Proteine gibt als die lineare Struktur der DNA angibt. Der Vorgang der Translation ist darüber hinaus kein starrer, sondern ein höchst dynamischer Vorgang: Beim alternativen Spleißen (**M4**) können auf der Grundlage der variablen Zusammensetzung der Exons eines Gens verschiedene Polypeptide aufgebaut werden.
Die Abbildung zeigt, dass eine bestimmte Nucleotidsequenz an einer Vielzahl verschiedener Gene beteiligt sein kann. Die Nucleotidsequenz allein gibt daher keinen klaren Hinweis auf das Proteom (Gesamtheit der Proteine).
Die Vorstellung zum Genbegriff, wie sie in **M1** vorgegeben wird, ist damit zu erweitern: „Ein Gen ist ein DNA-Abschnitt, der durch ein Start- und ein Stopp-Codon begrenzt ist." Es ist allgemein bekannt, dass ein Gen nicht immer ein Enzym codiert, sondern in der Regel ein Polypetid. Darüber hinaus wird in **M5** deutlich, dass nicht alle Gene Polypeptide codieren. Daher wird heute ein „Gen" oftmals nur noch definiert als ein „Abschnitt auf dem Chromosom, der für die Bildung eines bestimmten funktionellen Produkts verantwortlich ist" (wikipedia).

Mögliche Prüfungsfragen zu diesem Thema für einen zweiten Prüfungsteil

A

1. Nehmen Sie Stellung zu der Aussage: „Endlich können wir den Genbegriff eindeutig definieren."

2. Diskutieren Sie die Bedeutung der neueren Erkenntnisse zum Aufbau des Genoms für die Hoffnungen einer gentherapeutischen Behandlung.

3. Beurteilen Sie die Aussagekraft von DNA-Datenbanken aus Sicht der Proteomik.

3.4 Ein neues Wort in der Sprache des Lebens

M1 Verschiedene Typen von Punktmutationen

Dargestellt ist jeweils der nichtcodogene DNA-Strang:

1) **stumme Mutation**	5'...ATG GGA GCT CTA TT**A** ACC TAT...3'	Gen-Ausschnitt
	↓	
	5'...ATG GGA GCT CTA TT**G** ACC TAT...3'	mutierte Sequenz
2) **zwei Missense-Mutationen**	...ATG **G**GA GCT CTA TT**A** ACC TAT...	Gen-Ausschnitt
	↙ ↘	
	...ATG **A**GA GCT CTA TTA ACC TAT... ...ATG GGA GCT CTA TT**T** ACC TAT...	mutierte Sequenz
3) **Nonsense-Mutation**	...ATG GGA GCT CTA T**T**A ACC TAT...	Gen-Ausschnitt
	↓	
	...ATG GGA GCT CTA T**G**A ACC TAT...	mutierte Sequenz

M2 Code-Sonne

Glycin (Gly)	Leucin (Leu)
Valin (Val)	Phenylalanin (Phe)
Isoleucin (Ile)	Asparaginsäure (Asp)
Tyrosin (Tyr)	Glutaminsäure (Glu)
Tryptophan (Trp)	Glutamin (Gln)
Asparagin (AsN)	Threonin (Thr)
Serin (Ser)	Methionin (Met)
Cystein (Cys)	Histidin (His)
Prolin (Pro)	Lysin (Lys)
Arginin (Arg)	● Stopp-Codon
Alanin (Ala)	■ Start-Codon

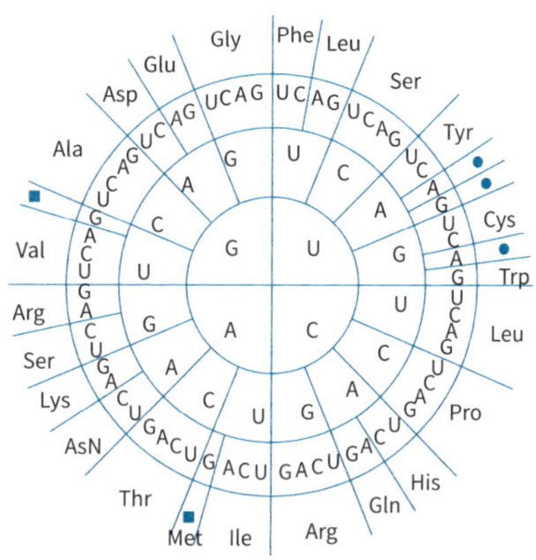

M3 Die Entdeckung weiterer Aminosäuren in Proteinen

Neben den 20 verschiedenen Aminosäuren, die in Proteinen vorkommen, gibt es weitere Aminosäuren. Diese potenziellen Eiweißbausteine werden aber so gut wie nie in Proteine eingebaut. Ist dennoch einmal eine derart exotische Aminosäure notwendig, so muss die Zelle sich mit nachträglichen Umbauarbeiten am fertigen Protein behelfen. So dachte man zumindest 30 Jahre lang, nachdem der genetische Code in den Fünfzigerjahren des letzten Jahrhunderts entschlüsselt worden war.

Doch dann wurde 1986 eine weitere, regelmäßig in bestimmten Proteinen eingebaute Aminosäure entdeckt, das Selenocystein. Im Mai 2002 kam die Aminosäure Pyrrolysin hinzu. Die Anzahl der Grundbausteine aller Proteine musste erweitert werden.

US-Forscher hatten beim Archaebakterium *Methanosarcina barkeri* ein Enzym entdeckt, welches aufgrund der Nucleotidsequenz deutlich kürzer hätte sein müssen. Genauere Analysen zeigten, dass das Stopp-Codon UAG hier nicht den Abbruch der Proteinsynthese, sondern vielmehr den Einbau von Pyrrolysin zur Folge hat.
Methanosarcina barkeri verfügt über die besondere Fähigkeit, Methan aus organischen Verbindungen zu produzieren und dabei Energie zu gewinnen. Das oben angesprochene Enzym ist an dieser Produktion beteiligt. Diese eigentümliche Form der Energiegewinnung macht offenbar den Einsatz der seltenen Aminosäure notwendig.

A

1. Erläutern Sie allgemein, welche Konsequenzen die in **M1** dargestellten Punktmutationen für das entstehende Protein haben.

2. Erläutern Sie mögliche Folgen, die sich im Hinblick auf die Proteinbiosynthese durch die Umwidmung des Stopp-Codons UAG bei *Metanosarcina barkeri* ergeben.

Lösungsvoraussetzungen: Arbeit mit der Code-Sonne, Analyse von Punktmutationen, Konsequenzen von Punktmutationen für Proteine, Ablauf der Proteinbiosynthese und Bedeutung der Stopp-Codons

L

1.
- **Stumme Mutation:** Es ergibt sich keine Veränderung in der entstehenden Polypeptidkette, da der genetische Code degeneriert ist: Sowohl das Triplett UUA als auch das Triplett UUG codieren den Einbau der Aminosäure Leucin.
- **Missense-Mutationen:** Das Triplett GGA codiert den Einbau der unpolaren Aminosäure Glycin, während das Triplett AGA den Einbau der basischen Aminosäure Arginin codiert. Es findet also der Austausch einer Aminosäure mit bestimmten chemischen Eigenschaften gegen eine andere mit veränderten Eigenschaften statt. Das Triplett UUA codiert den Einbau der unpolaren Aminosäure Leucin, das Triplett UUU den Einbau der ebenfalls unpolaren Aminosäure Phenylalanin. Erneut findet ein Austausch statt, allerdings sind hier die chemischen Eigenschaften der ausgetauschten Aminosäure nicht verändert.
  Ist die betroffene Aminosäure entweder direkt an der Funktion des Proteins beteiligt (z. B. als Teil des aktiven Zentrums eines Enzyms) oder bedingen andere chemische Eigenschaften der ausgetauschten Aminosäure eine veränderte räumliche Struktur, so führt dies zu einem funktionslosen oder weniger aktiven Protein.
- **Nonsense-Mutationen:** Das veränderte Triplett UGA ist ein Stopp-Codon, das keine Aminosäure codiert. Es findet folglich ein vorzeitiger Abbruch der Translation statt. Damit entsteht ein verkürztes und zumeist funktionsloses Protein.

2. Das Triplett UAG könnte in den Zellen von *Methanosarcina barkeri* immer die Aminosäure Pyrrolysin codieren und damit nicht als Stopp-Codon dienen. Alternativ könnte es innerhalb der mRNA einen Mechanismus geben, der differenziert, wann das Triplett UAG als Stopp-Codon zu lesen ist und wann es zum Einbau der Aminosäure Pyrrolysin führt.
In jedem Fall muss es innerhalb der DNA ein Gen geben, welches die Information für eine Pyrrolysin spezifische tRNA enthält. Daneben muss es ein Gen geben, welches ein spezifisches Enzym codiert, das die Verknüpfung von Pyrrolysin mit der spezifischen tRNA katalysiert.

Mögliche Prüfungsfragen zu diesem Thema für einen zweiten Prüfungsteil

1. Erklären Sie die Entstehung von Proteinen mit seltenen Aminosäurebausteinen aus evolutionärer Sicht. A

2. Beurteilen Sie die Bedeutung derart seltener Systeme im Hinblick auf mögliche ökologische Veränderungen.

3.5 Bewertung von „Fehlern“ aus der Sicht der Genetik und der Evolution

M1 Information zur Erbkrankheit „Metachromatische Leukodystrophie“ (MLD)

Wenige Menschen besitzen die Anlage für die Erbkrankheit Metachromatische **L**euko**d**ystrophie (**MLD**). Bei betroffenen Personen reichert sich in den Organen das Membran-Lipid Cerebrosid-Sulfat an. Dies bewirkt im Nervensystem zahlreiche Ausfallerscheinungen und führt schließlich zum Tod. MLD beruht auf der Veränderung des Enzyms **A**ryl**s**ulfatase **A** (**ASA**), das bei nicht betroffenen Personen das Cerebrosidsulfat abbaut. Inzwischen wurde das Gen für ASA auf Chromosom Nr. 22 lokalisiert und seine Basensequenzen wie auch die Aminosäuresequenz des Enzyms wurden aufgeklärt.

M2 Strukturformeln der 20 Aminosäuren

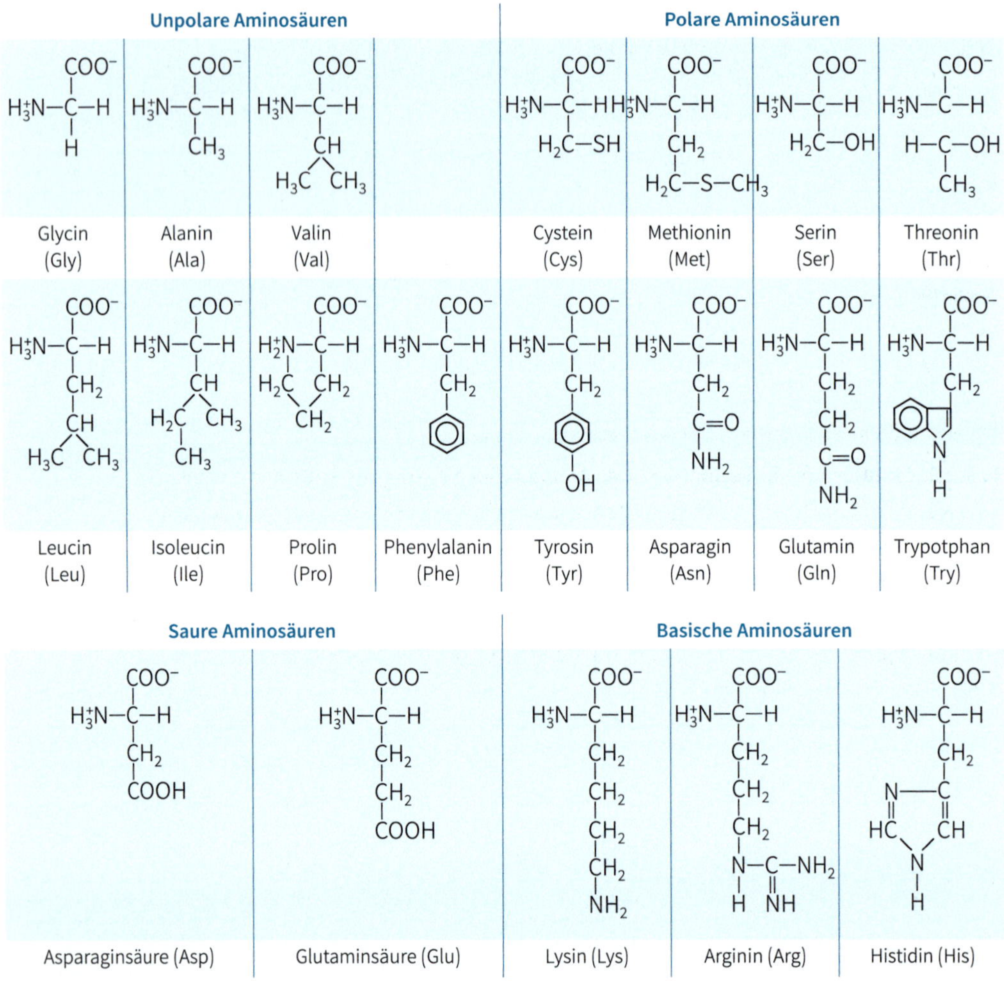

M3 Analyse des Gens für die Bildung von Arylsulfatase A (ASA)

Das Enzym Arylsulfatase besteht aus 507 Aminosäuren. Inzwischen ist eine Vielzahl an Varianten des Enzyms bekannt, von denen die häufigsten mit den entsprechenden Konsequenzen in der folgenden Tabelle aufgeführt sind:

Position im Protein	Veränderung	Allelhäufigkeit	Effekt für ASA	Auswirkung
179	Ile → Ser	0,07 %	geringere Aktivität	MLD erkrankt
350	Asn → Ser	7,5 %	leicht reduzierte Aktivität	keine Erkrankung
391	Thr → Ser	50 %	normale Aktivität	keine Erkrankung
426	Pro → Leu	0,3 %	geringere Aktivität	MLD erkrankt

M4 Code-Sonne

Glycin (Gly)
Valin (Val)
Isoleucin (Ile)
Tyrosin (Tyr)
Tryptophan (Trp)
Asparagin (AsN)
Serin (Ser)
Cystein (Cys)
Prolin (Pro)
Arginin (Arg)
Alanin (Ala)

Leucin (Leu)
Phenylalanin (Phe)
Asparaginsäure (Asp)
Glutaminsäure (Glu)
Glutamin (Gln)
Threonin (Thr)
Methionin (Met)
Histidin (His)
Lysin (Lys)
● Stopp-Codon
■ Start-Codon

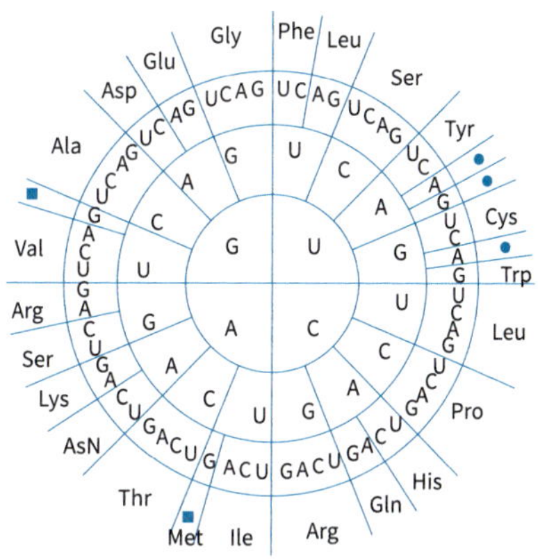

M5 Bewertung von Mutationen durch Genetiker

Fast alle Mutationen sind schädlich. Das Ausmaß der Schädigung kann sehr unterschiedlich sein. So können mutierte Gene zum Tod des Trägers führen oder auch nur geringfügige Schädigungen hervorrufen. Da eine Mutation eine zufällige Änderung eines hoch organisierten Lebewesens ist, sind Mutanten in der Regel benachteiligt.
So wie die Änderung eines Buchstabens in einem Gedicht mit hoher Wahrscheinlichkeit zu einem Qualitätsverlust führt, haben auch Mutationen bei Organismen zumeist folgenschwere Konsequenzen.

A

1. Ermitteln Sie für die in **M3** angegebenen Positionen die zugrunde liegenden Punktmutationen.

2. Erklären Sie die Konsequenzen der in **M3** aufgeführten Veränderungen der Aminosäuresequenz des Enzyms ASA.

3. Bewerten Sie genetische Fehler aus der Sicht eines Evolutionsbiologen.

Lösungsvoraussetzungen: Genetischer Code, Punktmutationen, Weg vom Genotyp zum Phänotyp, Aufbau, Eigenschaften und Wirkungsweise von Enzymen, polare und unpolare Aminosäuren

L

1. Gefordert wird eine klar strukturierte Ableitung der Punktmutation, z. B. Pos. 179:

Aminosäure Isoleucin (Ile)		Aminosäure Serin (Ser)	
mRNA	**DNA**	**mRNA**	**DNA**
AUC	TAG	AGC	TCG
AUU	TAA	AGU	TCA
AUA	TAT	UCC	AGG
		UCG	AGC
		UCU	AGA
		UCA	AGT

Es liegt eine Punktmutation an der zweiten Position vor (Cytosin statt Adenin). Als Folge ergibt sich eine Veränderung der Primärstruktur des Enzyms (eine Aminosäure mit unpolarer Seitengruppe ist ersetzt durch eine mit polarer Seitengruppe), daraus resultiert möglicherweise eine veränderte Bindungsfähigkeit des aktiven Zentrums und damit eine verminderte Enzymtätigkeit.
Für Position 350 ergibt sich eine Punktmutation von Thymin zu Cytosin (2. Stelle des Tripletts), an Position 391 eine Punktmutation von Thymin zu Adenin (1. Stelle) oder von Cytosin zu Guanin. An Position 426 erfolgt eine Punktmutation von Guanin zu Adenin (2. Stelle).

2. Bei verschiedenen Mutationen kommt es zwar zu einer Veränderung der Aminosäuresequenz (Position 350, Position 391). Die Veränderung der Primärstruktur hat aber keine Auswirkungen auf die Funktion. Es ist anzunehmen, dass die Tertiärstruktur des Enzyms damit erhalten bleibt, der Aminosäureaustausch hat keinen Einfluss auf die Stabilisierung zentraler Bereiche des Moleküls, z. B. des aktiven Zentrums. Die Ursache kann darin gesehen werden, dass durch die Mutation jeweils eine Aminosäure mit polarer Seitengruppe durch eine andere Aminosäure mit ebenfalls polarer Seitengruppe ersetzt wird. Die Wechselwirkungen, die sich aufgrund von Polaritäten der Reste ergeben, bleiben weitgehend erhalten. An der Position 179 wird dagegen anstelle einer unpolaren

Aminosäure infolge der Punktmutation eine polare Aminosäure in das Protein eingebaut. Dies führt zu anderen Wechselwirkungen, die Tertiärstruktur oder der Bereich des aktiven Zentrums ist verändert, sodass sich eine reduzierte Umsatzrate für das Substrat ergibt.
In Position 426 ist die Aminosäure Prolin mit unpolarem Rest gegen die Aminosäure Leucin mit einem ebenfalls unpolaren Rest ersetzt. Die deutlich geringere Enzymaktivität und damit die Erkrankung lässt sich dadurch erklären, dass das aromatische Ringsystem des Prolins andere Wechselwirkungen ausübt als die kettenförmige aliphatische Restgruppe des Leucins. Die anderen Wechselwirkungen führen über die Veränderung der Tertiärstruktur zu einem geringeren Bindungsvermögen des Substrats im aktiven Zentrum und damit zum Krankheitsbild.

3. Mutationen stellen den Motor der Evolution dar. Sie liefern das Rohmaterial für Rekombination und Selektion. Heterozygote Individuen geben die rezessiven Gene immer wieder weiter, sodass diese über große Zeiträume im Genpool zur Verfügung stehen. Die Sichtweise der Genetik, wie in **M5** dokumentiert, greift aus Sicht des Evolutionsbiologen zu kurz. Die Bewertung von Fehlern erfolgt wie in **M5** meist als negativ. Mutationen können, wie bei Aufgabe 2 erläutert, keine bis völlig unterschiedliche Auswirkungen auf den Phänotypen haben. Genetiker gehen oft davon aus, dass nur eine einzige, optimale Struktur Überlebensmöglichkeiten bietet. Diese Sichtweise ist zu eng. Die meisten Lebewesen leben in mehr oder weniger variablen Lebensräumen, die heterogene Anforderungen stellen. Die Organismen besitzen daher eine Plastizität, die ihnen die Möglichkeit bietet, auch mit suboptimalen Strukturen zurecht zu kommen. Perfektionierte genetische Anlagen für eine einzige optimale Struktur realisieren die Angepasstheit weniger gut als diese Plastizität.

Tipps zur Herangehensweise Tipp

- Wiederholung: Bau und Funktion von Enzymen, genetischer Code, Umgang mit der Code-Sonne, Auswirkungen von Punktmutationen

Mögliche Prüfungsfragen zu diesem Thema für einen zweiten Prüfungsteil

1. Vergleichen Sie die Auswirkungen von Mutationen in dominanten und rezessiven Genen. A

2. Definieren Sie den Begriff „Präadaption“ und beurteilen Sie die Bedeutung von Präadaption für evolutive Prozesse.

3. Erläutern Sie anhand weiterer Evolutionsfaktoren die Entstehung von evolutiver Veränderung.

3.6 Genregulation am Beispiel der Argininsynthese

M1 Syntheseweg der Aminosäure Arginin

Die Synthese der Aminosäure Arginin verläuft bei *E. coli* über die folgenden Schritte (vereinfachtes Schema):

$$\text{Vorstufe} \xrightarrow{\text{Enzym 1}} \text{Ornithin} \xrightarrow[\text{OCTase}]{\text{Enzym 2}} \text{Citrullin} \xrightarrow{\text{Enzym 3}} \text{Arginin}$$

M2 Versuchsergebnisse

Zellen von *E. coli* (Wildtyp) wuchsen auf einem Nährboden, der Arginin enthielt. Die Zellen wurden gewaschen und dadurch von Arginin befreit. Ein Teil der so vorbereiteten Zellen wurde in eine Nährlösung ohne Arginin, der andere Teil in eine Nährlösung mit Arginin gegeben. Die Menge an **OCTase** wurde in beiden Ansätzen zu verschiedenen Zeiten bestimmt. Die nebenstehende Abbildung gibt die entsprechenden Versuchsergebnisse wieder.

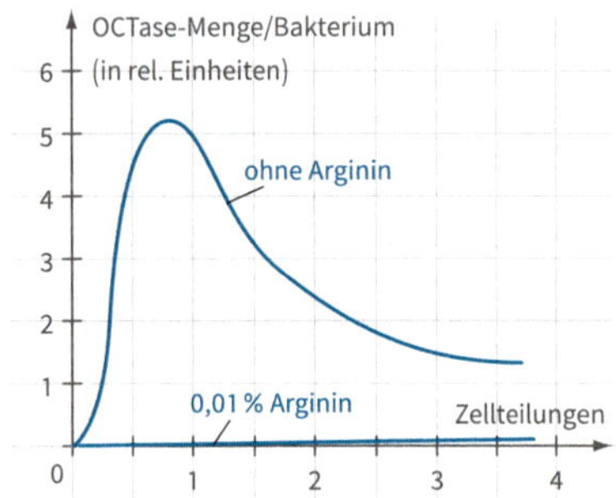

M3 Modelle zur Genregulation

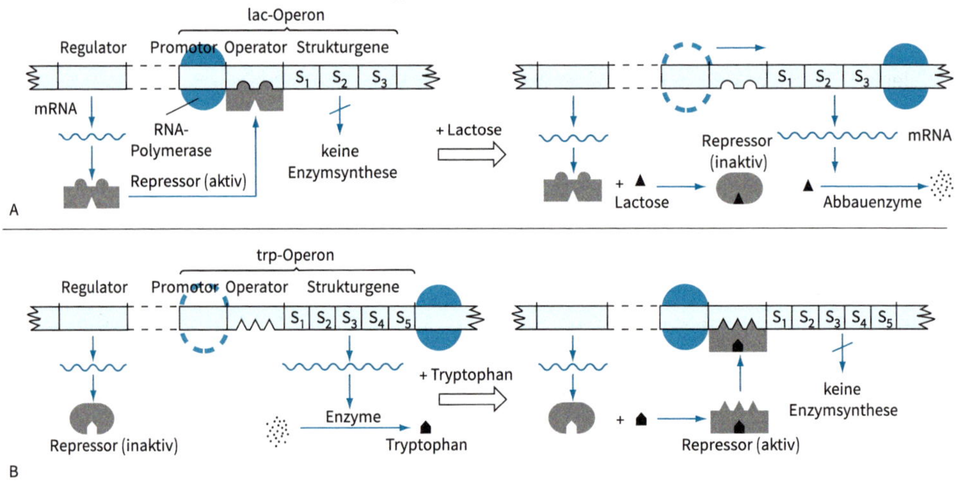

A

1. Beschreiben und erklären Sie die Kurvenverläufe in **M2**.

2. Begründen Sie, welchem der beiden Modelle aus **M3** die Regulation der Argininsynthese zuzuordnen ist.

3. Erläutern Sie die beiden in **M3** dargestellten Modelle und begründen Sie, warum es sich bei den hier modellhaft dargestellten Mechanismen um biologisch sinnvolle, der jeweiligen Stoffwechselsituation angepasste Regulationsmechanismen handelt.

Lösungsvoraussetzungen: Genregulation bei Prokaryoten (Substratinduktion und Endproduktrepression)

L

1. **Beschreibung:** Auf der Y-Achse ist die OCTase-Menge pro Bakterium in relativen Einheiten angegeben, auf der X-Achse die Anzahl der Zellteilungen pro Zeiteinheit. Mit Arginin ist keine messbare OCTase-Bildung feststellbar, ohne Arginin steigt die Menge an OCTase bis zur 1. Zellteilung stark an, dann fällt sie allmählich, bis sich die OCTase-Menge nach der 3. Zellteilung auf ca. 1,5 rel. Einheiten einpendelt.
   Erklärung: Das Endprodukt Arginin der Synthesekette unterbindet die weitere Enzymbildung (= Endproduktrepression). Fehlt das Endprodukt, so werden die entsprechenden Enzyme (hier: unter anderem OCTase) sehr schnell gebildet, bis das hohe Angebot an Endprodukten erneut teilweise reprimierend wirkt. Nach einer gewissen Zeit stellt sich dann das typische zelluläre Gleichgewicht ein.

2. Die Regulation der Argininsynthese wird durch das Modell B (Endproduktrepression) in **M3** wiedergegeben. Im Einklang mit den Versuchsergebnissen aus **M2** wird hier der Mechanismus der Co-Repression der Transkription treffend beschrieben: Fehlt der Co-Repressor Arginin, so ist der Repressor inaktiv und die RNA-Polymerase kann am Promotor ansetzen. In der Folge werden die Strukturgene transkribiert und die Enzyme zur Argininbildung können synthetisiert werden. Entsprechend schnell steigen die OCTase-Menge und die Menge des Endprodukts Arginin an. Bei höherer Konzentration wirkt das gebildete Arginin nun reprimierend, indem es als Co-Repressor an den Repressor bindet und zu einer Konformationsänderung des Repressors führt. Dieser dadurch aktivierte Repressor kann nun am Operator ansetzen. Damit wird die Transkription der Strukturgene durch die RNA-Polymerase unterbunden. In der Folge werden keine Enzyme mehr synthetisiert und die Argininbildung unterbleibt. Verringert sich die Argininmenge im Verlauf weiterer Zellteilungen, so löst sich der Repressor vom Operator und der anfangs geschilderte Vorgang der Enzymsynthese beginnt erneut.

3. ▶ A **Substratinduktion** (Beispiel: Lac-Operon). Bei Anwesenheit des Induktors (= Substrat) kommt es zu einer reversiblen Konformationsänderung des Repressor-Proteins, sodass dieses nicht mehr am Operon binden kann und die Transkription der Strukturgene ermöglicht.

   ▶ B **Endproduktrepression** (Beispiel: Trp-Operon). Das Endprodukt eines Stoffwechselweges wirkt als Co-Repressor und führt erneut zur Konformationsänderung des Repressor-Proteins, mit der Konsequenz, dass der Co-Repressor nun am Operator-Gen bindet und die weitere Bildung von Enzymen unterbindet. Somit entspricht die beschriebene Endproduktrepression dem Prinzip der negativen Rückkopplung.

   Eine Substratinduktion bei katabolen Stoffwechselwegen und eine Endproduktrepression bei anabolen Reaktionen sind biologisch sinnvoll, da beide nur dann die Enzymbildung ermöglichen, wenn diese auch benötigt werden. Die Regulation ist damit stoff- und energiesparend und bedeutet einen möglichen Wachstumsvorteil.

   Hinweis: Die beschriebenen induzierbaren und reprimierbaren Operons sind Beispiele für eine negative Genkontrolle, da die Operons durch die aktive Form des Repressorproteins abgeschaltet werden. Von einer positiven Genkontrolle spricht man nur dann, wenn ein Aktivator-Molekül direkt mit der DNA in Kontakt tritt und die Transkription ausschaltet.

Tipp **Tipps zur Herangehensweise**

▶ Wiederholung: Sichern Sie vor der Bearbeitung dieser Aufgabe unbedingt Ihr Wissen zur Genregulation.

Mögliche Prüfungsfragen zu diesem Thema für einen zweiten Prüfungsteil

A

1. Vergleichen Sie die Regulationsprozesse auf Genebene mit der Regulation auf Enzymebene.

2. Erläutern Sie mögliche Auswirkungen von Mutationen im Bereich von Strukturgenen und regulatorischen Genen.

3. Beurteilen Sie die Bedeutung der Mutationen in verschiedenen Genabschnitten für die Evolution und geben Sie Beispiele.

3.7 Möglichkeiten und Grenzen des genetischen Fingerabdrucks mittels STR-Analyse

M1 Information zum genetischen Fingerabdruck mithilfe von Short Tandem Repeats (STR)

Nur etwa 3 % der menschlichen DNA enthält Informationen zur Bildung spezifischer Proteine. Im restlichen, nichtcodierenden Anteil findet man Genorte, in denen sich bestimmte Sequenzen tandemartig wiederholen.

Beispiel:

3′ TGGAG TCTT TCTT TCTT TCTT TCTT TCTT GCCA 5′

Derartige repetitive Sequenzen nennt man **Short Tandem Repeats** (STR). STRs besitzen eine hohe Mutationsrate. Die Anzahl der Wiederholungen variiert von Individuum zu Individuum. Kombiniert man nun mehrere STR-Genorte miteinander, so erhält man ein individuelles Allelmuster, das für den genetischen Fingerabdruck verwendet werden kann. Je mehr Genorte untersucht werden, desto sicherer das Ergebnis. Angenommen, an jedem Genort gäbe es zehn mögliche Wiederholungen. Dann wäre die Chance, dass zwei Personen den gleichen genetischen Fingerabdruck haben:

bei 1 Genort 1 : 10,

bei 2 Genorten 1 : 100,

bei 8 Genorten 1 : 100 000 000.

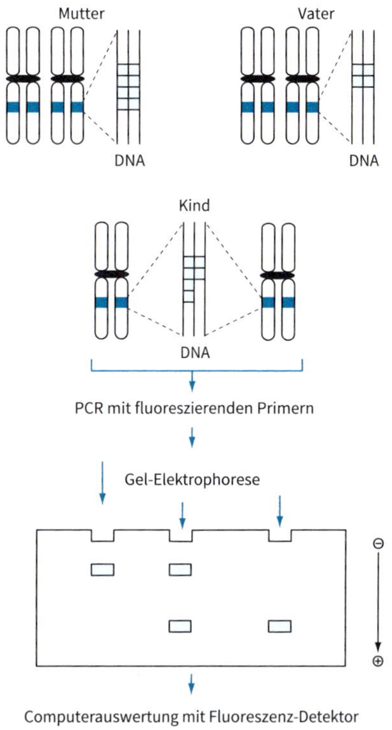

Herstellung eines genetischen Fingerabdrucks (STR-Analyse)

Damit sind eindeutige Aussagen über Verwandtschaftswahrscheinlichkeiten möglich. Daneben ermöglichen die Ergebnisse Aussagen über das Geschlecht (sofern das Y-Chromosom erfasst wird) und Ableitungen in Bezug auf die Ethnie, insbesondere bei Abweichungen vom mitteleuropäischen Standard. Letzteres ergibt sich nicht unbedingt direkt aus dem DNA-Profil, sondern erst aus dessen Vergleich mit sonstigen wissenschaftlichen DNA-Studien. Die entsprechenden Aussagen sind allerdings mit einer extrem hohen Fehlerquote verbunden.

M2 Fallbeispiel

In einem Vaterschaftsprozess sollte geklärt werden, ob Karl der leibliche Vater von Michael und Miriam ist. Dazu wurde der genetische Fingerabdruck der Mutter Margret sowie aller beteiligten Personen erstellt. In der Abbildung sind die Ergebnisse für die drei Genorte *D3S1358*, *vWA* und *FGA* dargestellt.

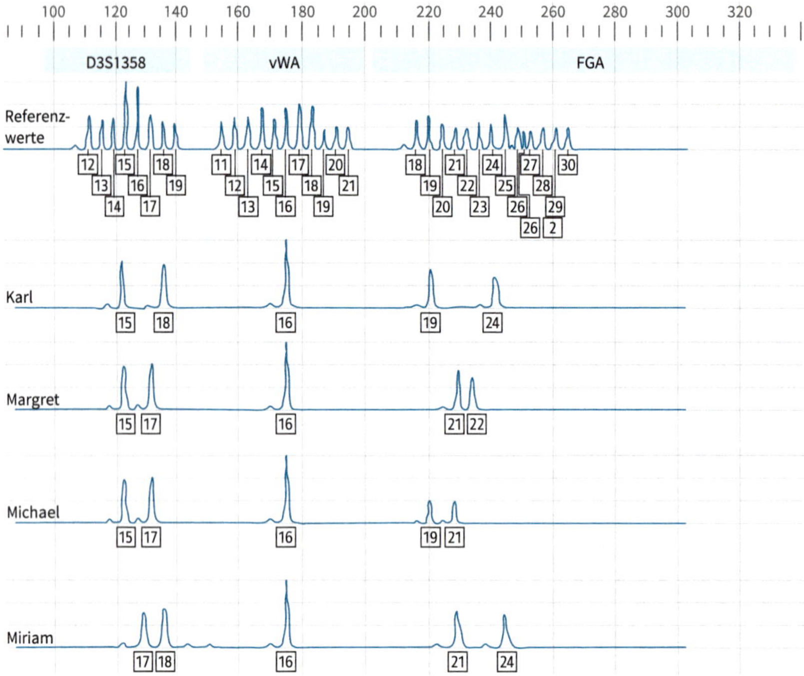

M3 Muster eines Ausweises mit persönlichem genetischen Fingerabdruck

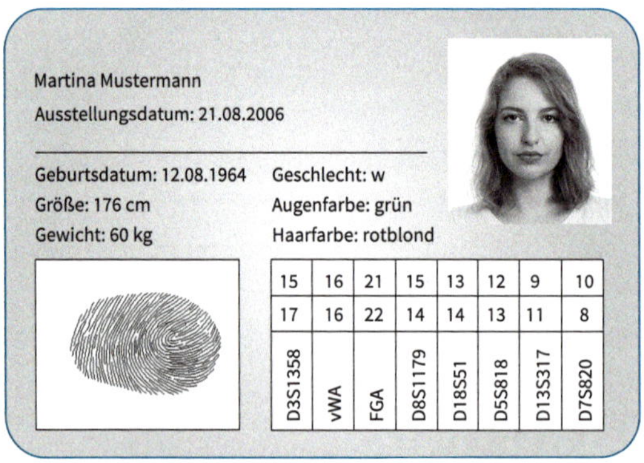

A

1. Erläutern Sie mithilfe von **M1** die einzelnen Schritte bei der Erstellung eines genetischen Fingerabdrucks.

2. Überprüfen Sie anhand von **M2**, ob Karl als Vater von Michael und Miriam in Betracht kommt und begründen Sie Ihre Entscheidung.

3. Kritiker befürchten, dass die Verwendung des genetischen Fingerabdrucks in Ausweisen (**M3**) geradewegs zum „gläsernen Menschen" führt. Nehmen Sie Stellung zu dieser Befürchtung.

Lösungsvoraussetzungen: Aufbau der DNA aus codierenden Abschnitten (Exons) und nichtcodierenden Bereichen (Introns, extragener Bereich), PCR-Methode, Gel-Elektrophorese

L

1. Zunächst wird die DNA sämtlicher Personen isoliert und anschließend mithilfe der Polymerase-Kettenreaktion (PCR) vervielfältigt. Dazu benötigt man neben dem zu vervielfältigenden DNA-Abschnitt eine Polymerase, die vier verschiedenen DNA-Nucleotide sowie spezifische Primer. Die Primer werden so gewählt, dass sie die gesuchte STR-Sequenz einschließen. Ihre Markierung mit Fluoreszenzfarbstoffen erlaubt die spätere Detektion der vervielfältigten STRs. Nach der PCR liegen die STRs in ausreichender Anzahl vor, sodass diese nun mittels Gel-Elektrophorese aufgetrennt werden können. Dabei wandern die negativ geladenen DNA-Fragmente aufgrund ihrer Ladung im elektrischen Feld einer Gleichspannungsquelle in Richtung des positiven Pols. Kurze STRs mit geringer Anzahl an Repeats wandern dabei schneller als längere STRs. Mithilfe eines Scanners, der die Signale der fluoreszenzmarkierten Fragmente erfasst, lässt sich dann das Ergebnis der Auftrennung visualisieren.
Im vorliegenden Beispiel ist die Mutter homozygot für den Genort mit vier Repeats, der ebenfalls homozygote Vater besitzt an diesem Genort nur zwei Repeats. Die STRs werden entsprechend den MENDEL'schen Regeln in der Meiose neu kombiniert, sodass das Kind nun heterozygot für diesen Genort ist (vier und zwei Repeats). Entsprechend ergeben sich bei der Gel-Elektrophorese zwei getrennte Banden.

2. Sämtliche Personen sind heterozygot für die Genorte *D3S1358* und *FGA*, das heißt, hier finden sich jeweils zwei Peaks. Jeder einzelne Peak der Kinder lässt sich entweder der Mutter oder aber dem potenziellen Vater Karl zuordnen. So besitzt beispielsweise Miriam für den Genort *D3S1358* einmal 17 und einmal 18 Repeats. Die 17 Repeats stammen von der Mutter, die 18 können folglich von Karl stammen. In vergleichbarer Weise können die 21 bzw. 24 Repeats des Genortes *FGA* eindeutig der Mutter bzw. dem potenziellen Vater zugeordnet werden.

Beim Genort *vWA* findet sich nur ein Peak, sämtliche Personen sind hier homozygot. Diese Verteilung ist zwar nicht eindeutig in Bezug auf die potenzielle Vaterschaft von Karl, sie steht aber auch nicht im Widerspruch dazu. Damit kommt Karl als Vater in Betracht. Allerdings ist die Aussagekraft einer derartigen Analyse bei nur drei Genorten eingeschränkt (**M1**).

3. Die analysierten Bereiche beim genetischen Fingerabdruck sind nicht-codierende DNA-Abschnitte, das bedeutet, der eigentliche genetische Fingerabdruck erlaubt – wie der echte Fingerabdruck – keine Aussage über sonstige Merkmale einer Person wie z. B. Aussehen, Gesundheit etc. Lediglich eine eindeutige Aussage über das Geschlecht ist zusätzlich möglich. Die Zuordnung zu bestimmten Ethnien ist zudem mit extrem hoher Fehlerquote verbunden. Es sollte bedacht werden, dass ein Passfoto (**M3**) mehr persönlichkeitsrelevante Merkmale verrät als der eigentliche genetische Fingerabdruck, ohne dass die Verwendung des Fotos kritisiert wird. Solange man sich bei der Anfertigung eines genetischen Fingerabdrucks auf die nichtcodierenden Abschnitte beschränkt, ist die Sorge über den „gläsernen Menschen" nach heutigem Kenntnisstand unbegründet.

Tipp **Tipps zur Herangehensweise**

⊙ Wiederholung: Methoden zur Erstellung eines genetischen Fingerabdrucks, PCR

Mögliche Prüfungsfragen zu diesem Thema für einen zweiten Prüfungsteil

A

1. Diskutieren Sie Überlegungen einer grundsätzlichen Speicherung von Daten auf Krankenkassen-Chipkarten.

2. Beurteilen Sie, ob ältere Methoden, wie z. B. Stammbaumanalysen, durch gentechnische Verfahren überflüssig werden.

3. Erläutern Sie die Möglichkeiten und Grenzen der Nutzung des genetischen Fingerabdrucks zur Ermittlung von evolutiven Abstammungsverhältnissen.

Konzeptvorschlag

M1 Information zum genetischen Fingerabdruck mithilfe von Short Tandem Repeats (STR)

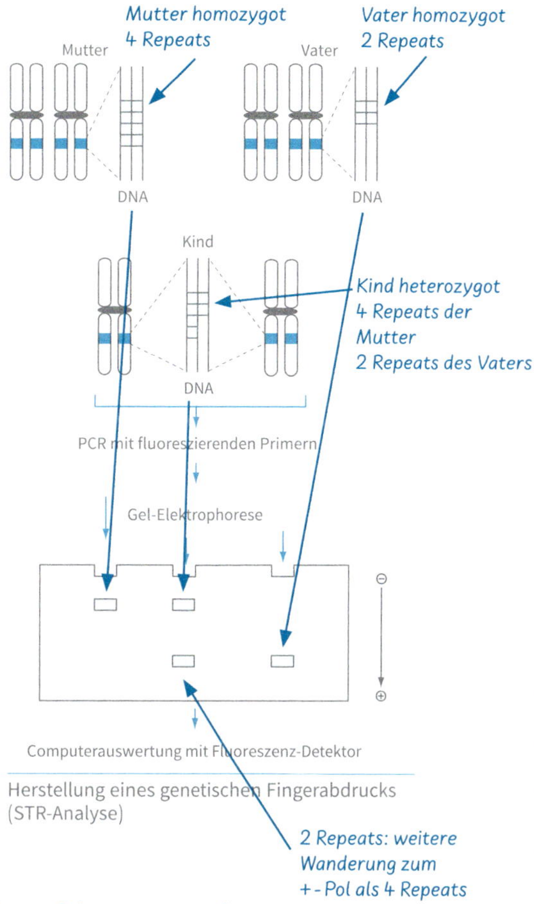

Herstellung eines genetischen Fingerabdrucks (STR-Analyse)

Nur etwa 3 % der menschlichen DNA enthält Informationen zur Bildung spezifischer Proteine. Im restlichen, nichtcodierenden Anteil findet man Genorte, in denen sich bestimmte Sequenzen tandemartig wiederholen.

Beispiel:

3′ TGGAG TCTT TCTT TCTT TCTT TCTT TCTT GCCA 5′

Derartige repetitive Sequenzen nennt man **Short Tandem Repeats** (STR). STRs besitzen eine hohe Mutationsrate. Die Anzahl der Wiederholungen variiert von Individuum zu Individuum. Kombiniert man nun mehrere STR-Genorte miteinander, so erhält man ein individuelles Allelmuster, das für den genetischen Fingerabdruck verwendet werden kann. Je mehr Genorte untersucht werden, desto sicherer das Ergebnis. Angenommen, an jedem Genort gäbe es zehn mögliche Wiederholungen. Dann wäre die Chance, dass zwei Personen den gleichen genetischen Fingerabdruck haben:

bei 1 Genort 1 : 10,

bei 2 Genorten 1 : 100, *Siehe Material 2: dort werden nur 3 Genorte untersucht*

bei 8 Genorten 1 : 100 000 000.

Damit sind eindeutige Aussagen über Verwandtschaftswahrscheinlichkeiten möglich. Daneben ermöglichen die Ergebnisse Aussagen über das Geschlecht (sofern das Y-Chromosom erfasst wird) und Ableitungen in Bezug auf die Ethnie, insbesondere bei Abweichungen vom mitteleuropäischen Standard. Letzteres ergibt sich nicht unbedingt direkt aus dem DNA-Profil, sondern erst aus dessen Vergleich mit sonstigen wissenschaftlichen DNA-Studien. Die entsprechenden Aussagen sind allerdings mit einer extrem hohen Fehlerquote verbunden.

Konzeptvorschlag

M2 Fallbeispiel

Zentrale Frage!

In einem Vaterschaftsprozess sollte geklärt werden, ob Karl der leibliche Vater von Michael und Miriam ist. Dazu wurde der genetische Fingerabdruck der Mutter Margret sowie aller beteiligten Personen erstellt. In der Abbildung sind die Ergebnisse für die drei Genorte *D3S1358*, *vWA* und *FGA* dargestellt. *3 Genorte werden untersucht*

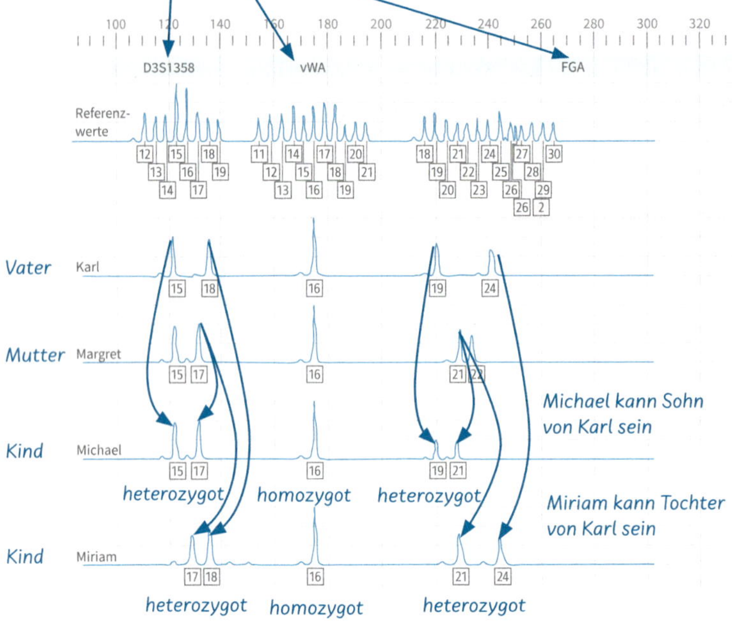

Ergebnis: *Karl kann potentiell Vater sein,* ***aber: nur 3 Gen-Orte wurden untersucht!***

M3 Muster eines Ausweises mit persönlichem genetischen Fingerabdruck

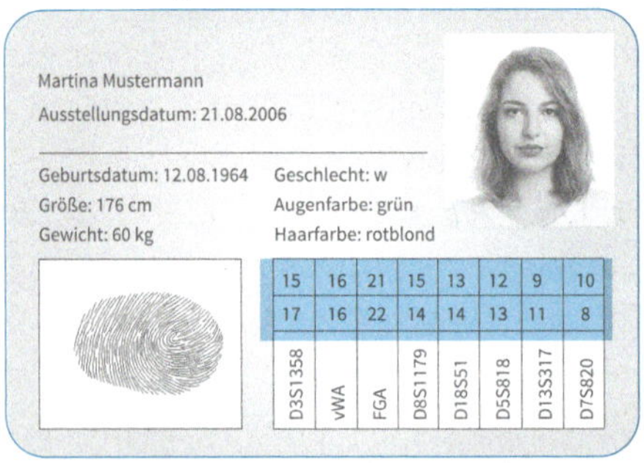

D3S1358	vWA	FGA	D8S1179	D18S51	D5S818	D13S317	D7S820
15	16	21	15	13	12	9	10
17	16	22	14	14	13	11	8

Foto hat hohe Aussagekraft

Nicht codierende DNA Abschnitte

Sorge vor „gläsernem Menschen" unbegründet

3.8 Gentest auf Chorea HUNTINGTON – Chance oder Risiko für die Betroffenen?

M1 Informationen zu Chorea HUNTINGTON

Das auch Veitstanz genannte unheilbare Nervenleiden äußert sich darin, dass zunächst einzelne Gehirnzellen degenerieren, wodurch unkontrollierte Muskelkontraktionen bewirkt werden. Die Kranken leiden zunehmend unter unwillkürlich ablaufenden Spontanbewegungen, sie zeigen eine ungewohnte und zuckende Mimik, verrenken Arme und Beine. Schließlich werden sie völlig hilflos, da sie z. B. nicht mehr selbst essen und trinken können. Diese körperliche Entwicklung wird begleitet von der Zerstörung der psychischen und geistigen Fähigkeiten. Wann die Krankheit im Leben des Einzelnen beginnt, ist höchst ungewiss. Bei den meisten betroffenen Personen zeigen sich erst im Erwachsenenalter zwischen dem 25. und dem 60. Lebensjahr die ersten Anzeichen der Krankheit. Bei wenigen erscheint die Krankheit früher oder auch später, z. B. im Alter von 15 Jahren oder auch erst im 70. Lebensjahr. Bis zum Alter von 80 Jahren ist die Penetranz hundertprozentig. Weil die Erkrankung erst relativ spät auftritt, werden oft Kinder gezeugt, bevor der Betroffene um seinen genetischen Status weiß.
Die gegenwärtige Therapie beschränkt sich auf die Behandlung der Symptome.
Die Häufigkeit dieser Krankheit beträgt etwa 1 : 18 000 bis 1 : 20 000.

M2 Modellstammbaum zur HUNTINGTON-Krankheit

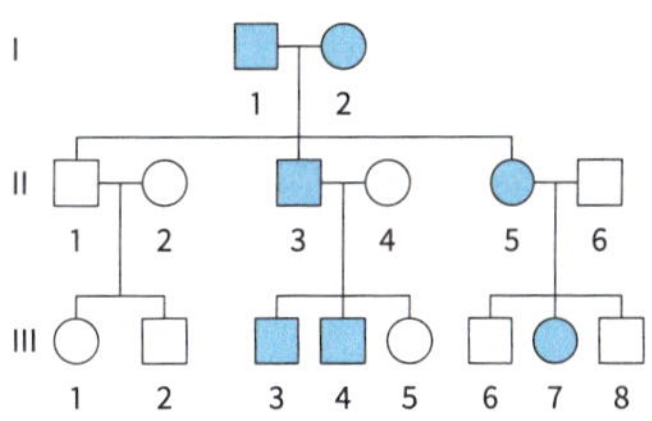

M3 Molekulargenetischer Test mithilfe der PCR-Methode

1993 wurde die Mutation entdeckt, die für die Huntington-Krankheit verantwortlich ist. Ein Gen des Chromosoms 4 ist betroffen. Normalerweise werden in diesem Bereich die Nukleinsäuren Cytosin-Adenin-Guanin (CAG) mehrmals wiederholt. Das Gen, das die Huntington-Krankheit verursacht, weist Veränderungen in diesen CAG-Repeats auf.

In der Fachliteratur und auch im Internet sind mittlerweile für den molekulargenetischen Test der Huntington-Krankheit Primer bekannt, die die CAG-Repeat-Regionen flankieren (vgl. Tabelle). Labore können diese Primer bei bestimmten Firmen bestellen:

Primer-Bezeichnung	Primer-Sequenz
HD3 (5'-3')	CCTTCGAGTCCCTCAAGTCCTTC
HD5 (5'-3')	CGGCTGAGGCAGCAGCGGCTGT

(Die Abkürzung HD steht für **H**untington's **D**isease = Huntington-Krankheit)

Für die oben genannten Primer HD3 / HD5 werden von der Universität Rostock beispielsweise folgende PCR-Bedingungen empfohlen:

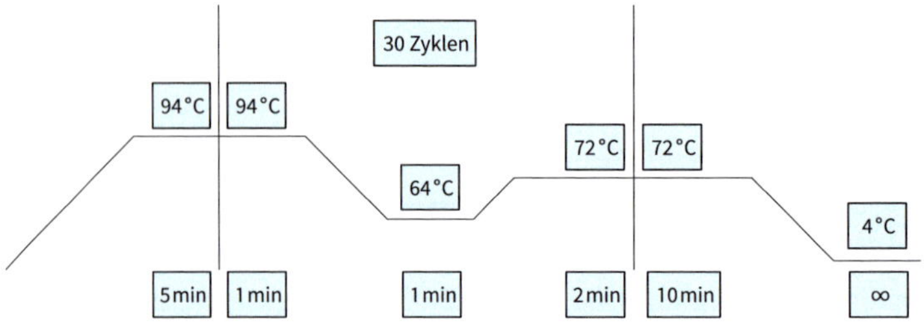

http://neu rologie.med.uni-rostock.de/Fors_Diag/Diagnostik/Neu rogenetisch/Trinukleotide-Laborprotokolle/ trinukleotide-laborprotokolle.html (Art der Darstellung verändert; Text entnommen am 3.10.2006)

M4 Testergebnis

Es wurden gesunde und an der Huntington-Krankheit erkrankte Personen auf CAG-Repeat-Regionen im Huntington-Gen getestet. Nach der elektrophoretischen Auftrennung der PCR-Produkte erhielt man folgende Ergebnisse:

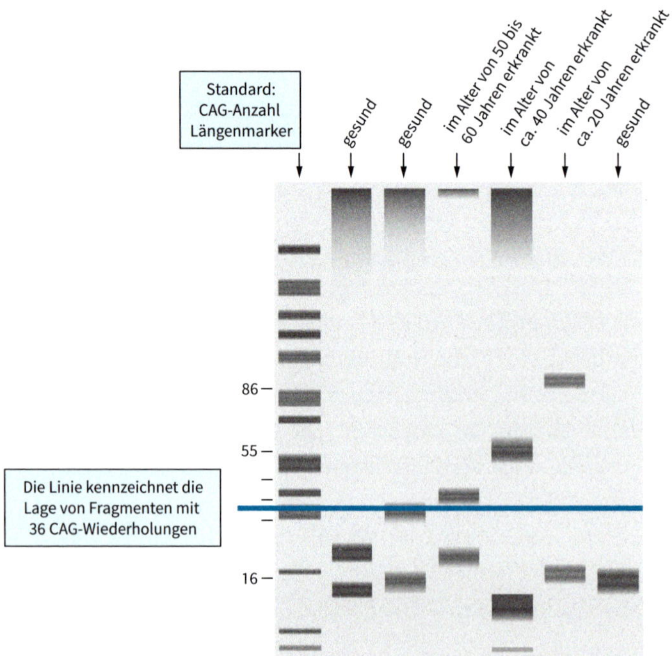

A

1. Begründen Sie anhand des Stammbaums in **M2**, um welche Art der Vererbung es sich bei der HUNTINGTON-Krankheit handelt und nennen Sie für die Phänotypen mögliche und sichere Genotypen.

2. Erläutern Sie das grundsätzliche Prinzip der PCR-Methode anhand des in **M3** dargestellten Schemas.

3. Beschreiben Sie die Testergebnisse (**M4**), werten Sie diese aus und ermitteln Sie die molekulargenetische Ursache der HUNTINGTON-Krankheit.

4. Diskutieren Sie Vor- und Nachteile des Gentests zur HUNTINGTON-Krankheit, die der Betroffene abwägen muss, und erläutern Sie die besondere Problematik im Vergleich zu anderen Erbkrankheiten.

Lösungsvoraussetzungen: Stammbaumanalyse; PCR, gendiagnostische Analyseverfahren; Auswertung einer elektrophoretischen Auftrennung; ethische Betrachtungen

L

1. Es handelt sich um eine autosomal-dominante Art der Vererbung.
Sie ist **dominant**, weil in jeder Generation Merkmalsträger auftreten (Hinweis) und merkmalstragende Eltern (Nr. 1 und 2, Parentalgeneration) gesunde Kinder haben können (Beweis). Sie ist **autosomal**, weil Männer und Frauen gleich häufig betroffen sind (Hinweis) und bei der nicht betroffenen Mutter (Nr. 4, Filialgeneration 1) im x-chromosomalen Fall die Söhne niemals betroffen sein könnten, da sie von der Mutter nur das x-Chromosom mit der Anlage für das Merkmal gesund erben könnten (Beweis).

Zuordnung der Genotypen:

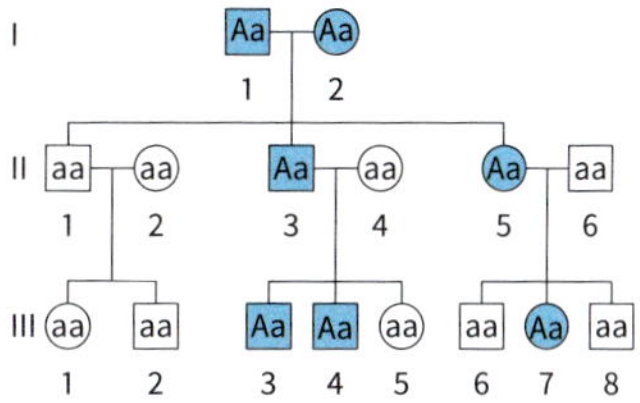

A: Allel für die HUNTINGTON-Krankheit

a: Allel für das Merkmal gesund

2. Folgende Zutaten werden für eine Polymerasekettenreaktion (PCR) benötigt:
1. das zu vervielfältigende DNA-Stück (template)
2. Nukleotide als Bausteine für die DNA-Kopien
3. spezielle Startersequenzen (Primer; um eine DNA-Neusynthese an beiden Strängen der Doppelhelix zu starten, verwendet man zwei verschiedene Primersequenzen.)
4. eine spezielle hitzestabile DNA-Polymerase (meist Taq-Polymerase).

Die eigentliche PCR besteht aus Zyklen sich wiederholender Schritte. In der Abbildung sind es 30 sich wiederholende Zyklen.

1. Schritt: Zunächst wird der Ansatz innerhalb von 5 Minuten auf 94 °C erwärmt.

2. Schritt: Bei 94 °C und innerhalb einer Minute trennen sich die DNA-Stränge der Doppelhelix vollständig voneinander (Denaturierung).

3. Schritt: Die Temperatur wird für eine Minute auf 64 °C abgekühlt. An die Einzelstränge lagern sich dann die Primer an.
4. Schritt: Zwei Minuten lang wird der Ansatz auf die Optimaltemperatur des Enzyms Taq-Polymerase von 72 °C erwärmt. In dieser Zeit katalysiert das Enzym die DNA-Synthese.
Danach wird die Temperatur wieder auf 94 °C erhöht und die Doppelhelix-Abschnitte trennen sich. Ein neuer Zyklus beginnt. Am Ende der PCR wird die Temperatur 10 Minuten lang bei 72 °C gehalten (vermutlich damit die Polymerase letzte DNA-Stücke zu Ende synthetisieren kann), dann wird die Temperatur auf 4 °C gesenkt (das temperaturabhängige Enzym arbeitet bei dieser niedrigen Temperatur nicht mehr), bis das Gerät abgeschaltet wird und die Probe entnommen wird.
Nach 30 Zyklen beträgt die theoretische Zahl der DNA-Kopien 2^{30}; dann sind aus einer DNA-Vorlage über 250 Millionen Kopien entstanden.

3. Nach der elektrophoretischen Auftrennung der PCR-Produkte kann man erkennen, dass die Anzahl an CAG-Repeats bei den Personen sehr unterschiedlich ist. Die Personen 1 bis 5 sind heterozygot, da hier zwei unterschiedliche Banden im Gel zu finden sind.
Person Nr. 1 trägt auf dem ersten Chromosom etwas weniger als 16, auf dem anderen etwas mehr als 16 Repeats. Die Person ist phänotypisch gesund.
Person Nr. 2 weist auf dem einen Chromosom weniger als 16, auf dem anderen Chromosom mehr als 16, aber weniger als 36 Repeats auf. Die Person ist phänotypisch gesund.
Person Nr. 3: Das eine Chromosom enthält etwas mehr als 16 Repeats, auf dem anderen sind mehr als 36 CAG Wiederholungen zu finden. Die Person ist im Alter von 50 bis 60 Jahren erkrankt.
Person Nr. 4 trägt auf dem ersten Chromosom deutlich weniger als 16, auf dem anderen etwa 55 Repeats. Die Person ist im Alter von 40 Jahren erkrankt.
Person Nr. 5 trägt, wie Person 2, weniger als 16 Repeats auf dem ersten Chromosom, auf dem anderen sind aber etwa 86 Repeats zu finden. Die Person erkrankt schon im Alter von 20 Jahren.
Person Nr. 6 ist homozygot, auf beiden Chromosomen liegt die gleiche Anzahl von CAG-Repeats, daher ist nur eine Bande zu finden. Sie zeigt, dass die Person etwas weniger als 16 Repeats trägt. Sie ist phänotypisch gesund.
In dem Gen des Chromosoms Nr. 4 können offenbar die Nukleinsäuren Cytosin-Adenin-Guanin (CAG) bis zu 35 Mal wiederholt werden, ohne dass diese Wiederholungen krankheitsverursachend sind. Die Personen, die unter 36 Repeats haben, sind nicht an der HUNTINGTON-Krankheit erkrankt. Im Beispiel sind das die Personen 1, 2 und 6. Sind jedoch mehr als 36 CAG-Repeats auf einem Chromosom vorhanden, so führt das zur HUNTINGTON-Krankheit. Da das Allel dominant ist, genügt es, wenn auf *einem* Chromosom mehr als 36 Repeats zu finden sind. Davon betroffen sind die Personen 3, 4 und 5. Es besteht eine eindeutige Beziehung zwischen der Anzahl der Repeats und der

Schwere der Erkrankung: Je mehr CAG-Triplets über 36 vorliegen, desto früher ist mit dem Ausbruch der Erkrankung zu rechnen und desto ungünstiger ist dann die Prognose. Bei etwa 80 Wiederholungen kann die Krankheit bereits im 20. Lebensjahr auftreten. Patienten, die erst im Alter zwischen 50 und 60 Jahren erkranken, haben weniger als 55 Wiederholungen.

4. Der Gentest bietet Gewissheit. Der Betroffene kann – bei Ausschluss einer Erkrankung – erleichtert seine Zukunft planen und beispielsweise auch unbesorgt (in Bezug auf Chorea HUNTINGTON) Kinder bekommen. Insofern kann der Test z. B. bei familiärer Vorbelastung eine enorme Last von den Schultern nehmen. Wird das Gen nachgewiesen, kann der Betroffene sich frühzeitig mit der Krankheit beschäftigen und – soweit überhaupt möglich – sich darauf einstellen (Wohnsituation, ärztliche Versorgung, Therapiemöglichkeiten). Bei Eintreten der ersten Symptome kann die betroffene Person dann z. B. schneller Medikamente einnehmen, die einzelne Symptome mindern können. So werden bei übermäßigen unkontrollierten Bewegungsabläufen Neuroleptika gegeben, bei depressiven Verstimmungen Antidepressiva. Neben der medikamentösen Therapie sind Krankengymnastik, Beschäftigungstherapie sowie Sprechtraining wichtig. Auch damit kann der Betroffene frühzeitig beginnen. Wenn allerdings ein bislang gesunder und unbesorgter Mensch durch den Test erfährt, dass er an einer tödlichen, heute noch unheilbaren Krankheit leidet, kann dieses Testergebnis den Menschen in tiefe Depressionen stürzen oder ihm seine Lebenslust nehmen. Außerdem könnte er jedes Stolpern, jede Vergesslichkeit sogleich als Ausbruch der Krankheit interpretieren, was den Menschen in einen permanenten „Wartezustand" versetzen könnte. Sein Leben wäre dann von diesem „Warten auf die Krankheit" dominiert und würde beträchtlich an Lebensqualität verlieren. Nicht nur, weil Chorea HUNTINGTON unheilbar ist, sondern auch, weil der Ausbruchszeitpunkt der Krankheit nur sehr vage vorhergesagt werden kann, muss der Gentest von einer intensiven psychologischen Vor- und Nachbetreuung der Ratsuchenden begleitet werden.

Mögliche Prüfungsfragen zu diesem Thema für einen zweiten Prüfungsteil

1. „Jeder Mensch hat ein Recht auf Wissen."
„Jeder Mensch hat auch ein Recht auf Nicht-Wissen."
Beurteilen Sie die beiden Aussagen. A

2. Erläutern Sie Konsequenzen eines positiven Testergebnisses für den Betroffenen, dessen Angehörige und für die Gesellschaft.

3. Beurteilen Sie Überlegungen zur Einführung von gendiagnostischen Reihenuntersuchungen, z. B. zur schnelleren Aufklärung von Sexualdelikten.

3.9 Einfluss epigenetischer Faktoren beim Aufzuchtverhalten von Ratten

M1 Informationen zum Pflegeverhalten bei Ratten

Beobachtet man weibliche Ratten beim Umgang mit ihren Jungen, so ist eine typische Verhaltensweise, das Lecken und Putzen der Nachkommen (engl. licking and grooming, LG), zu erkennen. Die Intensität der Pflege ist bei den einzelnen Weibchen von Wurf zu Wurf konstant und wird an die Nachkommen vererbt. Durchschnittlich werden die Jungen ca. zehn Prozent des Tages geputzt. Weibchen, die sich deutlich weniger um ihre Jungen kümmern, bezeichnet man als Low-LG-Mütter, solche, die sich intensiver mit dem Nachwuchs beschäftigen, als High-LH-Mütter.

M2 Aufzuchtversuche

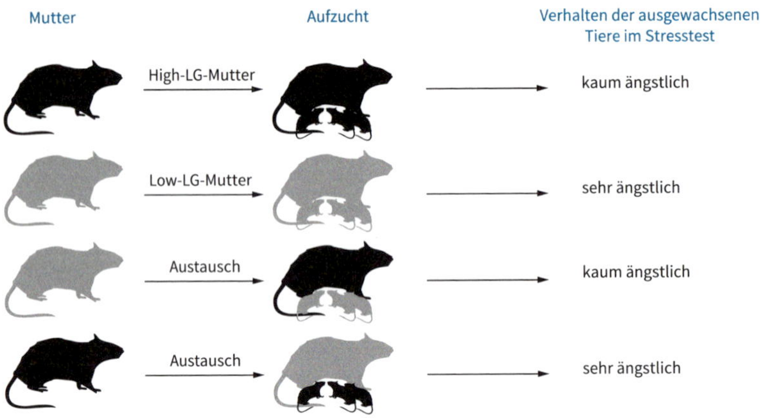

Um zu klären, ob die Stressanfälligkeit der Nachkommen genetisch bedingt ist oder durch andere Faktoren beeinflusst wird, wurden die nebenstehenden Versuche durchgeführt. Dabei wurden neben der normalen Aufzucht einige Rattenjunge nach der Geburt von ihren Müttern getrennt und von anderen Weibchen aufgezogen.
Bei den Nachkommen wurde in Stresstests überprüft, wie ängstlich die Tiere waren.

M3 Informationen zur Stressreaktion bei Ratten und epigenetischen Mechanismen

Wenn Ratten unter Stress geraten, wird unter anderem das Hormon Corticosteron ausgeschüttet. Ein Übermaß dieses Hormons führt zur Dämpfung des Immunsystems und zu Herzerkrankungen. Die Corticosteron-Konzentration wird in einer bestimmten Gehirnregion, dem Hippocampus, mithilfe von Glucocorticoid-Rezeptoren (GR) gemessen. Je mehr dieser Rezeptoren im Hippocampus vorhanden sind, desto stärker wird die Stressreaktion gedämpft. Die Rezeptoren werden durch das GR-Gen codiert. Das Gen selber steht unter Kontrolle eines Transkriptionsfaktors, der sich an eine spezifische

Bindungsstelle des GR-Promotors anlagern kann. Dabei wird die Genexpression zusätzlich durch die Methylierung von Cytosin-Basen reguliert, auf die in 3'-Richtung eine Guanin-Base folgt (abgekürzt: CpG). Sind viele dieser CpG-Stellen methyliert, wird die Transkription des Gens verhindert. Der Promotor des GR-Gens enthält 17 CpG-Stellen, von denen zwei in der Bindungsstelle für den Transkriptionsfaktor liegen.
Durch intensive Brutpflege der Mutter steigt die Konzentration des Botenstoffes Serotonin in den Gehirnen der Jungtiere. Dies führt dazu, dass die DNA demethyliert wird.

M4 Basensequenz der Promotorregion des GR-Gens

1741 5'CTCTGCTAGTGTGACACACTT**CG**(1)**CG**(2)CAACTC**CG**(3)CAGTTGG**CG**(4)GG**CG**(5)**CG**(6)ACCACCCCTG**C**(7)
1801 **G**GCTCTGC**CG**(8)GCTGGCTGTCACCCT**CG**(9)GGGGCTCTGGCTGC**CG**(10)ACCCA**CG**(11)GGG**CG**(12)GGCT
1861 C**CG**(13)AG**CG**(14)GTTCCAAGCCT**CG**(15)GAGTGG[G**CG**(16)GGGG**CG**(17)]GGAGGGAGCCTGGGAGAA3'

Die potenziellen Methylierungsstellen (CpG) sind durch Fettdruck hervorgehoben, die Bindungsstelle für den Transkriptionsfaktor ist eingerahmt.

M5 Methylierungsmuster des GR-Promotors bei Nachkommen von Low-LG- und High-LG-Müttern

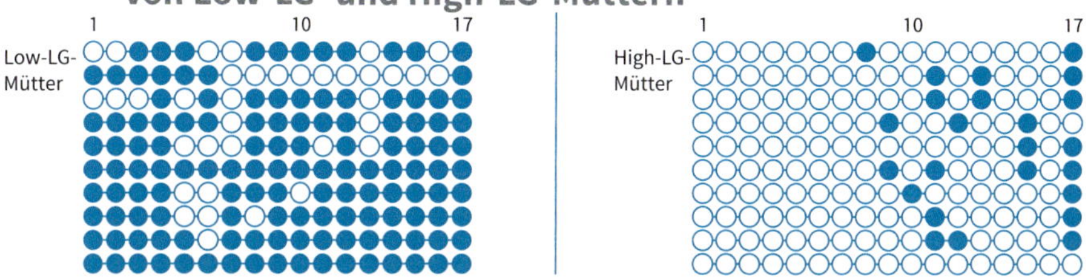

Durchgezogene Linie: DNA-Strang; Kreise: CpG-Stellen 1 bis 17, jeweils zehn Proben pro Individuum; blau: methylierte CpG-Stelle; weiß: nicht methylierte CpG-Stelle

1. Erklären Sie die Methylierung der DNA als epigenetischen Faktor. A

2. Werten Sie den in **M2** dargestellten Versuch aus und stellen Sie dar, ob die Ergebnisse Aussagen über die Art der Weitergabe der Stressanfälligkeit zulassen.

3. Werten Sie **M4** und **M5** aus und erklären Sie, welchen Einfluss das Pflegeverhalten von Ratten auf die Methylierung des GR-Promotors der Nachkommen hat.

4. Erläutern Sie auf der Basis sämtlicher Materialien den Zusammenhang zwischen Pflegeverhalten der Ratten, Methylierung des GR-Promotors und der Stressanfälligkeit der Nachkommen.

Lösungsvoraussetzungen: Proteinbiosynthese, Grundlagen der Genregulation, Methylierung der DNA als epigenetischer Faktor.

L

1. Methyltransferasen binden eine Methylgruppe (CH_3) an die Base Cytosin. Die daraus resultierende Veränderung der Raumstruktur der DNA, d.h. die höhere Packungsdichte/Komprimierung des Chromatins, führt zu einer Blockierung der RNA-Polymerase und anderer Transkriptionsfaktoren, die Transkription unterbleibt und die betroffenen Gene sind damit abgeschaltet (Silencing). Die Methylierung ist reversibel und Gene können wieder angeschaltet werden.

2. Werden die Jungen von ihren eigenen Müttern aufgezogen, so zeigt sich, dass die Nachkommen von High-LG-Müttern wenig und die von Low-LG-Müttern viel Angst haben.
Werden die Jungen von High-LG-Müttern durch Low-LG-Ammen aufgezogen, so sind diese als ausgewachsene Tiere ängstlich. Hingegen sind die Nachkommen von Low-LG-Müttern, die durch High-LG-Ammen aufgezogen werden, als erwachsene Tiere kaum ängstlich.
Wäre das Angstverhalten genetisch bedingt, so dürften die Austauschversuche keine Auswirkungen auf das Verhalten zeigen. Es müssen also andere Faktoren auf die Entwicklung der Stressanfälligkeit Einfluss nehmen, wobei auch die Ergebnisse dieses Versuchs dafür sprechen, dass das Pflegeverhalten der Mütter eine entscheidende Rolle dabei spielt.

3. Die Promotorregion des GR-Gens weist 17 Stellen auf, an der Cytosin-Basen methyliert werden können (CpG-Stellen). Auch die Bindungsstelle für Transkriptionsfaktoren beinhaltet zwei CpG-Stellen. Bei Nachkommen von Low-LG-Müttern sind sehr viele CpG-Stellen im GR-Promotor methyliert. Jungen von High-LG-Müttern weisen hingegen kaum methylierte CpG-Stellen auf. Eine Ausnahme ist die CpG-Stelle 17, die auch bei den High-LG-Tieren fast durchgängig methyliert ist. Offenbar ist diese Stelle, obwohl sie im Bereich der Bindungsstelle für den Transkriptionsfaktor liegt, von keiner wesentlichen Bedeutung.

4. Das Pflegeverhalten der Rattenmütter hat einen direkten Einfluss auf die Stressanfälligkeit der Jungen, was sich in einer gegenüber den Jungen von High-LG-Müttern erhöhten Ängstlichkeit der Jungen von Low-LG-Müttern zeigt. Entscheidend für die Stressanfälligkeit der Jungen ist hierbei nicht das Verhalten der leiblichen Mutter, sondern der Amme. Diese Beobachtungen sprechen dafür, dass das Merkmal „Stressanfälligkeit bei Ratten“ nicht von verschiedenen Allelen eines oder mehrerer Gene abhängt.
Vielmehr hat das Pflegeverhalten der Mütter einen epigenetischen Effekt auf den Promotor des GR-Gens. Eine unterdurchschnittliche Zuwendung der Mütter/Ammen führt bei den Nachkommen zu einer starken Methylierung der CpG-Stellen im GR-Promotor.

In der Folge wird die Bindung des Transkriptionsfaktors verhindert und somit auch die Transkription des GR-Gens.
Brutpflege der Mutter führt zur Ausschüttung von Serotonin und dieses bewirkt eine Demethylierung. Das Gen wird häufiger transkribiert. Das Produkt dieses Gens ist ein Glucocorticoid-Rezeptor. Je häufiger das Gen exprimiert wird (durch geringere Methylierung), desto mehr Glucocorticoid-Rezeptoren sind im Hippocampus von Ratten vorhanden und desto stärker kann eine Stressreaktion gedämpft werden. Dementsprechend zeigen sich Unterschiede im Verhalten bei Versuchen zur Stressanfälligkeit: Tiere, deren GR-Promotor kaum methyliert ist, sind stressresistenter als solche, deren GR-Promotor stark methyliert ist. (Das Risiko für Herzerkrankungen ist geringer.)

Mögliche Prüfungsfragen zu diesem Thema für den zweiten Prüfungsteil

1. Erläutern Sie die Grundlagen angeborenen und erlernten Verhaltens. A

2. Beurteilen Sie mögliche Auswirkungen der Erkenntnis, die aus dem obigen Versuch mit Ratten gewonnen werden konnte, für die menschliche Gesellschaft.

4 Aufgaben zum Bereich Neurophysiologie

Der Themenbereich „Neurophysiologie" ist in den meisten Bundesländern Teilbereich des Zentralabiturs. Häufig hat das Thema „Wirkung von Drogen" einen besonders hohen Stellenwert. Mithilfe der „Fragen zur Wissenswiederholung" können Sie überprüfen, ob Sie über die notwendigen Kenntnisse verfügen. Im Folgenden sind Kenntnisse an verschiedenartigen konkreten Aufgabenbeispielen anzuwenden. Am Anfang einer jeden Aufgabe finden Sie Hinweise zu den Lernvoraussetzungen, die Grundlage zur Lösung der Aufgabe sind, sodass Sie eine gezielte Auswahl treffen können.

4.1 Fragen zur Wissenswiederholung

A

1. Skizzieren Sie eine markhaltige Nervenzelle und beschriften Sie die erstellte Skizze.

L

1.

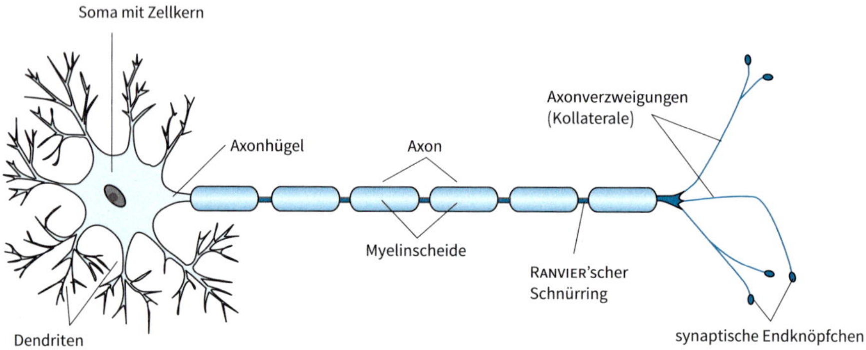

A

2. Was versteht man unter einem Ruhepotenzial und wie entsteht es?

L

2. Definition

Bei Nerven-, Sinnes- und Muskelzellen kann sich das Membranpotenzial bei Reizung verändern. Das Membranpotenzial, das an den Membranen dieser Zellen im unerregten Zustand anliegt, bezeichnet man als Ruhepotenzial.

Entstehung des Ruhepotenzials

Kennzeichen unerregter Nervenzellen sind unter anderem:

- Deutliche chemische Gradienten und das Bestreben, bestehende Verteilungsunterschiede der Ionen per Diffusion auszugleichen. So befinden sich außerhalb der

Zelle vor allem Natrium- und Chlorid-Ionen, innerhalb vor allem Kalium-Ionen und Eiweiß-Anionen.

- Erhebliche Unterschiede in der Durchlässigkeit (Permeabilität) der Membran für die einzelnen Ionen: So ist die Membran dank vieler beständig geöffneter K^+-Kanäle für Kalium-Ionen sehr gut durchlässig. Die Zahl der offenen Natriumkanäle und damit auch die Permeabilität der Membran für Natrium-Ionen sind dagegen gering. Die Permeabilität für Chlorid-Ionen ist mäßig. Für Protein-Anionen ist die Membran undurchlässig.
- beständige Tätigkeit der Natrium-Kalium-Pumpe

Dem Konzentrationsgefälle folgend strömen nun Kalium-Ionen von innen nach außen. Jedes Ion entfernt dabei eine positive Ladung aus der Zelle. Die negativ geladenen Protein-Anionen können aufgrund fehlender Permeabilität der Membran nicht folgen. Das Zellinnere wird damit negativ aufgeladen, die Membranaußenseite hingegen positiv. Zwischen den beiden Seiten der Membran ist auf diese Weise ein elektrisches Feld entstanden. Die zunehmend negative Aufladung der Innenseite der Membran behindert den Ausstrom weiterer Kalium-Ionen. Bei einem bestimmten Potenzial (dem **Ruhepotenzial**) ist der aus dem Konzentrationsgradienten resultierende nach außen gerichtet Diffusionsdruck für Kalium-Ionen genauso groß wie der (aus dem elektrischen Gradienten resultierende) „Gegensog“, der das positiv geladene Kalium-Ion wieder in das negativ geladene Innere der Nervenzelle zieht. Ein- und Ausstrom von Kalium-Ionen halten sich damit die Waage. Das Ruhepotenzial pendelt sich bei diesem Wert ein.
Er beträgt für menschliche Neurone ca. –70 mV, für Muskelzellen ca. –80 bis –90 mV.
Die Zellmembran ist in geringem Umfang auch für Natrium-Ionen durchlässig.
Folglich diffundieren auch beständig Natrium-Ionen in die Zelle („Natrium-Leckstrom“). Das müsste schließlich zum Ausgleich des Ruhepotenzials führen. Verhindert wird dies durch die Tätigkeit der **Natrium-Kalium-Pumpen**, die bei jedem Transportvorgang unter Verbrauch von 1 ATP drei Natrium-Ionen aus der Zelle hinaus- und zwei Kalium-Ionen in sie hineinschleusen. Damit tragen sie nicht nur zur Aufrechterhaltung, sondern wegen des Transportverhältnisses von 3 : 2 auch direkt zum Aufbau des Ruhepotenzials bei.

3. Benennen Sie die Baukennzeichen des Axonhügels und erläutern Sie die Funktion dieser Baukennzeichen im Rahmen der Erregungsweiterleitung. A

3. Baukennzeichen des Axonhügels L

- Fehlen einer Myelinscheide; dadurch direkter Kontakt der Membran mit der extrazellulären Flüssigkeit
- hohe Zahl und Dichte von spannungsgesteuerten Na^+- und K^+-Kanälen

Aus diesen Baukennzeichen folgt:

Am Axonhügel kann bei überschwelliger Erregung ein Aktionspotenzial generiert werden. Geht man von der Synapse aus, so ist dies an der postsynaptischen Zelle die erste Stelle, an der dieses möglich ist. Im Bereich der Dendriten wie des Somas ist die Dichte der spannungsgesteuerten Na^+-Kanäle zu gering, um den für ein Aktionspotenzial notwendigen lawinenartigen Na^+-Einstrom in die Zelle zu ermöglichen. Postsynaptische Potenziale werden hier daher unter Abschwächung elektrotonisch weitergeleitet.

Am Axonhügel findet nun die Umstellung von den graduierten postsynaptischen Potenzialen auf die „Langstrecken-Transportform" der Erregung, eben das Aktionspotenzial, statt. Zudem kommt es am Axonhügel auch zur Verrechnung der hier innerhalb eines Zeitfensters ankommenden postsynaptischen Potenziale. Das Ergebnis der Verrechnung ist die am Axonhügel generierte Aktionspotenzialfrequenz.

A

4. Zeigen Sie in tabellarischer Form Gemeinsamkeiten und Unterschiede zwischen einem Aktionspotenzial und einem erregenden postsynaptischen Potenzial (EPSP) einer Nervenzelle auf.

L

4.

Kennzeichen	**EPSP**	**Aktionspotenzial**
Amplitude	graduiert; in seiner Höhe von Ausgangserregung abhängig	konstant
zeitliche und räumliche Summation	möglich	nicht möglich („Alles-oder-Nichts-Prinzip")
Ausbreitung	elektrotonisch („Kriechstrom") unter Abschwächung	aktiv unter Erhalt der Amplitude
Phasen	Depolarisation und anschließende Repolarisation	Depolarisation, Repolarisation, Hyperpolarisation
Refraktärzeit	nicht gegeben	Refraktärzeit mit absoluter und relativer Refraktärphase
beteiligte Membrankanäle	verschiedene Typen von Kationen- und Anionenkanälen	schnelle, spannungsgesteuerte Na^+-Kanäle und verzögerte, spannungsgesteuerte K^+-Kanäle
Auslöseschwelle	nein	ja
Modulation	amplitudenmoduliert	frequenzmoduliert
Dauer	variabel; je nach Ausgangserregung ca. 40 bis 4000 ms	stets annähernd gleich; ca. 4 ms

A

5. Zeigen Sie auf, welche Folgen eintreten, wenn im Bereich eines RANVIER'schen Schnürrings durch das Gift des Kugelfisches (TTX) spannungsgesteuerte Na^+-Kanäle reversibel blockiert werden.

5. **Bei größerer Menge von TTX:** Es käme zu einer Unterbrechung der Erregungsweiterleitung. Zwar würde die Membran im Bereich des betroffenen RANVIER'schen Schnürrings eventuell noch durch das am vorhergehenden Schürring generierte Aktionspotenzial depolarisiert. Da aber TTX spannungsgesteuerte Na^+-Kanäle blockiert, wird der zur Bildung des Aktionspotenzials notwendige lawinenartige Na^+-Einstrom bei ausreichender Giftmenge unmöglich gemacht. Die Folge: Die Bildung von Aktionspotenzialen wird verhindert. Eine Erregungsweiterleitung unterbleibt. Dies könnte, falls z. B. die Enervierung der Atemmuskulatur betroffen ist, zu einem Aussetzen der Atmung führen. L

Bei geringer Menge von TTX: Die Blockade der Na^+-Kanäle durch TTX ist reversibel. Folglich kann bei geringer Giftmenge immer wieder eine ausreichend große Zahl von Na^+-Kanälen unblockiert sein und so bei überschwelliger Erregung ein Aktionspotenzial gebildet werden. Es käme in diesem Fall nur zu einzelnen „Aussetzern" bei der Weiterleitung von Aktionspotenzialen. Es würde aber eine geänderte Aktionspotenzialfrequenz weitergeleitet werden. Dieses könnte z. B. bezogen auf die Sinne zu Fehlwahrnehmungen führen (z. B. Kribbeln, Taubheitsgefühl).

6. Erklären Sie, wie es an einer Synapse zu einem inhibitorischen postsynaptischen Potenzial (IPSP) kommt. A

6. L
- Ein Aktionspotenzial erreicht das synaptische Endknöpfchen eines Neurons.
- Spannungsgesteuerte Ca^{2+}-Kanäle werden geöffnet.
- Ca^{2+} strömt in das Endknöpfchen; dadurch kommt es in der sogenannten aktiven Zone der Endknöpfchenmembran zur Fusion transmittergefüllter Vesikel mit der präsynaptischen Membran.
- Neurotransmitter werden in den synaptischen Spalt ausgeschüttet (Exocytose), sie diffundieren zur postsynapstischen Membran.
- Hier befinden sich nun spezifische Rezeptoren, an die die Neurotransmitter andocken. Dadurch kommt es entweder direkt zur Öffnung von Ionenkanälen oder es wird durch das Andocken der Transmitter an die Rezeptoren die Bildung eines *second messengers* ausgelöst. Dieser bewirkt dann die Öffnung von Ionenkanälen.
- Bei den solchermaßen geöffneten Ionenkanälen handelt es sich entweder um K^+-Kanäle oder um Cl^--Kanäle. Im ersten Fall kommt es zu einem Ausstrom von K^+. Dadurch wird die extrazelluläre Seite der postsynaptischen Membran positiver. Im zweiten Fall kommt es zu einem Einstrom von Cl^-. Die intrazelluläre Seite der postsynaptischen Membran wird negativer.
- In beiden Fällen aber kommt es zu einer Veränderung des Ruhepotenzials in den negativeren Bereich, also zu einer Hyperpolarisation z. B. von –70 mV (Ruhepotenzial) auf –80 mV. Das so entstandene Potenzial bezeichnet man als inhibitorisches postsynaptisches Potenzial (IPSP).

A

7. Erläutern Sie das Phänomen der zeitlichen Summation und dessen molekulare Ursachen.

L

7. Dieses Phänomen ist auf graduierte Potenziale beschränkt (also EPSP, IPSP und Rezeptorpotenzial).
Beispiel EPSP: Wird durch rasch aufeinanderfolgende präsynaptische Aktionspotenziale an der postsynaptsichen Membran bereits dann erneut ein EPSP ausgelöst, wenn das vorherige noch nicht ganz abgeklungen ist, so startet das zweite EPSP vom anliegenden Depolarisationsniveau des ersten aus. Es „stockt praktisch das erste Potenzial auf" und erreicht so eine deutlich höhere Amplitude als ein Einzel-EPSP. Man bezeichnet diesen Effekt als zeitliche Summation.
Derselbe Effekt, nur in umgekehrter Richtung, wird an hemmenden Synapsen erzielt. Hier werden die IPSP summiert. Je kürzer der Zeitabstand zwischen den Einzelpotenzialen, desto größer ist die Summation.
Auf molekularer Ebene bedeutet dies: Bei Summation zweier EPSP wird bereits dann wieder die Öffnung chemisch gesteuerter Na^+-Kanäle an der postsynaptischen Membran ausgelöst, wenn der Na^+-Einstrom des vorhergehenden EPSP noch andauert. So kommt es zu einer Addition der Na^+-Ströme und damit zu einer Erhöhung der Amplitude des Gesamt-EPSP.
Beim IPSP addieren sich in ähnlicher Weise die zellauswärts gerichteten K^+-Ströme bzw. die zelleinwärts gerichteten Cl^--Ströme.

A

8. Beschreiben Sie die quantitativen Zusammenhänge zwischen Reizstärke, Rezeptorpotenzial und Aktionspotenzial.

L

8. Beim Rezeptorpotenzial (Sensorpotenzial) einer Sinneszelle handelt es sich um ein graduiertes (amplitudenmoduliertes) Potenzial. Seine Amplitude ist proportional oder logarithmisch zur Reizstärke.
Sofern der Schwellenwert überschritten wird, kommt es zu einer Umsetzung der Amplitudenhöhe/Stärke des Rezeptorpotenzials in eine Aktionspotenzialfrequenz. Damit ist also die Frequenz der weitergeleiteten Aktionspotenziale proportional oder logarithmisch zur Reizstärke.
Wirkt über einen längeren Zeitraum ein gleich starker Reiz auf einen Rezeptor ein, so zeigt dieser je nach Rezeptortyp eine unterschiedliche Reaktion: Bei einigen Rezeptoren sinkt das Rezeptorpotenzial nach kurzer Zeit wieder auf den Ruhepotenzialwert. Der Rezeptor adaptiert an den Reiz („passt sich an"). Solche Rezeptoren reagieren sensibel auf Reizänderungen. Man nennt sie phasische Rezeptoren. Bei einem zweiten Typ, den tonischen Rezeptoren, bleibt hingegen das Rezeptorpotenzial während der gesamten Reizdauer erhalten. Es gibt auch Mischformen (phasisch-tonische Rezeptoren). Rezeptoren dieses Typs adaptieren sehr langsam an den Reiz. Sie kodieren damit sowohl Reizänderungen wie auch die Reizstärke.

4.2 Serotonerge Synapsen und ihre Beeinflussung durch MDMA

M1 Serotonin – Steckbrief eines Neurotransmitters

Serotonin ist ein wichtiger Neurotransmitter im ZNS des Menschen. Er wird nur in bestimmten Zellen des Stammhirns in zwei relativ aufwändigen Syntheseschritten aus der Aminosäure Tryptophan hergestellt.

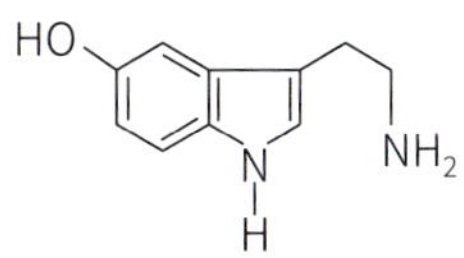

Die serotoninbildenden Nervenzellen sind unter anderem an der Kontrolle von Herzfrequenz, Körpertemperatur und Wach-/Schlafrhythmus beteiligt sowie an der Wahrnehmung von Hunger, Durst und Schmerz und der Erzeugung von Wohlbefinden und sexueller Begierde.

M2 Funktionsweise einer serotonergen Synapse mit 5-HT_3-Rezeptoren (vereinfacht)

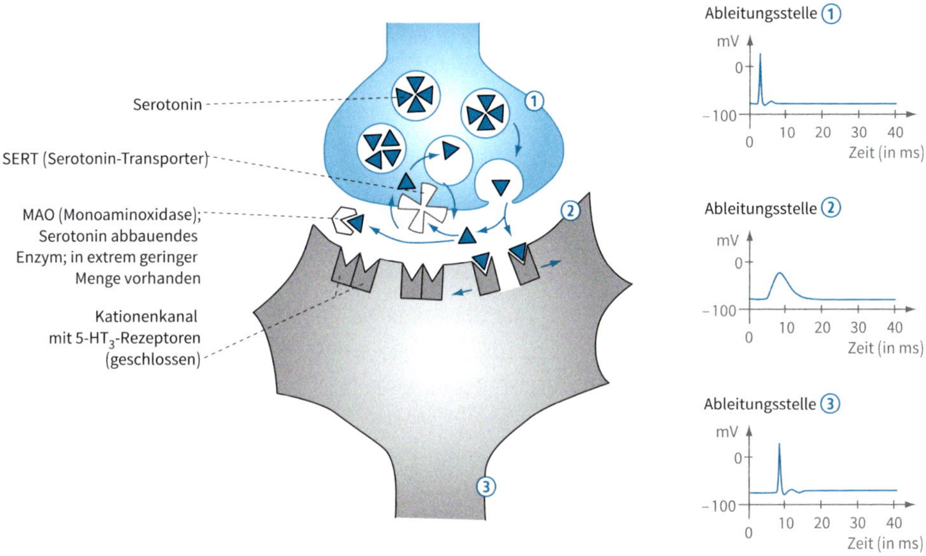

M3 MDMA – Steckbrief einer Droge

MDMA (3,4-Methylendioxy-N-Methylamphetamin) kommt natürlicherweise in der Muskatnuss vor und ist Ursache für deren leicht berauschende Wirkung. 1898 gelang es erstmals, diese Substanz künstlich herzustellen. Der Plan, sie als Appetitzügler auf den Markt zu bringen, scheiterte aber an ihren Nebenwirkungen (s. u.).
In den 60er-Jahren des vergangenen Jahrhunderts wurde MDMA wiederentdeckt. Therapeuten verschrieben es Ehepaaren mit Sexualproblemen und Studenten benutzten es als Aufputschmittel. Aus den USA soll der Name *Ecstasy* für das verkaufte Endprodukt stammen.

Heute enthalten *Ecstasy*-Tabletten neben MDMA oftmals auch andere Drogen oder Schmerzmittel, ohne dass der Konsument dies erkennen kann. *Ecstasy* hat eine Reihe positiver Wirkungen: Es wirkt anregend, bewusstseinserweiternd, entspannend und es enthemmt. Nebenwirkungen seines Konsums sind: Übelkeit, heftiger Durst, starker Anstieg der Körpertemperatur, Herzrhythmusstörungen, Wahrnehmungsstörungen und Angst.

M4 Serotoninmenge im synaptischen Spalt bei Weiterleitung einer Erregung

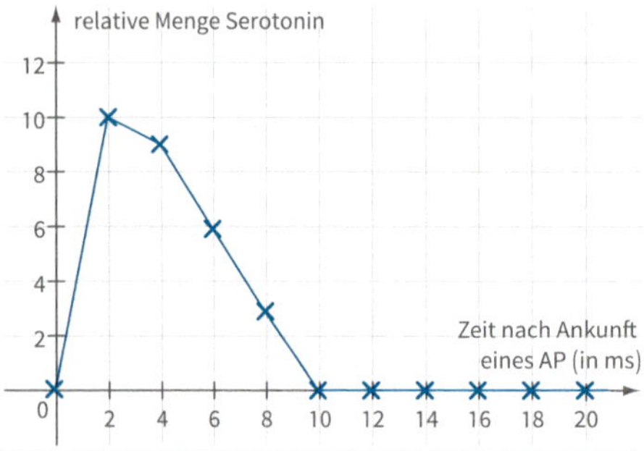

Abb. 4.1: Ohne MDMA im synaptischen Spalt

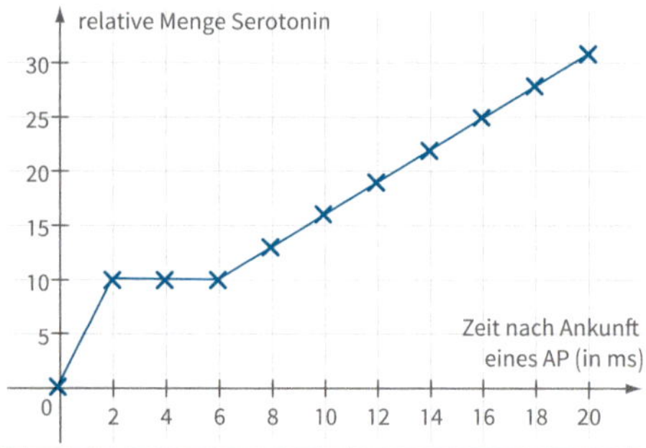

Abb. 4.2: Mit MDMA im synaptischen Spalt

M5 Der Konsum von Ecstasy (XTC) und von legalen Drogen in Deutschland

In der Techno- und Raver-Szene, aber auch in Diskotheken ist *Ecstasy* als „Party-Droge" weit verbreitet. Eine Tablette kostet etwa 15 €. Die Zahl regelmäßiger *Ecstasy*-Konsumenten wird für 2004 auf über eine Million geschätzt; 4 % aller 12- bis 25-Jährigen haben bereits einmal *Ecstasy* konsumiert. Von den 1513 Drogentoten des Jahres 2002 sind 27 auf den Konsum von *Ecstasy* zurückzuführen.
Seit dem 1. 8. 1986 ist MDMA in Deutschland rechtlich harten Drogen wie Heroin und Kokain gleichgesetzt, das heißt, Herstellung, Verkauf, Erwerb und Besitz (nicht aber der Konsum) von Tabletten, die MDMA enthalten, werden strafrechtlich verfolgt. Eine Ausnahme ist der Besitz geringer Mengen (zwei bis drei *Ecstasy*-Tabletten) für den Eigenbedarf.
Im Gegensatz zu *Ecstasy* zählen Alkohol und Nikotin in Deutschland zu den legalen Drogen. In einer bundesweiten Studie gaben 2004 nur 6 % der befragte Schüler der Klassen 9 und 10 an, innerhalb eines Jahres keinen Alkohol getrunken zu haben. Jährlich sterben in Deutschland 42 000 Menschen durch Alkoholmissbrauch (inklusive alkoholbedingter Unfälle). In der erwähnten Schülerstudie zählten sich 35 % der Befragten zu Zigarettenrauchern mit täglichem Konsum. Ingesamt gibt es in Deutschland rund 11 Millionen Raucher. Pro Jahr sterben hier etwa 110 000 Menschen an den Folgen des Rauchens.

A

1. Beschreiben Sie den Ablauf der Erregungsweiterleitung an einer serotonergen Synapse mit 5-HT_3-Rezeptoren.

2. Analysieren Sie die Wirkung von MDMA an serotonergen Synapsen.

3. Diskutieren Sie unter Einbezug des gegebenen Materials die Forderung: „In Deutschland sollte in Zukunft auch der Konsum von Ecstasy unter Strafe gestellt werden!"

Lösungsvoraussetzungen: Aufbau einer Synapse, Erregungsweiterleitung an einer Synapse, Wirkung von Giftstoffen und Drogen im Bereich der Synapse, Aufbau des Gehirns

L

1. Der Ablauf der Erregungsweiterleitung an einer serotonergen Synapse sieht wie folgt aus:

- Ein Aktionspotenzial erreicht das synaptische Endknöpfchen und bewirkt die Öffnung spannungsgesteuerter Ca^{2+}-Kanäle (**M2**, Ableitungsstelle ①).
- Calcium-Ionen strömen in das Endknöpfchen und bewirken die Wanderung von neurotransmittergefüllten synaptischen Vesikeln zur präsynaptischen Membran und deren Öffnung zum synaptischen Spalt.
- Der Neurotransmitter Serotonin wird in den synaptischen Spalt freigesetzt (Exocytose), durchquert diesen per Diffusion und erreicht die 5-HT_3-Rezeptoren in der postsynaptischen Membran.
- Diese sind mit Molekülen verbunden, die einen chemisch gesteuerten Kationenkanal bilden.
- Durch Anlagerung von Serotonin an den 5-HT_3-Rezeptoren wird dieser Kationenkanal geöffnet und Natrium-Ionen strömen in die postsynaptische Zelle.
- Dadurch entsteht an der postsynaptischen Membran ein EPSP (**M2**, Ableitungsstelle ②).
- Serotonin verlässt die Rezeptoren, der Kationenkanal schließt sich, die Membranspannung an der postsynaptischen Membran kehrt zum Ruhepotenzial zurück.
- SERT befördert Neurotransmittermoleküle zurück in das synaptische Endknöpfchen.
- Das Serotonin dient zum Wiederauffüllen der geleerten synaptischen Vesikel.
- Das EPSP löst in der Impuls-Entstehungsregion (Axonhügel) ein Aktionspotenzial aus, da es hier den Schwellenwert überschreitet, obgleich es sich im Zuge der Weiterleitung abgeschwächt hat (**M2**, Ableitungsstelle ③).

2. Beim **Vergleich der Diagramme** in **M4** lassen sich folgende Befunde erkennen:
   - Die direkt nach einem Aktionspotenzial ausgeschüttete Menge an Serotonin ist bei Ab- und bei Anwesenheit von MDMA im synaptischen Spalt identisch (10 relative Einheiten Serotonin).
   - Bei Anwesenheit von MDMA bleibt nach der Serotonin-Ausschüttung die im Spalt vorhandene Serotonin-Menge für etwa 4 ms auf gleichem Level; ohne MDMA sinkt sie direkt wieder.
   - Bei Anwesenheit von MDMA kommt es auch ohne neues Aktionspotenzial nach diesen 4 ms zu einem weiteren Anstieg der Serotonin-Menge im Spalt; diese Serotonin-Ausschüttung dauert lange an, es wird jedoch je Millisekunde weniger Serotonin ausgeschüttet als bei Ankunft eines Aktionspotenzials.

   Erklärung dieser Befunde:
   - MDMA blockiert die Serotonin-Pumpe SERT und verhindert damit die Wiederaufnahme von Serotonin in das Endknöpfchen ⇒ Die Serotonin-Menge im synaptischen Spalt bleibt längere Zeit sehr hoch.
   - MDMA bewirkt über einen speziellen, verzögert angekurbelten Mechanismus eine nicht sehr starke, doch kontinuierliche und langanhaltende Ausschüttung von Serotonin aus dem Endknöpfchen ⇒ Die Serotonin-Menge im synaptischen Spalt steigt langanhaltend langsam an.

   Die **Folgen** sind:
   - ein sehr hoher Serotonin-Pegel im synaptischen Spalt ⇒ hohes und lang andauerndes EPSP ⇒ Am Axonhügel der postsynaptischen Zelle entstehen fortlaufend neue Aktionspotenziale.
   - Erst nach längerer Zeit dürfte der Serotonin-Pegel im Spalt wieder sinken, wenn das Serotonin aus dem Spalt ausgeschwemmt und durch das Blut abtransportiert bzw. von MAO abgebaut wird.
   - In jedem Fall geht ein Teil des aufwändig synthetisierten Serotonins für die Nervenzelle verloren.
   - Bei längerer Anwesenheit von MDMA im synaptischen Spalt besteht so die Gefahr, dass der Serotonin-Speicher im synaptischen Endknöpfchen stark, ja völlig entleert wird.

3. Argumente **für** eine Strafbewehrung des *Ecstasy*-Konsums könnten sein:
   - die große Zahl der User (**M5**, Zeile 3 f.)
   - Die User sind vor allem Jugendliche ⇒ eventuell Schädigung für viele Jahre (**M5**, Zeile 3 f.)
   - erhebliches Gefahrenpotenzial des Konsums (**M3**, Zeile 12 f.)
   - Das Gefahrenpotenzial wird durch Mischung von MDMA mit anderen gefährlichen Stoffen noch erhöht, ohne dass der Konsument „gepanschte" Ecstasy-Pillen als solche erkennen kann (**M3**, Zeile 9 f.).

- 2002 sind 27 Todesfälle auf *Ecstasy*-Konsum zurückzuführen (**M5**, Zeile 4 f.).
- Es ist inkonsequent, Herstellung, Verkauf und Erwerb von MDMA für illegal zu erklären und strafrechtlich zu verfolgen, dessen Konsum aber legal und straffrei zu lassen (**M5**, Zeile 6 ff.).

Argumente **gegen** eine Strafbewehrung des *Ecstasy*-Konsums könnten sein:

- Nicht die Ecstasy-Konsumenten sind Kriminelle, sondern Hersteller und Dealer; Konsumenten sind eher Verführte, Bestrafung kriminalisiert sie jedoch.
- Es bestehen Zweifel an der abschreckenden Wirkung von Strafandrohungen.
- Die Umsetzung der Strafandrohung ist ein Problem (große Konsumentenzahl [**M5**, Zeile 4]; welches Strafmaß?).
- Der Vergleich mit der Gefährlichkeit legaler Drogen (Alkohol, Nikotin) wirft die Frage auf, wo die Gefahr für Leib und Leben der Konsumenten (wie auch für völlig unbeteiligte Unfallopfer) größer ist: beim Konsum von *Ecstasy* oder beim Konsum von Alkohol und Nikotin; durch diese legalen Drogen sterben jährlich um ein Vielfaches mehr Menschen als durch *Ecstasy* (**M5**, Zeile 14); auch liegen die Konsumentenzahlen bei den legalen Drogen weit über denen von *Ecstasy* (**M5**, Zeile 12 ff.).

Hinweis: Erwartet wird eine abschließende begründete Darlegung Ihrer persönlichen Position unter Abwägung der zuvor genannten Argumente.

Tipps zur Herangehensweise Tipp

- Beschränken Sie in **Aufgabe 2** Ihre Darstellung auf den Bereich der Synapse; erläutern Sie nicht die generelle Wirkung von MDMA auf den Organismus.
- Gestalten Sie die Diskussion in **Aufgabe 3** in Blockform (pro, contra, eigene Meinung). Achten Sie darauf, die Materialtexte zu verarbeiten und nicht einfach nur abzuschreiben.

Mögliche Prüfungsfragen zu diesem Thema für einen zweiten Prüfungsteil

1. Erläutern Sie an ausgewählten Beispielen unterschiedliche Wirkungen von Giften an den Synapsen. A

2. Erläutern Sie die Auswirkung der Sauerstoffversorgung auf die Natrium-Kalium-Pumpe.

3. Erklären Sie die Bedeutung von Wiederbelebungsmaßnahmen (z. B. Mund-zu-Mund-Beatmung, Herzmassage).

4.3 Cholinerge Neurone und ALZHEIMER-Therapie

M1 Cholinerge Neurone im Gehirn des Menschen

Bei cholinergen Neuronen handelt es sich um Nervenzellen, die als Neurotransmitter Acetylcholin verwenden. Ihre Synapsen arbeiten prinzipiell in gleicher Weise wie die motorischen Endplatten. Die Zellkörper der meisten cholinergen Neurone befinden sich im Stammhirn (Mittelhirn, Brücke) sowie in bestimmten Kernen im unteren Teil des Großhirns. Ihre Axone ziehen zum einen in das Rückenmark, zum anderen in den Bereich der Großhirnrinde sowie insbesondere in den Hippocampus. Dort, im Hippocampus, befinden sich dann auch die cholinergen Synapsen.

M2 Die ALZHEIMER-Krankheit (Morbus Alzheimer)

In Deutschland leiden rund eine Million Menschen an der nach ihrem Entdecker Alois ALZHEIMER benannten Alzheimer-Krankheit. Diese Erkrankung beginnt schleichend zumeist nach dem 60. Lebensjahr. Am Beginn stehen leichte Wortfindungs- und Gedächtnisstörungen. Immer mehr nimmt dann die Fähigkeit zu explizitem Lernen ab. Neue Informationen werden zunehmend schlechter, dann gar nicht mehr behalten. Die Fähigkeit zu implizitem (prozeduralem) Lernen bleibt dagegen relativ lange erhalten. Schließlich schwindet auch das Erinnerungsvermögen an alte Gedächtnisinhalte. Gesprächspartner werden nicht mehr erkannt. Die Orientierungsfähigkeit geht verloren. Bereits in einem frühen Stadium der Erkrankung ist festzustellen, dass die cholinergen Neurone des Gehirns ihre Acetylcholinausschüttung verringern. Im Verlauf des Fortschreitens der Krankheit sterben immer mehr dieser Neurone ab.
Zur Behandlung der Alzheimer-Krankheit setzt man unter anderem den Wirkstoff Donezepil ein. Dieser hat eine identische Wirkungsweise, jedoch weniger Nebenwirkungen wie das bereits länger bekannte Physostigmin.

M3 Die Substanz Physostigmin

Physostigma venenosum ist eine Kletterpflanze aus Westafrika (Nigeria, Kamerun, Gabun). Sie gehört zu den Schmetterlingsblütlern und bringt etwa 2 cm große, bohnenförmige Samen hervor, die nach der Küstenregion Calabar im Osten Nigerias als Calabarbohnen bezeichnet werden. Sie enthalten das Alkaloid Physostigmin.
In der Calabar-Region wurden die Bohnen als Beweismittel in Rahmen von „Gottesurteilen" eingesetzt. Man zwang den Angeklagten, 30 bis 100 Bohnen zu schlucken. Erbrach er sie, galt er als unschuldig. Starb er aber, so war damit seine Schuld bewiesen. Häufig endeten diese „Gottesurteile" für den Angeklagten tödlich.

M4 Die Wirkung von Physostigmin an cholinergen Synapsen

Physostigmin im synaptischen Spalt	elektrische Reizung des präsynaptischen Neurons	ausgeschüttete Menge Acetylcholin	Potenziale an der präsynaptischen Membran	Potenziale an der postsynaptischen Membran	Potenziale am Axonhügel des postsynaptischen Neurons
null	ein Stromimpuls	100 r. E.*	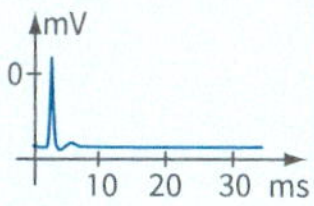	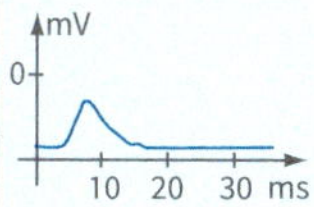	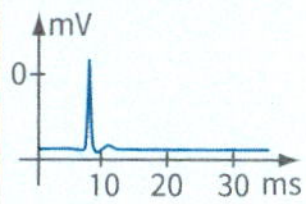
geringe Menge	ein Stromimpuls	100 r. E.*	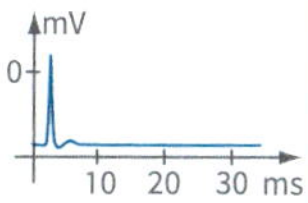	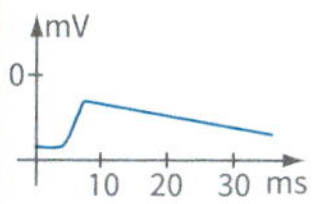	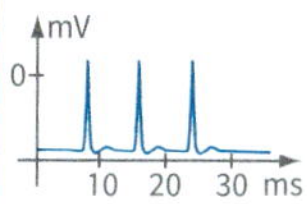
große Menge	ein Stromimpuls	100 r. E.*	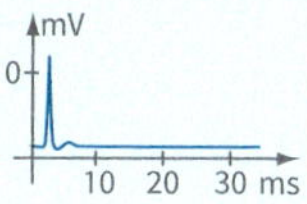	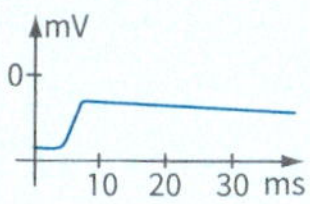	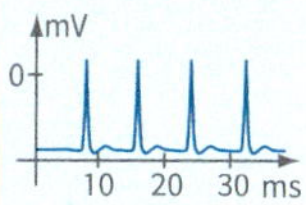
große Menge	keine elektrische Reizung	0 r. E.*	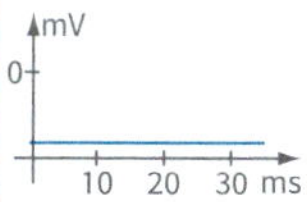	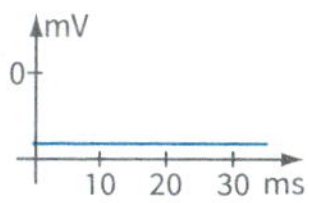	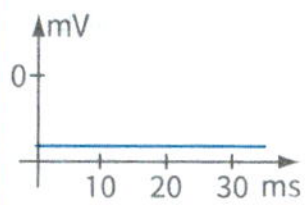

* r. E. = relative Einheiten

M5 Reinhard Wandtner: „Der Schlaf als Zeit der Unruhe“

Die FAZ berichtete am 28.1.2004 über ein Experiment der Lübecker Forscher Stefan Gais und Jan Born. Ziel dieses Experimentes war es, die Rolle des neuronalen Überträgerstoffes Acetylcholin bei der nächtlichen Gedächtnisbildung näher zu bestimmen.

Für ihre Versuche wählten Gais und Born 29 gesunde junge Männer aus. Diese Probanden sollten zwei Gedächtnisaufgaben lösen: In der ersten Aufgabe mussten sie sich möglichst viele der ihnen präsentierten 40 Wortpaare einprägen. Bei der zweiten Aufgabe sollten sie Sterne und andere Muster sauber nachzeichnen. Dieses Nachzeichnen wurde ihnen jedoch dadurch erschwert, dass sie die Muster wie auch ihre eigenen Handbewegungen nur in einem Spiegel sehen konnten.
Die Probanden trainierten am Abend eine halbe Stunde lang. Dann erhielten sie alle eine Infusion: Einem Teil der Männer wurde eine physostigminhaltige Lösung, den übrigen nur eine Kochsalzlösung, also ein Placebo, gegeben. Anschließend legte sich ein Teil der Gruppe schlafen, die anderen blieben wach. Nach drei Stunden mit einem hohen Anteil an Tiefschlaf wurden die „Schläfer“ geweckt. Eine halbe Stunde später setzten sich dann alle Probanden wieder an ihre Aufgaben. Die dann registrierten Ergebnisse waren:

	„Schläfer“		„wach Gebliebene“	
	Physostigmin	**Kochsalz**	**Physostigmin**	**Kochsalz**
Erinnerung an Wortpaare	schlecht	sehr gut	zufriedenstellend	zufriedenstellend
Nachzeichnen der Muster	zufriedenstellend	zufriedenstellend	zufriedenstellend	zufriedenstellend

FAZ vom 28. 1. 2004

A

1. Beschreiben Sie die Rolle der Acetylcholinesterase im Rahmen der Erregungsweiterleitung an cholinergen Synapsen.

2. Analysieren Sie die Wirkung von Physostigmin an cholinergen Synapsen.

3. Erläutern Sie die neurologischen Kennzeichen der ALZHEIMER-Krankheit und diskutieren Sie die Verwendung des Wirkstoffes Donezepil in der ALZHEIMER-Therapie.

Lösungsvoraussetzungen: Aufbau des Gehirns, Formen des Lernens, Bedeutung des Hippocampus für das explizite und implizite Lernen, Funktionsweise cholinerger Synapsen bzw. motorischer Endplatten, Bedeutung der Acetylcholinesterase im Rahmen der Erregungsweiterleitung an cholinergen Synapsen bzw. motorischen Endplatten

L

1. Bei Ankunft eines Aktionspotenzials wird aus den Vesikeln eines cholinergen Neurons Acetylcholin freigesetzt. Dieses diffundiert sehr rasch zur postsynaptischen Membran. Dort lagert es sich an Acetylcholinrezeptoren an, die Bestandteil eines zunächst geschlossenen Na^+-Kanals sind. Die Bindung des Acetylcholins an die Acetylcholinrezeptoren bewirkt die Öffnung des Na^+-Kanals. Es kommt zum Na^+-Einstrom in die postsynaptsiche Zelle und damit zu einem EPSP. An der postsynaptischen Membran befindet sich nun das Enzym **Acetylcholinesterase**. Das Enzym spaltet Acetylcholin in Cholin und Acetat. Diese Spaltung hat zwei Effekte:
   Zum einen wird dadurch die Wirkung des ausgeschütteten Acetylcholins in Millisekunden beendet. So kann jeder Rezeptor während der synaptischen Übertragung in der Regel nur ein Mal mit Acetylcholin interagieren. Das EPSP bleibt in Höhe und Dauer klar begrenzt. Dies stellt sicher, dass in der Impuls-Generator-Region der postsynaptischen Zelle nur ein Aktionspotenzial generiert wird. Die Tätigkeit der Acetylcholinesterase garantiert also eine Erregungsweiterleitung im Verhältnis 1 : 1.
   Der zweite Effekt kann als „Spareffekt“ bezeichnet werden: Die Nervenzelle nutzt einen Großteil des anfallenden Cholins zur Resynthese von Acetylcholin. Dazu wird das Cholin zunächst durch eine spezifische Cholinpumpe wieder in die Nervenendigung zurücktransportiert. Im synaptischen Endknöpfchen katalysiert dann das Enzym Cholinacetyltransferase den Aufbau von Acetylcholin aus Cholin und Acetyl-CoA. Das Acetylcholin wird dann wieder in die Vesikel aufgenommen.

2. Aus dem Material **M4** sind folgende Befunde zu entnehmen:
   - Physostigmin verlängert die Wirkung von Acetylcholin im synaptischen Spalt.
   - Je mehr Physostigmin zugegeben wird, desto stärker ist dieser Verlängerungseffekt.
   - So gilt: Je mehr Physostigmin, desto länger bleibt das EPSP auf hohem Level und überschreitet am Axonhügel die „Feuerschwelle" und desto mehr Aktionspotenziale werden folglich generiert.
   - Bei einmaliger elektrischer Reizung des präsynapstischen Neurons ist dabei aber die ausgeschüttete Acetylcholinmenge stets gleich groß (100 r. E.).
   - Der letzte Versuchsteil zeigt zudem: Physostigmin selbst bewirkt keine Öffnung der chemisch gesteuerten Na^+-Kanäle in der postsynaptischen Membran.

   Aus diesen Befunden kann man folgende Schlüsse ziehen:
   - Physostigmin verlängert die „Lebensdauer" des ausgeschütteten Acetylcholins.
   - Angesichts des Befundes, dass die Verlängerungsintensität von der Menge des Physostigmins im synaptischen Spalt abhängt, dürfte dies durch **kompetitive Hemmung der Acetylcholinesterase** geschehen; ist diese durch Physostigmin gehemmt, so kann sie das ausgeschüttete Acetylcholin nur sehr langsam abbauen; Physostigmin ist also ein **Acetylcholinesterase-Hemmer**.

3. Wichtige neurologische Kennzeichen der ALZHEIMER-Krankheit sind:
   - Zunächst verringern cholinerge Neurone des Gehirns ihre Acetylcholinausschüttung (**M2**).
   - In späteren Erkrankungsstadien sterben immer mehr dieser Neurone ab (**M2**).
   - Die cholinergen Neurone innervieren neben der Großhirnrinde vor allem den Hippocampus (**M1**).
   - Der Hippocampus aber besitzt eine Schlüsselfunktion beim expliziten Lernen (Lernen von Fakten, Daten, Ereignissen, Assoziationen): Der sehr rasch neue Informationen aufnehmende, aber in seiner Speicherkapazität begrenzte Hippocampus dient im Lernprozess quasi als Zwischenspeicher; er speichert neue Informationen und gibt sie wiederholt an die Großhirnrinde weiter, was dann zur Abspeicherung dieser Informationen in der Großhirnrinde führt.
   - Ist nun diese Tätigkeit des Hippocampus infolge eines Ausfalls cholinerger Neurone (teilweise) gestört, kommt es zu Defiziten in der Informationsabspeicherung im Bereich des Langzeitgedächtnisses (tertiäres Gedächtnis) – ein zentrales Merkmal der ALZHEIMER-Krankheit (**M2**).
   - Das prozedurale (implizite) Lernen ist davon (zunächst) nicht betroffen (**M2**), da die Abspeicherung hier ohne Beteiligung des Hippocampus erfolgt.

   In der ALZHEIMER-Therapie findet Donezepil Verwendung, ein in seiner Wirkungsweise dem Physostigmin gleichender Acetylcholinesterase-Hemmer (**M2**). Dessen Einsatz weist nach neuen Forschungsergebnissen positive wie negative Aspekte auf:

Positiv:

- Donezepil verlängert (wie Physostigmin) die „Lebensdauer“ von Acetylcholin (→ Aufgabe 2).
- Ist nun bei einer ALZHEIMER-Erkrankung die Acetylcholinausschüttung deutlich verringert, kann durch diesen Wirkstoff eine Acetylcholin**wirkung** erreicht werden wie bei normaler Acetylcholinausschüttung.
- Damit könnte der Hippocampus seine reguläre Funktion beim expliziten Lernen wieder erfüllen.
- Ausfallerscheinungen beim expliziten Lernen könnten dadurch abgemildert werden.

Negativ:

- Die Versuchsergebnisse in **M5** zeigen jedoch, dass eine Abspeicherung von Gelerntem offenbar besonders intensiv/gut während des Schlafes erfolgt.
- Hier aber führt Physostigmin (wie auch das wirkungsgleiche Donezepil) zu einer *Minderung* der Abspeicherung; eine Intensivierung der Wirkung cholinerger Neurone durch Physostigmin ist also für das Speichern neuer Informationen in der Großhirnrinde während des Schlafes negativ.
- Offenbar sind cholinerge Neurone nur ein Element im komplexen Vorgang der Gedächtnisbildung. Sie sind mit weiteren Elementen dieses Prozesses eng verknüpft, ihre isolierte Beeinflussung durch Medikamente erscheint daher nur bedingt erfolgversprechend.
- Dieser neue Befund stellt den Nutzen von Donezepil infrage.
- Zudem besteht die Gefahr von (sogar gefährlichen) Nebenwirkungen (**M2**).

Tipp

Tipps zur Herangehensweise

- Konzentrieren Sie Ihre Darstellung in **Aufgabe 1** auf die Funktion der Acetylcholinesterase. Weitere Aspekte der Erregungsweiterleitung an cholinergen Synapsen sollten allenfalls kurz angesprochen werden.

Mögliche Prüfungsfragen zu diesem Thema für einen zweiten Prüfungsteil

A

1. Bei der Parkinson-Erkrankung kommt es durch Zerstörung der Dopamin-Neurone zu einem Mangel an Dopamin. Erläutern Sie verschiedene Möglichkeiten, an denen eine medikamentöse Behandlung ansetzen kann.

2. Erklären Sie die Erregungsübertragung bei elektrischen und chemischen Synapsen und erläutern Sie deren jeweilige Bedeutung.

3. Erläutern Sie die antagonistische Wirkung von Sympathikus und Parasympathikus bei einem Sportler im Verlauf des Wettkampfes.

4. Vergleichen Sie neuronale und hormonelle Steuerung.

4.4 Strumpfbandnatter und Gelbbauchmolch – ein Beispiel für evolutionäres Wettrüsten?

M1 Interspezifische Wechselwirkungen zwischen Strumpfbandnatter und Gelbbauchmolch

Die amerikanische Strumpfbandnatter *Thamnophis sirtalis* ernährt sich zu einem großen Teil von dem giftigen Rauhäutigen Gelbbauchmolch *Taricha granulosa.* Diese Molche produzieren das Gift Tetrodotoxin (TTX), das sie über die Haut abgeben. In Gebieten, in den Strumpfbandnattern vorkommen, zeigen Molche eine stark erhöhte Giftproduktion. Das Gift eines Molches kann mehrere tausend Mäuse töten; Wissenschaftler haben Molche gefunden, deren Giftmenge ausreichen würde, um über ein Dutzend Menschen zu töten. Strumpfbandnattern, die im Verbreitungsgebiet der Rauhäutigen Gelbbauchmolche leben, weisen jedoch verschiedene ausgeprägte Resistenzen gegen TTX auf, sodass sie den Verzehr der Gelbbauchmolche überleben und durch den Fraß sogar selbst giftig für Beutegreifer werden, da sich das Gift in ihrem Gewebe anreichert.

M2 Wirkungsweise des Tetrodotoxins (TTX)

Tetrodotoxin, das auch in anderen Gifttieren wie Kugelfischen oder Seesternen vorkommt, wirkt an den spannungsgesteuerten Natrium-Kanälen. Die nebenstehende Abbildung zeigt die Wirkungsweise von Tetrodotoxin schematisch vereinfacht.

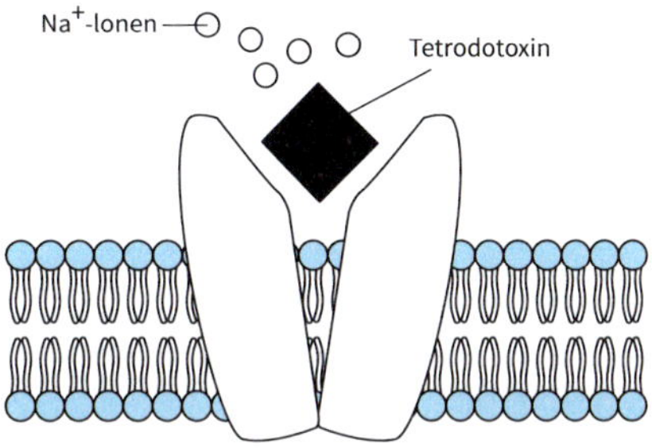

M3 Aminosäuresequenzveränderungen in den Natrium-Kanälen der Strumpfbandnattern

Eine Proteinanalyse der unterschiedlich resistenten Nattern zeigt, dass bei ihnen die Aminosäuresequenz des Polypeptids des spannungsgesteuerten Natriumkanals in unterschiedlichem Maße verändert ist. So liegt beispielsweise bei leicht resistenten Formen die Aminosäure *Isoleucin* an Position 1561 vor, während resistentere Formen die Aminosäure *Valin* an dieser Position aufweisen. Bei einer noch resistenteren Form ist zudem die Aminosäure *Glycin* an Position 1566 gegen *Alanin* ausgetauscht.

A

1. Beschreiben Sie die molekularen Vorgänge beim Ablauf eines Aktionspotentials und fertigen Sie dazu eine beschriftete Skizze an, die den zeitlichen Vorgang der Spannungsänderungen an der Membran in drei Phasen widergibt.

2. Erläutern Sie anhand von **M2** die Wirkung von Tetrodotoxin auf die molekularen Vorgänge an der Axonmembran und beschreiben Sie die Folgen für den Organismus. Erläutern Sie, inwiefern der Austausch nur einer Aminosäure im Polypeptid des spannungsgesteuerten Natriumkanals bereits eine Resistenz gegen Tetrodotoxin bewirken kann.

3. Entwickeln Sie eine Hypothese zur evolutionären Entwicklung der verschiedenen Resistenzformen (**M3**) auf der Grundlage der synthetischen Evolutionstheorie.

4. Nehmen Sie Stellung, ob man bei der interspezifischen Wechselwirkung von Strumpfbandnatter und Gelbbauchmolch von einem Beispiel für evolutionäres Wettrüsten sprechen kann.

Lösungsvoraussetzungen: Vorgang an den Synapsen, Spannungsänderung beim Ablauf eines Aktionspotentials, Einflussfaktoren am synaptischen Spalt, Mutationen und deren Auswirkungen auf evolutionäre Prozesse; Mutation und Selektion als Evolutionsfaktoren

L

1. Um ein Aktionspotential auszulösen, muss eine Depolarisation an der Nervenzellmembran stattfinden, dabei muss der Schwellenwert überschritten werden (Alles-oder-Nichts-Gesetz).
   Der Ablauf eines Aktionspotentials kann in drei Phasen unterteilt werden: die Depolarisation, die Repolarisation und die Hyperpolarisation.
   - Während der **Depolarisation** kommt es zunächst zum schnellen Öffnen von spannungsgesteuerten Na^+-Kanälen. Durch den Na^+ -Einstrom wird das Membranpotential positiv (Overshoot).
   - Auf das Spannungsmaximum von +20 bis +30 mV folgt die **Repolarisation**, indem die K^+-Kanäle, die nun geöffnet sind, die Kalium-Ionen von innen nach außen strömen lassen. Dadurch sinkt das Membranpotenzial wieder in den negativen Bereich.
   - Durch den starken K^+-Ausstrom wird das Ruhepotential (ca. –70 mV) oftmals kurzzeitig unterschritten, bis z. B. –90 mV. Dies wird als **Hyperpolarisation** bezeichnet. Während der Hyperpolarisation kann kein weiteres Aktionspotential ausgelöst werden (Refraktärzeit).
     Die Natrium-/Kalium-Ionenpumpe stellt die ursprüngliche Ionenverteilung unter ATP-Verbrauch wieder her.

Skizze:
Zeitlicher Verlauf der Spannungsänderung an der Nervenzellenmembran beim Ablauf eines Aktionspotentials

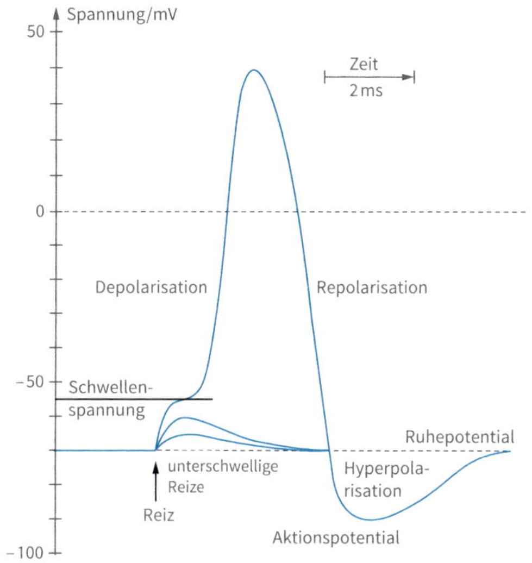

2. Das Nervengift Tetrodotoxin bindet an die Na^+-Kanäle, blockiert sie und verhindert so den Einstrom von Na^+-Ionen. Dies hat zur Folge, dass die Axonmembran nicht depolarisiert werden kann. Folglich können keine Aktionspotenziale mehr ausgelöst werden und die Nerven- und Muskelerregung ist behindert oder unterbunden. Es kommt zu Lähmungen beispielsweise der Skelett- oder Atemmuskulatur.
Eine Aminosäure im Protein des Na^+-Kanals ist so ausgetauscht, dass neben der veränderten Primärstruktur auch die Sekundär- und Tertiärstruktur verändert sind. Aufgrund dieser Konformationsänderungen kann Tetrodotoxin nicht mehr an dem Kanal andocken und diesen auch nicht mehr blockieren.

3. Da bei den in **M3** beschriebenen verschiedenen Resistenzformen Veränderungen in der Aminosäuresequenz der Na^+-Kanäle vorliegen, ist anzunehmen, dass Punktmutationen (genauer: Missense-Mutationen) in den Na^+-Kanal-Genen die Ursache sind.
Durch zufällige Mutationen variieren Lebewesen in ihren Merkmalen. Es treten dabei auch Tiere auf, die aufgrund von Punktmutationen Allele mit Resistenz gegen das Gift TTX besitzen. Aufgrund der damit verbundenen Selektionsvorteile (Fitnessgewinn durch Nutzung der zusätzlichen Nahrungsquelle sowie Schutz vor Feinden durch Akkumulation des TTX im Gewebe) häufen sich die Allele der resistenten Formen im Genpool der Population an. Nicht-resistente Tiere, die Giftmolche fraßen, wurden ausselektiert, da sie starben (transformierende Selektion). Durch Rekombination wurden die Giftresistenz-Allele an die Nachkommen vererbt. Im Zuge von Mutation, Rekombination und Selektion nahm der Anteil resistenter Tiere in Gebieten mit Giftmolchen zu.

4. Aufgrund des Auftretens von giftproduzierenden Gelbbauchmolchen aufgrund von Mutationen hatten nicht-resistente Strumpfbandnattern Fitnesseinbußen.
Durch positive Selektion von resistenten Tieren lag wiederum ein stärkerer Selektionsdruck auf den Molchen: Tiere mit größeren Giftmengen hatten nun Selektionsvorteile.
Dadurch wiederum stieg der Selektionsdruck auf die Strumpfbandnatter: Tiere mit höherer Gifttoleranz hatten abermals Selektionsvorteile usw.
Die interspezifische Wechselwirkung von Strumpfbandnatter und Gelbbauchmolch kann somit als ein Beispiel für evolutionäres Wettrüsten (Koevolution) gesehen werden.

Mögliche Prüfungsfragen zu diesem Thema für den zweiten Prüfungsteil

1. Erklären Sie an jeweils einem Beispiel die Entstehung einer Warntracht und einer Tarntracht.

2. Beurteilen Sie die Aussage: „Nicht die homozygoten Individuen bringen die Evolution voran, sondern die heterozygoten.“

3. Beschreiben Sie den Aufbau eines Enzyms und erläutern Sie, welche Folgen der Austausch nur einer Aminosäure für die Funktion eines Enzyms haben kann.

4. Bewerten Sie Mutationen, die zur Veränderung eines Enzyms führen, aus genetischer und evolutionärer Sicht.

5. Vergleichen Sie ein interspezifisches Wettrüsten mit einem intraspezifischen.

5

Aufgaben zum Bereich Ökologie

Ökologie gehört neben Genetik und Evolution zu den zentralen abiturrelevanten Themen in allen Bundesländern. Sie sollten daher eine breite Vorbereitung in den verschiedenen Teilbereichen der Ökologie anstreben. Mithilfe der „Fragen zur Wissenswiederholung" können Sie überprüfen, ob Sie über die notwendigen Kenntnisse verfügen. Im Folgenden sind Kenntnisse aus den verschiedenen Teilbereichen an konkreten Aufgabenbeispielen anzuwenden. Am Anfang einer jeden Aufgabe finden Sie Hinweise zu den Lernvoraussetzungen, die Grundlage zur Lösung der Aufgabe sind, sodass Sie den jeweiligen Schwerpunkt erkennen und eine gezielte Auswahl treffen können.

5.1 Fragen zur Wissenswiederholung

1. Definieren Sie die folgenden Begriffe: Biotop, Biozönose, Ökosystem, Ökosphäre, Autökologie, Demökologie und Synökologie. A

1. L
- **Biotop:** Lebensraum für die Organismen eines Ökosystems
- **Biozönose:** Lebensgemeinschaft aller Organismen eines Ökosystems
- **Ökosystem:** Struktur- und Funktionseinheit aus Biotop und Biozönose
- **Ökosphäre (Biosphäre):** Gesamtheit der Ökosysteme der Erde
- **Autökologie:** Teilgebiet der Ökologie, das sich mit Einzelorganismen und den auf sie wirkenden Umweltfaktoren befasst
- **Demökologie:** Teilgebiet der Ökologie, das sich mit Populationen und den auf sie wirkenden biotischen und abiotischen Umweltfaktoren beschäftigt
- **Synökologie:** Teilgebiet der Ökologie, das die Wechselbeziehungen der verschiedenen Biozönosen und ihrer Umwelt untersucht

2. Waldkiefern gedeihen sowohl auf trockenen sandigen Böden als auch auf feuchten Moorstandorten. In unseren Breiten findet man sie allerdings nur an trockenen Standorten. Erläutern Sie an diesem Beispiel die Begriffe physiologische und ökologische Potenz. A

2. Die Waldkiefer besitzt eine breite physiologische Potenz, das heißt, sie ist in der Lage, Schwankungen des Umweltfaktors Bodenfeuchtigkeit gut zu tolerieren. Unter natürlichen Bedingungen steht die Waldkiefer in Konkurrenz zu anderen Baumarten und L wird von diesen auf extreme Standorte abgedrängt. Der Begriff ökologische Potenz kennzeichnet folglich die Fähigkeit eines Organismus, Schwankungen eines Umweltfaktors unter den Bedingungen natürlicher Konkurrenz zu ertragen.

A **3.** Listen Sie in tabellarischer Form wesentliche Merkmale gleichwarmer (endothermer) und wechselwarmer (ektothermer) Tiere auf.

L **3.**

gleichwarme Tiere	wechselwarme Tiere
Körpertemperatur weitgehend unabhängig von der Umgebungstemperatur	Körpertemperatur schwankt mit der Umgebungstemperatur
aktives Leben über einen weiten Temperaturbereich	aktives Leben nur innerhalb enger Temperaturgrenzen
bei niedrigen Temperaturen großer Nahrungsbedarf für die Erzeugung von Körperwärme	bei niedrigen Außentemperaturen geringe Stoffwechselintensität, Kältestarre, Gefahr des Kältetodes
bei hohen Temperaturen Gefahr des Hitzekollaps oder Hitzetodes	bei hohen Temperaturen Wärmestarre und Gefahr des Hitzetodes
weite Verbreitung über alle Klimazonen der Erde	eingeschränkte Verbreitung
Säugetiere und Vögel	Reptilien, Amphibien, Fische, Insekten

A **4.** Geben Sie den Wortlaut der BERGMANN'schen und ALLEN'schen Regel wieder und erklären Sie die physiologischen Hintergründe beider Regeln.

L **4.** **BERGMANN'sche Regel:** Gleichwarme, nahe verwandte Tiere sind in kälteren Klimaten größer als in wärmeren Klimaten.
Physiologische Erklärung: Große Tiere besitzen im Verhältnis zu ihrem Körpervolumen eine relativ kleine Körperoberfläche. In kühlen Regionen ist eine kleine Oberfläche von Vorteil, da über sie der Wärmeaustausch mit der Umwelt erfolgt. Gleichzeitig ist das relativ große Volumen vorteilhaft, da die Körperwärme im Körperinneren erzeugt wird.
ALLEN'sche Regel: Gleichwarme Tiere haben in kalten Klimaten kleinere Körperfortsätze als nahe verwandte Arten in warmen Klimaten.
Physiologische Erklärung: Große Körperanhänge wie Ohren oder Schwänze besitzen eine relativ große Oberfläche und kühlen daher schnell aus. Tiere mit kleinen Körperanhängen besitzen demnach in kühleren Regionen einen Selektionsvorteil.

A **5.** „Licht dient Pflanzen als Energiequelle, gestaltender Faktor und Steuerungsfaktor im Lebenszyklus." Erläutern Sie diese Aussage.

L **5.** Bei der Fotosynthese wird Lichtenergie in chemische Energie umgewandelt. Licht ist damit die zentrale Energiequelle für alle Pflanzen.
Die Richtung des einfallenden Lichts beeinflusst die Ausrichtung des Blattwerks, der Blüten und Äste. Daneben ist die Menge des zur Verfügung stehenden Lichts verant-

wortlich für die unterschiedliche Anatomie von Licht- und Schattenblättern. Während Lichtblätter über ein ausgeprägtes, meist mehrlagiges Blattgewebe mit zahlreichen Chloroplasten verfügen, besitzen Schattenblätter eine zarte Epidermis und einen hohen Chlorophyllgehalt bei geringer Blattdicke. Licht wirkt folglich als gestaltender Faktor. Die Anlage der Blüten wird bei vielen Arten durch die Tageslänge bestimmt. Kurztagspflanzen wie Mais und Soja blühen nur, wenn eine bestimmte kritische Tageslänge nicht überschritten wird, bei Langtagspflanzen wie Zwiebel und Karotte muss diese überschritten werden. Frühblüher nutzen das Sonnenlicht im zeitigen Frühjahr zum Blühbeginn, bevor sie durch Laubblätter beschattet werden. Licht dient damit als Steuerungsfaktor im Lebenszyklus.

6. „Blätter verschiedener Standorte zeigen spezifische Angepasstheiten an den Umweltfaktor Wasser.“ Erläutern Sie diese Aussage. A

6. Trockenpflanzen besitzen eine dicke Cuticula, ein mehrlagiges Palisadenparenchym und häufig eingesenkte Spaltöffnungen. Die Blätter können durch tote Haare geschützt sein. Durch diese Angepasstheiten werden die cuticuläre und stomatäre Transpiration wirkungsvoll eingeschränkt. Bei Feuchtpflanzen sind die Spaltöffnungen oft emporgehoben, das Palisadenparenchym ist einlagig, die Interzellularen sind meist groß, eine schützende Cuticula fehlt häufig. Bei Wasserpflanzen finden sich ebenfalls große Interzellularen, die Spaltöffnungen sind auf der Oberseite von Schwimmblättern angeordnet. Durch diese Angepasstheiten wird die Wasserdampfabgabe gefördert. L

7. Formulieren Sie das LIEBIG'sche Gesetz des Minimums und erläutern Sie dieses an einem selbst gewählten Beispiel.
Zeigen Sie dabei auch die Grenzen dieses Gesetzes auf. A

7. **Gesetz des Minimums:** Von mehreren Umweltfaktoren, die ein Lebewesen oder eine Lebensgemeinschaft benötigen, bestimmt derjenige das Wachstum oder die Produktivität, der im Minimum vorhanden ist. So wird beispielsweise die Fotosyntheseleistung vieler Pflanzen bei sonst optimalen Bedingungen (ausreichend Licht, Wasser, optimale Temperatur) durch die Kohlenstoffdioxid-Konzentration limitiert. Da der CO_2-Gehalt der Luft weit vom Optimum entfernt ist, bestimmt dieser Minimumfaktor die pflanzliche Produktivität. Einschränkend muss gesagt werden, dass es für Umweltfaktoren nicht nur ein Zuwenig, sondern auch ein Zuviel gibt. So wirken beispielsweise CO_2-Konzentrationen, die über dem Optimum liegen, schädigend. Man formuliert daher allgemeiner ein **Wirkungsgesetz** der Umweltfaktoren: Diejenigen Faktoren, die am meisten vom Optimum abweichen, bestimmen am stärksten, wie eine Lebensgemeinschaft nach Art und Zahl zusammengesetzt ist. L

A

8. Pantoffeltierchen ernähren sich von Bakterien. Untersucht man das Populationswachstum von zwei verschieden Pantoffeltierchen-Arten in einem gemeinsamen Kulturgefäß, so beobachtet man, dass nur eine Art unter diesen Bedingungen überlebt. Benennen Sie das ökologische Prinzip, das durch diesen Versuch veranschaulicht wird.

L

8. Der Versuch veranschaulicht das **Konkurrenzausschlussprinzip.** Dieses Prinzip besagt, dass zwei Arten mit den gleichen Ansprüchen an eine begrenzte Ressource (hier: Anspruch an das Vorhandensein der begrenzten Ressource Nahrung) in einem gegebenen Lebensraum auf die Dauer nicht gleichzeitig existieren können, da schließlich die eine der beiden Arten die andere durch Konkurrenz verdrängen und aus dem Lebensraum ausschließen wird.

A

9. Grenzen Sie die Begriffspaare „Halb- und Vollparasit“ sowie „Endo- und Ektosymbiont“ jeweils gegeneinander ab.

L

9. Unter dem Begriff **Parasitismus** versteht man eine interspezifische Beziehung, bei der ein Partner den anderen schädigt. Hat ein pflanzlicher Parasit als Folge der Angepasstheit an den Wirt seine autotrophe Lebensweise nur reduziert, so spricht man von Halbparasiten. Beispielsweise kann die Mistel, ein heimischer Halbparasit von Laub- und Nadelbäumen, noch Fotosynthese betreiben. Ihren Wirtspflanzen entnimmt sie nur Wasser und gelöste Nährsalze. Vollparasiten wie die heimische Schuppenwurz haben die autotrophe Lebensweise gänzlich verloren und sind auf die Assimilate ihres Wirtes angewiesen.

Als **Symbiose** bezeichnet man das Zusammenleben artverschiedener Lebewesen zum wechselseitigen Nutzen. Lebt dabei ein Partner im Inneren des anderen, so spricht man von Endosymbiose. Bei den Bakterien und Ciliaten, die im Magen und Darm von Wiederkäuern leben, handelt es sich um Endosymbionten. Nur diese sind in der Lage, Cellulose aufzuschließen und sie damit für Wiederkäuer nutzbar zu machen.

Im Gegenzug erhalten sie von diesen einen Lebensraum mit günstiger Temperatur und Nahrung. Bei der Ektosymbiose bleibt jeder Partner außerhalb des anderen. Madenhacker, die Kaffernbüffel von Hautparasiten befreien, sind ein Beispiel für diese Form der Symbiose.

10. Listen Sie in tabellarischer Form wesentliche Merkmale von r- und K-Strategen auf. A

10. L

r-Strategen	K-Strategen
hohe Vermehrungsrate r, erreichen sehr schnell die Kapazität des Lebensraumes	erreichen aufgrund der geringen Vermehrungsrate die Kapazität K des Lebensraumes nicht so schnell
große Jugendsterblichkeit, kurzlebig	langlebig
kein oder nur gering ausgeprägtes Elterninvestment	hohes Elterninvestment
besiedeln rasch Lebensräume mit schwankenden Umweltbedingungen	kommen in Lebensräumen mit relativ konstanten Umweltbedingungen vor
Beispiele: Insekten, Mäuse, Fische, kleinere Vögel	Beispiel: Menschen, Menschenaffen, Wale, Elefanten, große Greifvögel

11. Trägt man in einem Diagramm die Anzahl der Luchse bzw. Hasen eines bestimmten Verbreitungsgebietes gegen die Zeit auf, so erhält man charakteristische Populationswellen. Hasenpopulationen zeigen diese Schwankungen aber auch in Gebieten, in denen der Luchse ausgerottet wurde. Erklären Sie die hier deutlich werdenden Abhängigkeiten. A

11. Zwischen Hasen und Luchsen besteht eine Räuber-Beute-Beziehung. So führt die Zunahme der Beutetiere (Hasen) auch zur stärkeren Vermehrung der Räuber (Luchse). Gleicht die Vermehrungsrate der Beuteart diese Verluste nicht aus, so wird die Beute dezimiert. Der entstehende Nahrungsmangel beim Räuber verringert unter anderem dessen Fruchtbarkeit und erhöht die Anfälligkeit für Parasiten und Krankheiten. L
Die Räuberpopulation verringert sich und die Beuteart kann sich wieder vermehren.
Es entstehen Populationswellen zwischen Räuber und Beute, wie sie durch die ersten beiden LOTKA-VOLTERRA-Regeln beschrieben werden.
Allerdings wird in dem Beispiel die Hasenpopulation nicht ausschließlich durch die Räuber kontrolliert. Dies belegt die Tatsache, dass die typischen Populationswellen auch in Gebieten ohne Luchs vorkommen. Die hier zu beobachtenden Massenwechsel lassen sich durch weitere dichteabhängige Faktoren wie die Nahrungsmenge, den Gedrängefaktor oder etwa Parasiten und ansteckende Krankheiten erklären.

A

12. Erklären Sie, wie Lebewesen mit ähnlichen ökologischen Ansprüchen an ihren Lebensraum interspezifische Konkurrenz vermeiden.

L

12. Eine Möglichkeit der Konkurrenzvermeidung ist die unterschiedliche ökologische Einnischung. Indem Lebewesen einen gegebenen Umweltbereich in unterschiedlicher Weise erfolgreich nutzen und so unterschiedliche ökologische Nischen besetzen, entziehen sie sich der interspezifischen Konkurrenz. So nutzen etwa die Herbivoren die Baumsavanne Afrikas unterschiedlich: Giraffen weiden die Baumkronen, Giraffengazellen mittlere Baumabschnitte und das kleine Dik-Dik ernährt sich von Knospen und Blättern im unteren Bereich.
Eine weitere Möglichkeit der Konkurrenzvermeidung ist die Kontrastbetonung. Darunter versteht man das Phänomen, dass verschiedene Arten sich in bestimmten Merkmalen besonders dann unterscheiden, wenn sie sympatrisch vorkommen. Beispielsweise unterscheiden sich die Schnabelgrößen verschiedener Darwinfinken besonders dann, wenn sie gemeinsam auf einer Insel vorkommen.
Durch die unterschiedlichen Schnabelgrößen erschließen sich die Finken unterschiedliche Nahrungsquellen und mindern so die Nahrungskonkurrenz.

A

13. Beschreiben Sie den Weg der Nahrung durch die verschiedenen Trophieebenen einer terrestrischen Nahrungspyramide.

L

13. Die unterste Trophieebene einer Nahrungspyramide bilden die Produzenten.
In terrestrischen Ökosystemen sind dies die grünen Pflanzen. Sie erzeugen bei der Fotosynthese aus anorganischen Stoffen energiereiche organische Substanz, die Biomasse.
Die nächste Ebene stellen die Primärkonsumenten oder Konsumenten 1. Ordnung dar.
Dies sind die Pflanzenfresser oder Herbivoren wie Insekten oder Kaninchen, die sich von Produzenten ernähren. Von diesen Pflanzenfressern ernähren sich die Fleischfresser oder Carnivoren. Sie sind Sekundärkonsumenten oder Konsumenten 2. Ordnung.
Zu ihnen zählen neben Raubtieren auch bestimmte Insekten und Spinnen.
Diese Carnivoren können wieder von anderen Carnivoren gefressen werden, den Tertiärkonsumenten oder Konsumenten 3. Ordnung.
Manche Konsumenten ernähren sich von organischen Abfällen oder den Überresten toter Organismen. Sie bilden die Ebene der Zersetzer oder Destruenten.
Den beschriebenen Weg der Nahrung, ausgehend von den Produzenten hin zu den folgenden Konsumenten, bezeichnet man als Nahrungskette.

14. Erläutern Sie den Energiefluss durch eine Nahrungskette. Begründen Sie dabei auch, warum Nahrungsketten in der Regel nicht mehr als fünf Trophieebenen umfassen. A

14. Jedes Ökosystem erhält einen Energieeintrag in Form von Sonnenstrahlung. Doch nur 1 % der die Erdoberfläche erreichenden Strahlung wird für die **Bruttoprimärproduktion,** die Bildung neuer Biomasse per Fotosynthese, genutzt. 50 % der neu gebildeten organischen Substanz wird von den Produzenten selbst veratmet, also für die Aufrechterhaltung ihrer Lebensprozesse genutzt bzw. in nicht weiter verwertbare Wärme überführt. Die verbleibenden 50 % werden als **Nettoprimärproduktion** bezeichnet. Sie werden für den Aufbau neuer Pflanzenmasse verwendet. Bis zum Ende des Pflanzenlebens fallen im Schnitt 30 % der ursprünglichen Bruttoprimärproduktion als organischer Abfall an (Laub, Holz usw.). 20 % werden von Primärkonsumenten gefressen. Auch die Primärkonsumenten weisen Energieverluste auf. Sie geben nur noch 2 % der ursprünglichen Bruttoprimärproduktion an die Sekundärkonsumenten weiter, die nur noch 0,5 % an die Endkonsumenten weiterreichen. Die Energieweitergabe von einem Glied der Nahrungskette zum nächsten ist also durch beständige Verluste gekennzeichnet. Dies ist auch der Grund dafür, dass die Zahl der Trophieebenen einer Nahrungskette begrenzt ist. L

15. Zeigen Sie die wesentlichen Stationen des Stickstoffkreislaufs auf. A

15. **Stickstoff-Fixierung:** Bestimmte Prokaryoten können Luftstickstoff (N_2) fixieren, das heißt in Ammoniak (NH_3) umwandeln. Erst dadurch wird er für Pflanzen verwertbar. In terrestrischen Ökosystemen wird Stickstoff sowohl von frei lebenden Bodenbakterien wie auch von symbiontischen Bakterien fixiert. In aquatischen Systemen fixieren Cyanobakterien Stickstoff. L

Nitrifikation: Nitrifizierende Bakterien oxidieren Ammoniak über Nitrit-Ionen (NO_2^-) zu Nitrat-Ionen (NO_3^-). Das so gebildete Nitrat kann von Pflanzen assimiliert und in organische Formen wie Aminosäuren umgewandelt werden.

Denitrifikation: Unter anaeroben Bedingungen nutzen bestimmte Bakterien den Sauerstoff des Nitrats für den eigenen Stoffwechsel. Dabei wird Nitrat in N_2 verwandelt, das in die Atmosphäre zurückkehrt.

Ammonifikation: Destruenten wandeln organische Stickstoffverbindungen in Ammonium-Ionen (NH_4^+) um. Dadurch gelangen große Mengen an Stickstoff in den Boden.

A

16. Erläutern Sie die Begriffe „Aspektfolge“ und „Sukzession“.

L

16. Unter dem Begriff **Aspektfolge** versteht man die zeitliche Ablösung der verschiedenen Erscheinungsbilder eines Ökosystems im Laufe eines Jahres. Im Winter, Frühling, Sommer und Herbst bestimmt zum Beispiel die wechselnde Belaubung das unterschiedliche Erscheinungsbild des Ökosystems Wald.

Handelt es sich dagegen um eine zeitliche Aufeinanderfolge verschiedener Biozönosen in einem Lebensraum infolge von Veränderungen bis hin zu einem Endzustand (Klimaxstadium), so spricht man von einer **Sukzession**.

A

17. Vergleichen Sie einen eutrophen See mit einem oligotrophen See und beschreiben Sie dabei die Veränderungen der Temperatur- und Sauerstoffverhältnisse in beiden Seetypen.

L

17. Bei einem eutrophen (nährstoffreichen) See finden sich eine stark ausgebildete Ufervegetation und eine starke Planktonproduktion. In der trophogenen Zone des Litorals (Uferregion) und Pelagials (Freiwasserzone) ist die Primärproduktion so groß, dass sie in der Zehrschicht (tropholytischen Zone) nicht mehr vollständig abgebaut werden kann. Es bildet sich dadurch eine Faulschlammschicht aus.

Im eutrophen See nehmen Sauerstoffgehalt und Temperatur mit der Tiefe ab. Besonders in der Sprungschicht nehmen die Werte rapide ab. Während in der Nährschicht die Primärproduktion durch die Produzenten höher als der Verbrauch an Nährstoffen ist, erfolgt in der Zehrschicht keine fotosynthetische Produktion mehr. Die hier ablaufenden aeroben Abbauvorgänge sind für die Abnahme des Sauerstoffgehaltes mit der Tiefe verantwortlich. Zwischen beiden Schichten liegt die Kompensationsschicht, in der sich Fotosynthese und Atmung etwa die Waage halten.

Der oligotrophe oder nährstoffarme See besitzt eine schwach ausgebildete Ufervegetation und eine schwache Planktonproduktion. In der Ufer- und Freiwasserzone mit ausreichend Licht ist die Primärproduktion so gering, dass absterbende Pflanzen und Tiere in der großen Zehrschicht völlig mineralisiert werden können. Der Sauerstoffverbrauch fällt daher im Vergleich zum eutrophen See entsprechend gering aus.

Die fehlende Schlammschicht spricht dafür, dass alles, was in der Nährschicht produziert wird, auch in der Zehrschicht wieder zersetzt wird. Der Boden enthält entsprechend nur anorganische Kalke. Die Temperaturkurve entspricht weitgehend dem eutrophen See. Bis zur Sprungschicht nimmt sie allmählich ab, um dann nach der Sprungschicht rapide bis auf 4 °C zu fallen. In beiden Seen liegt wärmeres und damit leichteres Wasser der trophogenen Zone über kälterem und damit schwererem Tiefenwasser der tropholytischen Zone.

5.2 Überwinterung von Fröschen in Gewässern

M1 Information zur Überwinterung von Fröschen

Frösche sind wechselwarme Tiere und verbringen den Winter in Winterstarre.
Je nach Froschart überwintern die Tiere in Laubhaufen und Baumstümpfen, aber auch in nicht zufrierenden Gewässern. Frösche nehmen Sauerstoff über ihre Lungen auf, diese Lungenatmung wird zusätzlich durch Hautatmung unterstützt.

M2 Zwei Versuche mit Teichfröschen

Durchführung und Ergebnisse zweier Versuche mit Teichfröschen

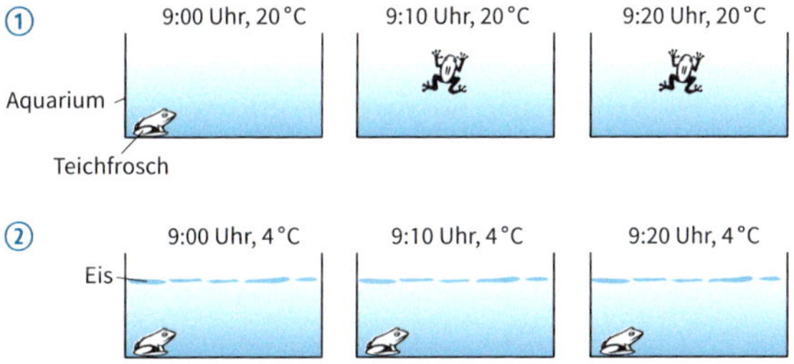

M3 Sauerstoffsättigung des Wassers in Abhängigkeit von der Temperatur

In einem Laborexperiment wurde die Sauerstoffsättigung in Abhängigkeit von der Temperatur bestimmt. Die Ergebnisse sind in der rechts abgebildeten Grafik dargestellt.

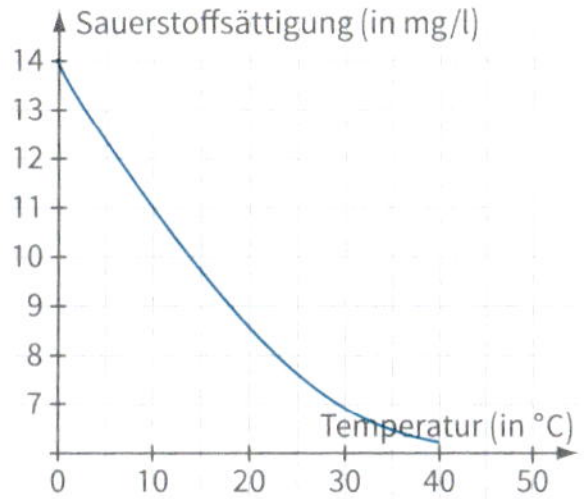

1. Erläutern Sie, warum ein See oder ein größerer Teich während der Winterstagnation nicht bis zum Grund durchfriert. A

2. Beschreiben und erläutern Sie den in **M2** dargestellten Versuch und vergleichen Sie die Versuchsbedingungen mit den Überwinterungsbedingungen eines Frosches.

3. Erklären Sie mithilfe von **M1** und **M3** und Ihrer Kenntnisse zur Stoffwechselphysiologie, warum Frösche am Grund eines tieferen Teiches oder Sees überwintern können.

Lösungsvoraussetzungen: Winterstagnation der Seen, gleichwarme und wechselwarme Tiere, Temperaturabhängigkeit von Enzymen, Zellatmung, Dichteanomalie des Wassers

L

1. Wasser zeigt besondere Eigenschaften: Gefrorenes Wasser hat eine geringere Dichte als Wasser über 0 °C. Bei Frost bildet sich auf dem See eine Eisdecke, die aufgrund der geringeren Dichte auf dem Wasser schwimmt. Flüssiges Wasser hat darüber hinaus bei 4 °C seine höchste Dichte (Dichteanomalie des Wassers). Daher sinkt dieses schwere Wasser zum Grund des Sees. Während der Winterstagnation des Sees befindet sich das wärmste Wasser von 4 °C am Grund des Sees, während die oberen Wasserschichten kälter sind und gegebenenfalls gefrieren.

2. In beiden Versuchen wird ein Teichfrosch auf den Grund eines mit Wasser befüllten Beckens gesetzt. Es wird anschließend die Zeit gemessen, bis der Frosch auftaucht. Im ersten Versuch beträgt die Temperatur des Wassers 20 °C, im zweiten Versuch 4 °C, zusätzlich schwimmt auf dem Wasser Eis. Der Frosch taucht im ersten Versuch nach 10 Minuten auf und hält den Kopf aus dem Wasser. Im zweiten Versuch ist er auch nach 20 Minuten nicht aufgetaucht. In dem zweiten Versuch herrschen in dem Becken etwa die gleichen Bedingungen wie in einem zugefrorenen See oder Teich, an dessen Grund ein Frosch überwintert. Aufgrund der Dichteanomalie des Wassers herrschen am Grund des Sees ebenfalls Temperaturen von 4 °C.

3. Der Frosch benötigt auch während der Kältestarre Sauerstoff für die Zellatmung. Aufgrund der erniedrigten Umgebungstemperatur sind im wechselwarmen Tier alle Stoffwechselprozesse in ihrer Reaktionsgeschwindigkeit deutlich herabgesetzt. Die Enzyme des Frosches sind temperaturabhängig. Während der Kältestarre findet somit ein stark verlangsamter Stoffwechsel statt. 4 °C kaltes Wasser zeigt eine relativ hohe Sauerstoffsättigung von etwa 13 mg/l. Offenbar genügt hier die Hautatmung, um den Frosch ausreichend mit Sauerstoff zu versorgen, daher taucht er nicht auf. Im 20 °C warmen Wasser erfolgen die Stoffwechselreaktionen des Frosches deutlich schneller, vermutlich haben die Enzyme des Frosches in diesem Temperaturbereich sogar ihr Temperaturoptimum. 20 °C warmes Wasser zeigt zudem eine relativ geringe Sauerstoffsättigung von 8 bis 9 mg/l. Der niedrige Sauerstoffgehalt und die Aufnahme über die Hautatmung genügen dem Frosch nicht zur Deckung seines Sauerstoffbedarfes, daher muss er seinen zusätzlichen Sauerstoffbedarf durch die Lungenatmung decken und taucht auf.

Mögliche Prüfungsfragen zu diesem Thema für einen zweiten Prüfungsteil

A

1. Erläutern Sie, inwiefern Frösche in Bau und Funktion eine Angepasstheit an den Lebensraum zeigen.
2. Nennen Sie weitere Beispiele für Überwinterungsstrategien und vergleichen Sie diese.
3. Erklären Sie, warum Tiere im Winterschlaf nicht gestört werden sollten.

5.3 Angepasstheit der Körpertemperatur bei Vögeln

M1 Informationen zu Mehlschwalben

Die Mehlschwalbe ist ein ausgesprochen zierlicher Vogel, er wiegt zwischen 14,3 und 22,4 g. Ein nur schwach gegabelter Schwanz ohne lange Spieße, eine weiße Unterseite und eine schwarze Oberseite sind kennzeichnend für diese Tiere. Das Verbreitungsgebiet der Mehlschwalben erstreckt sich vom Mittelmeer bis zum Nordkap. In den Alpen brüten die Vögel noch in 2500 m Höhe, im Himalaya sogar bis 4600 m. Die Mehlschwalben ernähren sich ausschließlich von fliegenden Kleininsekten. Je nach Wetterlage fliegen Mehlschwalben in höheren oder tieferen Luftschichten auf der Suche nach ihrer Beute, die sich bei schlechteren Wetterlagen in tieferen Regionen aufhält. Ist das Wetter für Insekten zu schlecht zum Fliegen, wird für die Mehlschwalben die Nahrung knapp.

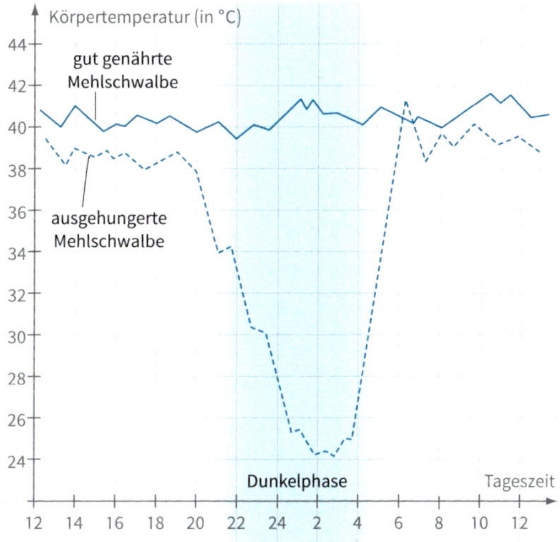

Vergleich der Körpertemperatur einer hungrigen und einer wohlgenährten Mehlschwalbe im Tagesverlauf

Während andauernder Schlechtwetterperioden hungern die Mehlschwalben durch den Nahrungsmangel aus. Während dieser Zeit schwankt ihre Körpertemperatur im Tagesverlauf.

M2 Mäusebussard und Kolibri im Vergleich

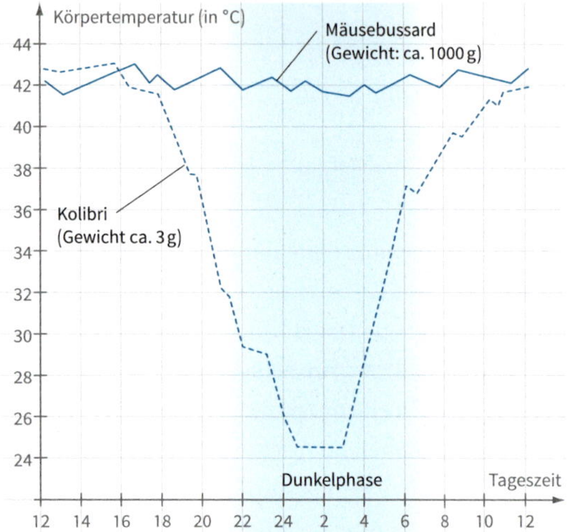

Vergleich der Körpertemperatur eines Mäusebussards und eines Kolibri im Tagesverlauf

Der Mäusebussard bewohnt Nordwestafrika und fast ganz Europa und Asien in mehreren Unterarten. Er hat ein Gewicht von etwa 1000 g. Er benötigt nur wenige Mahlzeiten von etwa drei bis vier Feldmäusen am Tag. Kolibris kommen zwischen Alaska im Norden und Feuerland im Süden des amerikanischen Kontinents vor. Sie besiedeln alle Lebensräume bis 4500 m Höhe, das Zentrum ihrer größten Artenvielfalt liegt im äquatorialen Südamerika. Kolibris müssen in Intervallen von drei bis fünf Minuten Nahrung aufnehmen und fliegen fast den ganzen Tag auf der Suche nach Nahrung umher. Sie ernähren sich von winzigen, Blüten besuchenden Insekten und energiereichem Blütennektar. Zum Nektarsaugen müssen sich die Vögel nicht auf den Blüten niederlassen, sie können in hubschrauberartigem Schwirrflug quasi in der Luft stehenbleiben und dabei Nahrung aufnehmen. Der Energiebedarf für diese Flugleistung ist hoch. Kolibris sind wahre Leichtgewichte: Die kleinsten unter ihnen wiegen gerade einmal 3 g. Die Körpertemperatur der Kolibris schwankt unabhängig von der Außentemperatur im Tagesverlauf.

A

1. Erläutern Sie die physiologische Anpassung der Mehlschwalben anhand von **M1**.

2. Erklären Sie die unterschiedlichen Kurvenverläufe in **M2**. Berücksichtigen Sie dabei die Größe der Vögel im Hinblick auf die Oberfläche und das Volumen.

3. Vergleichen Sie die verschiedenen Vogelarten im Hinblick auf ihre Angepasstheit.

Lösungsvoraussetzungen: Thermoregulation, Energieumsatz, BERGMANN'sche Regel

L

1. Die Körpertemperatur der wohlgenährten Mehlschwalbe schwankt während des Messzeitraumes nur wenig um den konstanten Wert von etwa 41 °C. Dagegen sinkt die Körpertemperatur der ausgehungerten Mehlschwalbe schon etwa 2 Stunden vor der Dunkelphase langsam ab. Sie erreicht um ca. 2 Uhr mit etwa 24 °C ihr Minimum und steigt ab ca. 4 Uhr, also schon vor dem Ende der Dunkelphase, innerhalb von zwei Stun-

den wieder auf die Normaltemperatur von etwa 41 °C an. Die Steuerung der Körpertemperatur folgt also offensichtlich einem Tag-Nacht-Rhythmus.
Da dieses Absenken der Körpertemperatur lediglich bei Energiemangel infolge fehlender Nahrung auftritt, spart die Mehlschwalbe durch diese physiologische Anpassung offensichtlich erhebliche Mengen an Energie ein. Dieses ist bei längeren Hungerperioden und insbesondere in Gebieten, in denen es nachts stark abkühlt, eine sinnvolle Anpassungserscheinung.

2. Die Körpertemperatur des Mäusebussards schwankt während des Messzeitraumes nur wenig um den konstanten Wert von etwa 42 °C. Dagegen sinkt die Körpertemperatur des Kolibris schon etwa $2\frac{1}{2}$ Stunden vor der um ca. 21:00 Uhr beginnenden Dunkelphase langsam ab. Sie erreicht um ca. 24 Uhr mit etwa 24 °C ihr Minimum und steigt ab ca. 3 Uhr, also schon vor dem Ende der Dunkelphase, innerhalb von vier Stunden wieder auf die Normaltemperatur von etwa 42 °C an. Die Körpertemperatur folgt also offensichtlich unabhängig von der Außentemperatur einem Tag-Nacht-Rhythmus. Die Wärmeabgabe erfolgt bei den beschriebenen Organismen in erster Linie über die Körperoberfläche, während das Körpervolumen für die Wärmespeicherung, -produktion und Energiespeicherung von Bedeutung ist.
Ein kleiner Vogel wie der Kolibri besitzt – in Relation zum Volumen – eine große Oberfläche. Er verliert also viel Wärme und verfügt zudem über wenig Energiereserven. Ein großer Vogel wie der Mäusebussard hat, relativ zum Volumen, eine kleinere Oberfläche. Somit verliert er weniger Wärme und verfügt zugleich über größere Energiereserven. Für den Mäusebussard dürfte die nächtliche Absenkung der Körpertemperatur sogar von Nachteil sein, da der Energieverbrauch, um das relativ große Volumen wieder zu erwärmen, ungleich höher wäre als beim Kolibri.

3. Der Mäusebussard ist also, wie die wohlgenährte Mehlschwalbe, nicht auf die Einsparung von Energie angewiesen, wohingegen der Kolibri aufgrund seiner Größe diese physiologische Angepasstheit nicht nur unter bestimmten Bedingungen, sondern immer zeigt.

Mögliche Prüfungsfragen zu diesem Thema für einen zweiten Prüfungsteil

1. Formulieren Sie auf der Basis der synthetischen Theorie Hypothesen, wie die verschiedenen Angepasstheiten entstanden sein könnten. A

2. Erläutern Sie Angepasstheiten von Pflanzen, z. B. von Halophyten oder von C4-Pflanzen.

3. Beurteilen Sie die Spezialisierung bei a) konstanten, b) sich verändernden Umweltbedingungen.

5.4 Interspezifische Beziehungen bei einzelligen Kieselalgen

M1 Versuche zum Wachstum von Kieselalgen

Im Labor wurde das Wachstum von zwei Kieselalgen-Arten untersucht: Zunächst hielt man die Art *Asterionella formosa* allein mehrere Wochen lang in einer Kulturlösung, der laufend eine gewisse Menge der nötigen Mineralstoffe, darunter Silikat, zugeführt wurde. Regelmäßig wurde dabei die Populationsdichte sowie die Silikatkonzentration des Wassers bestimmt ①. Anschließend führte man den gleichen Versuch mit der Kieselalge *Synedra ulna* durch ②. In einem weiteren Ansatz ③ wurden dann beide Arten unter sonst gleichen Bedingungen gemeinsam in demselben Kulturgefäß gehalten.

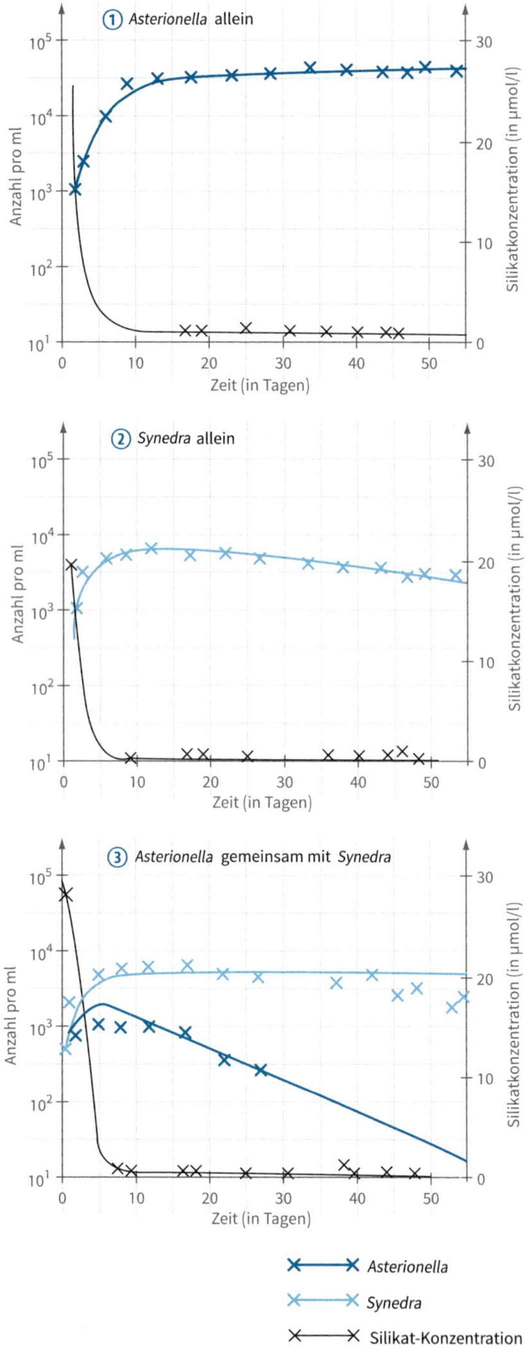

M2 Information zu Kieselalgen

Kieselalgen sind ein wesentlicher Bestandteil des Phyto-Planktons der Meere. Sie spielen damit eine zentrale Rolle als Primärproduzenten in der Nahrungskette. Im Süßwasser gedeihen viele Arten nur bei bestimmter Wasserqualität. Kieselalgen können daher als Bioindikatoren für die Wasserqualität dienen. Für den Aufbau ihrer aus Kieselsäure bestehenden Zellwand sind die einzelligen Algen auf Silikate angewiesen, die sie aus dem Wasser aufnehmen. Die Silikate des Wassers stammen aus verwittertem Gestein der Erdkruste. Sterben die Kieselalgen, so sinken sie auf den Grund des Gewässers ab und bilden dort Ablagerungen. In der Kreidezeit sind so zahlreiche Fossilien entstanden.

A

1. Beschreiben und erläutern Sie die Populationsentwicklung der beiden Kieselalgen bei getrennter Haltung (**M1** ① und ②).

2. Erläutern Sie die Populationsentwicklung bei gemeinsamer Haltung (**M1** ③).

3. Erläutern Sie, wie man die Kulturbedingungen einstellen müsste, damit die Populationen beider Kieselalgen-Gattungen dauerhaft überleben können. Erklären Sie vor diesem Hintergrund auch, warum beide Arten in der Natur gleichzeitig im selben Lebensraum koexistieren können.

Lösungsvoraussetzungen: Populationsentwicklung, interspezifische Konkurrenz, Konkurrenzausschlussprinzip

L

1. Die Populationsdichte wächst zunächst in beiden Ansätzen an, parallel dazu nimmt die Silikat-Konzentration ab. Sobald diese ein bestimmtes Minimum erreicht hat, verändert sich die Populationsdichte von *Asterionella* nicht mehr und bleibt auf konstant hohem Niveau. Es stellt sich ein Gleichgewicht zwischen Populationsdichte und Silikatkonzentration ein. Vergleichbares gilt auch für die *Synedra*-Population. Allerdings ist die Silikatkonzentration im Gleichgewicht hier niedriger als bei *Asterionella*. Offenbar kann *Synedra* Silikat effizienter aufnehmen als *Asterionella*, sodass die *Synedra*-Population auch noch bei einer Silikatkonzentration besteht, die für *Asterionella* unzureichend ist.

2. In gemeinsamer Kultur ist die maximale Populationsdichte von *Asterionella* deutlich niedriger als bei getrennter Haltung. Im Gegensatz dazu ist die Populationsdichte bei *Synedra* unverändert. Bei *Asterionella* nimmt die Populationsdichte nach etwa 20 Tagen stark ab, bei *Synedra* geht sie erst nach ungefähr 40 Tagen leicht zurück. Diese Unterschiede sind darauf zurückzuführen, dass *Synedra* die limitierende Ressource Silikat effektiver aufnehmen kann und somit gegenüber *Asterionella* einen Vorteil in der interspezifischen Konkurrenz hat. Der Versuch veranschaulicht damit das Konkurrenzausschlussprinzip, wonach zwei Arten mit den gleichen Ansprüchen an eine begrenzte

Ressource (hier: Silikat) in einem Lebensraum auf die Dauer nicht gleichzeitig koexistieren können. Das effektivere Lebewesen verdrängt den weniger effektiven Konkurrenten.

3. Um beide Arten dauerhaft in gemeinsamer Kultur zu halten, müsste man Silikat im Überschuss hinzugeben. Die Silikatkonzentration wäre damit nicht mehr der Faktor, der das Wachstum limitiert. Die Abnahme der *Synedra*-Population im Ansatz ② nach etwa 40 Tagen ist möglicherweise auch auf eine Anhäufung giftiger Stoffwechselprodukte oder auf eine erhöhte intraspezifische Konkurrenz zurückzuführen. Dem könnte durch die Verwendung eines größeren Gefäßes oder durch Schaffung von Rückzugsmöglichkeiten entgegengewirkt werden.
In der Natur gelangt Silikat durch Auswaschungen von verwitterndem Gestein (**M2**) in ausreichendem Maße in die Gewässer, sodass hier keine interspezifische Konkurrenz um die Ressource Silikat auftritt.

Tipp **Tipps zur Herangehensweise**

- Definieren Sie vor der Bearbeitung der Aufgabe sehr genau den Begriff der „ökologischen Nische."

Mögliche Prüfungsfragen zu diesem Thema für einen zweiten Prüfungsteil

A

1. Erläutern Sie weitere Faktoren, von denen die Überlebensfähigkeit von Populationen abhängig ist.

2. Beschreiben Sie mögliche Selektionstypen(stabilisierende, transformierende und disruptive Selektion) an ausgewählten Beispielen.

3. Prüfen Sie die Gültigkeit der beiden folgenden Aussagen:
„Je besser eine Tierart seiner Umwelt angepasst ist, desto höher ist seine Überlebenschance."
„Je spezialisierter eine Organismenart ist, desto eher ist sie vom Aussterben bedroht."

4. Erläutern Sie an einem ausgewählten Beispiel das Prinzip der Co-Evolution und formulieren Sie auf Basis der Synthetischen Theorie Hypothesen, wie diese entstanden sein könnte.

5.5 Wie ist die fränkische „Teufelshöhle“ auf Dauer zu erhalten?

M1 Informationen über die Teufelshöhle nach der Erschließung

In den Zwanzigerjahren des letzten Jahrhunderts wurde die Teufelshöhle in der Nähe des fränkischen Ortes Pottenstein der Bevölkerung zugängig gemacht.
Die Erschließungsarbeiten brachten eine Tropfsteinhöhle von grandioser Schönheit zutage. Die bunten Tropfsteine wirkten im Glühlampenlicht besonders eindrucksvoll.
Im Innern der Höhle herrscht das ganze Jahr eine gleichmäßige Temperatur von 10 °C.
In den ersten Jahren nach der Erschließung überzogen plötzlich Moose und Algen die Tropfsteine, besonders in Lampennähe.
Einige Tropfsteingrotten zeigten sich nicht mehr in ursprünglichen Farbigkeit, sondern nur noch grün. Die Wege wurden glitschig und unsicher. Später wurden Maßnahmen ergriffen, um die Tropfsteinhöhle in ihrer ursprünglichen Schönheit zu erhalten.

M2 Informationen zu den heutigen Besichtigungsmöglichkeiten der Teufelshöhle

Heute findet man im Eingangsbereich große Informationsschilder, die darauf hinweisen, dass die Höhle nur zu bestimmten Führungszeiten zu besichtigen ist. Die Führungsdauer beträgt nur etwa 40 Minuten, die maximale Teilnehmerzahl beträgt 20 Personen.

M3 Lichtabhängigkeit der Fotosynthese bei natürlichem CO_2-Angebot und optimaler Temperatur

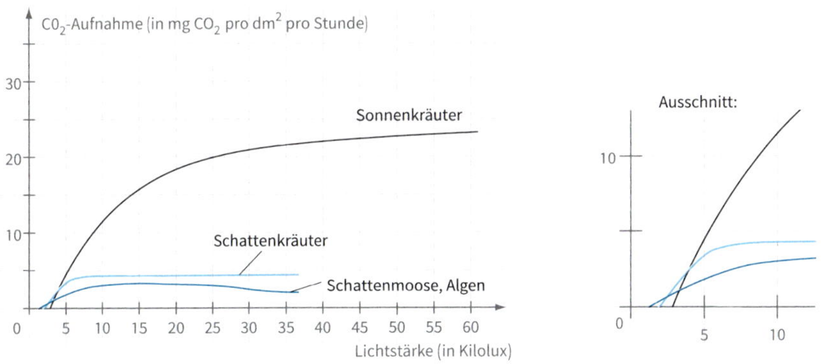

A

1. Erklären Sie die Situation nach der Erschließung der Höhle auf der Basis von **M2** und **M3** und nennen Sie die entsprechenden Stoffwechselreaktionen.

2. Entwickeln Sie Hypothesen über mögliche Maßnahmen, die zum Erhalt der Teufelshöhle getroffenen wurden.

3. Erläutern Sie, wie die Teufelshöhle auch langfristig der Nachwelt erhalten werden kann.

Lösungsvoraussetzungen: Abhängigkeit der Fotosynthese von verschiedenen Faktoren, Lichtkompensationspunkt, Grundgleichung von Zellatmung und Fotosynthese

L

1. Die starke Entwicklung von Moosen und Algen ist auf das Vorhandensein des Lichtes zurückzuführen, das den entscheidenden Faktor für die Fotosynthese darstellt. Dabei synthetisieren Pflanzen aus Kohlenstoffdioxid und Wasser unter Einfluss von Licht mithilfe temperaturabhängiger Enzyme energiereiche Verbindungen und Sauerstoff.
   Als Beleg für die Fotosynthese gilt die starke Grünfärbung durch Algen und Moose besonders in Lampennähe (**M1**). Die Temperatur von 10 °C stellt vermutlich nicht das Temperaturoptimum der Fotosynthese dieser Pflanzen dar, ist aber immerhin ausreichend für eine bestimmte Fotosyntheserate. **M3** belegt, dass gerade Moose und Algen mit sehr geringen Beleuchtungsmengen auskommen.
   Die grafische Darstellung zeigt die Aufnahme von Kohlenstoffdioxid in Milligramm pro Quadratdezimeter und Stunde für verschiedene Pflanzen in Abhängigkeit von der Beleuchtungsstärke. Während Sonnenkräuter erst bei deutlich höherer Beleuchtungsstärke ihre volle Fotosyntheseleistung erreichen, verläuft die Fotosynthese bei Schattenmoosen und Algen bereits bei sehr geringer Beleuchtungsstärke mit der optimalen Rate ab. Dies erklärt, dass bereits bei geringer Beleuchtung durch elektrisches Licht Fotosynthese betrieben werden kann.
   Es liegt eine optimale Anpassung an den Standort vor.
   Ab einer Beleuchtungsstärke von etwa 3 Kilolux übertrifft die fotosynthetische Kohlenstoffdioxidaufnahme die Kohlenstoffdioxidabgabe durch die Zellatmung, sodass es zu einem deutlichen Pflanzenwachstum kommt. Am Lichtkompensationspunkt von 3 Kilolux entspricht die Fotosyntheserate der Zellatmung, unterhalb dieses Wertes überwiegt die Zellatmung. Hier setzen Pflanzen Kohlenhydrate mithilfe von Sauerstoff zu Kohlenstoffdioxid und Wasser um.

   $6\,CO_2 + 12\,H_2O \rightarrow C_6H_{12}O_6 + 6\,O_2 + 6\,H_2O$ (Fotosynthese)

   $C_6H_{12}O_6 + 6\,O_2 + 6\,H_2O \rightarrow 6\,CO_2 + 12\,H_2O$ (Zellatmung)

2. Da das Problem der starken Algenbildung bereits in den ersten Jahren nach der Erschließung auftrat, die Höhle aber heute noch Besuchsobjekt ist, müssen erfolgreiche Maßnahmen getroffen worden sein. Zu vermuten ist eine gezielte Reduktion der Beleuchtung durch die Wahl bestimmter Lampen mit Licht bestimmter Wellenlängen, die nicht den optimalen Wellenlängen der Lichtreaktionen entsprechen. Auch eine Reduktion der Beleuchtungszeit durch eingeschränkte Besuchszeiten ist denkbar.
Das Hinweisschild in **M2** weist eingeschränkte Führungszeiten aus.
Die Beseitigung der Beläge ist vermutlich wegen der Größe der Höhle und der großen Oberflächen der Tropfsteine schwierig.

3. Forderungen zum Erhalt der Höhle: Die Zahl der Besucher und die Besuchszeiten sind weiterhin auf bestimmte Werte zu begrenzen. Nur Teile der Höhle sind für den Besucher frei zugänglich, andere Teile sollten dauerhaft als Schutzgebiet ausgewiesen werden. Beleuchtungssysteme sind mit Bewegungsmeldern auszustatten, um die Beleuchtung möglichst gering zu halten.
Da die Hauptabsorptionsbereiche des Chlorophylls bei ca. 400 nm und über 680 nm liegen, würden Speziallampen, die Licht im Bereich der Wellenlängen 450 nm bis 600 nm (Farbbereich grün) aussenden, das Problem reduzieren.

Tipps zur Herangehensweise Tipp

- Wiederholung: Lichtabhängige und lichtunabhängige Reaktionsschritte der Fotosynthese, Orte der Teilreaktionen, zentrale Moleküle

Mögliche Prüfungsfragen zu diesem Thema für einen zweiten Prüfungsteil

A

1. Vergleichen Sie den Ablauf der Fotosynthese hinsichtlich der molekularen und energetischen Bilanz mit den Reaktionen der Zellatmung.
Stellen Sie Gemeinsamkeiten und Unterschiede heraus.

2. In Karsthöhlen Kroatiens findet man den blinden Grottenolm, der mit den sehenden Salamandern gemeinsame Vorfahren hat.
Formulieren Sie aus evolutionsbiologischer Sicht Hypothesen, wie die Entwicklung verlaufen sein könnte.

3. Beurteilen Sie den Vorschlag einer Forschungsgruppe, Konsumenten zur Reduktion des Algenwachstums in die Höhle einzubringen.

5.6 Schädlingsbekämpfung mit chemischen und biologischen Methoden

M1 Chemische Schädlingsbekämpfung durch DDT

In Kalifornien wurde Ende des 19. Jahrhunderts aus Australien eine Schildlaus eingeschleppt, die in Obstplantagen sehr große Schäden verursachte. In der Folgezeit importierte man auch ihren natürlichen Fressfeind, eine Marienkäferart. Dadurch konnte die Schildlausplage bald unter Kontrolle gebracht werden.
Nach Entdeckung des Insektizids DDT (Dichlor-diphenol-trichlorethan) setzte man dieses Mittel ein, um auch die Restbestände der Schildlaus zu vernichten. Zwischen 1958 und 1963 wurde die Entwicklung der Räuber-Beute-Populationen ohne und mit DDT-Einsatz registriert.

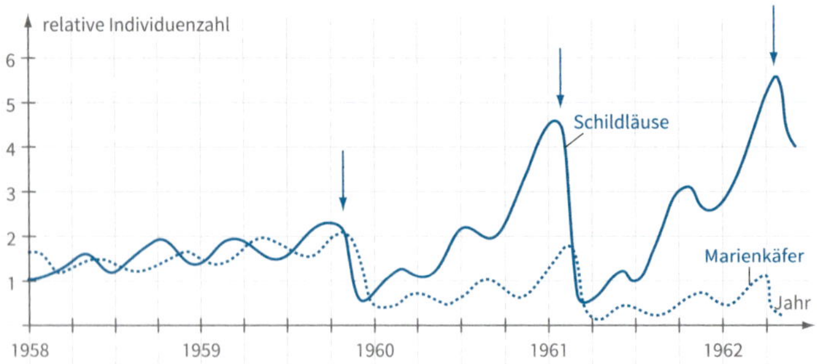

Populationsentwicklung von Schildläusen und Marienkäfern; ↓ = Einsatz von DDT

M2 Biologische Schädlingsbekämpfung

Die San-José-Schildlaus gelangte nach dem Zweiten Weltkrieg aus Amerika zu uns. Sie erwies sich als verheerender Schädling, da nur 1 % dieser Schädlinge von heimischen Schildlausparasiten befallen und damit bekämpft wurde.
Im Jahr 1960 führte man daher eine biologische Schädlingsbekämpfung mit der Schlupfwespe *Prospaltella perniciosa*, dem natürlichen Feind der Schildlaus, durch. Sie wurde aus Amerika eingeführt, in großen Massen gezüchtet und freigelassen. Die hoch spezialisierte Wespe erreicht eine Parasitierung von bis zu 50 %. Sie legt zunächst ihre Eier in die Schildläuse. Dort entwickeln sich die Larven und töten mit dem Schlüpfen letztendlich ihren Wirt.

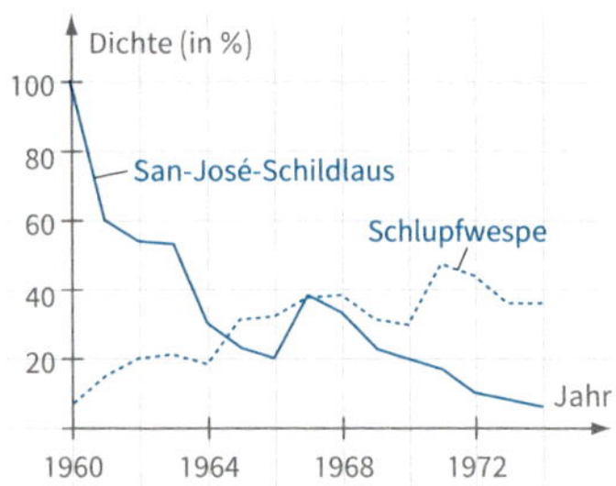

Populationsentwicklung von San-José-Schildlaus und Schlupfwespe

A

1. Erläutern Sie anhand von **M1** die LOTKA-VOLTERRA-Regeln.

2. Überprüfen Sie die Anwendbarkeit der LOTKA-VOLTERRA-Regeln auf das Beispiel in **M2**.

3. Bewerten Sie die Wirksamkeit der Schädlingsbekämpfungsmaßnahmen in **M1** und **M2**.

Lösungsvoraussetzungen: Räuber-Beute-Beziehungen, LOTKA-VOLTERRA-Regeln

L

1. Bis zum ersten Einsatz des Insektizids DDT folgen die Populationsschwankungen von Räuber (Marienkäfer) und Beute (Schildlaus) den ersten beiden LOTKA-VOLTERRA-Regeln: Die Individuenzahlen von Räuber und Beute schwanken periodisch. Die Maxima für die Räuber folgen phasenverschoben denen für die Beute (**1. Regel**). So folgt auf eine Vermehrung der Beute die davon abhängige Vermehrung des Räubers. Dies hat die Verringerung der Beutedichte zur Folge, wodurch wiederum die Räuberdichte reduziert wird. Trotz dieser Populationsschwankungen bleiben die Durchschnittszahlen von Räuber- und Beutepopulation langfristig konstant (**2. Regel**). Mit dem mehrmaligen Einsatz des Insektizids wird das Räuber-Beute-Verhältnis gestört. Obwohl Schildläuse und Marienkäfer durch das Insektizid gleichermaßen geschädigt werden, ist der Effekt auf die Populationsentwicklungen unterschiedlich: Die Schildlaus-Population erholt sich von dem Eingriff schneller, da sie sich nun vom Räuber ungehindert entwickeln kann und Schildläuse sich zudem schneller vermehren. Im Gegensatz dazu erholen sich die Marienkäfer nur langsam, da sie anfangs durch den Mangel an Schildläusen keine Nahrung finden und eine längere Entwicklungszeit haben. Es gilt: Eine Ursache, die Räuber und Beute gleichermaßen dezimiert, vergrößert die Beutepopulation und vermindert die des Räubers (**3. Regel**).

2. Das Diagramm in **M2** verdeutlicht, dass Schildlaus und Schlupfwespe in einem charakteristischen Räuber-Beute-Verhältnis stehen: So nimmt die Populationsdichte der Schildlaus (Beute) mit Einführung der Schlupfwespe (Räuber) drastisch ab, während die des Räubers zunimmt. Das vorliegende Diagramm lässt jedoch weder eine periodische Schwankung der Individuenzahlen von Räuber und Beute entsprechend der **1. Regel** erkennen, noch erlaubt es eine eindeutige Aussage, ob die Mittelwerte beider Populationen längerfristig konstant bleiben (**2. Regel**).
Es lässt sich lediglich vermuten, dass sich beide Populationsdichten über einen längeren Beobachtungszeitraum entsprechend den ersten beiden Regeln entwickeln werden. Dafür spricht, dass die Räuber-Beute-Beziehung in diesem Beispiel weitgehend eindimensional verläuft: Die Beute hat nur einen Räuber, der Räuber nur eine Beute. So ist die Schlupfwespe hoch spezialisiert und erreicht eine Parasitierung von bis zu 50 % (**M2**). Die **3. Regel** kann hier nicht zutreffen, da die Schlupfwespe ja Teil des

Räuber-Beute-Systems ist und nicht wie in **M1** einen Faktor darstellt, der das Räuber-Beute-System gleichermaßen beeinflusst.

3. Der Einsatz von DDT (**M1**) war nicht erfolgreich, da sich die Schildläuse noch stärker als in der ungestörten Population vermehren konnten. Insektizide wie das im Beispiel benutzte DDT reichern sich zudem in der Nahrungskette an und besitzen häufig lange Abbauzeiten. Damit führt diese Form der Schädlingsbekämpfung zu einer allmählichen Vergiftung der Umwelt. Im Gegensatz dazu hatte die biologische Schädlingsbekämpfung mit der Schlupfwespe im Beobachtungszeitraum Erfolg. Eine dauerhafte Ausrottung der Schildlaus ist jedoch für die Zukunft nicht zu erwarten, sofern sich ein typisches eindimensionales Räuber-Beute-System entwickelt.
Hinweis: Das 1939 entdeckte Insektizid DDT besitzt eine Abbauzeit von etwa zehn Jahren. Da die entstehenden Abbauprodukte ebenso giftig sind wie die Ausgangssubstanz, wurde es 1972 in Deutschland verboten. Die aus Amerika eingeführte Schlupfwespe hat sich inzwischen eingebürgert, sodass sie auch ohne Laborvermehrug den Schildlausbefall auf niedrigem Niveau hält.

Tipp

Tipps zur Herangehensweise

- Wiederholung: Verschaffen Sie sich Sicherheit über alle drei LOTKA-VOLTERRA-Regeln sowie deren Anwendbarkeit.

A

Mögliche Prüfungsfragen zu diesem Thema für einen zweiten Prüfungsteil

1. Erläutern Sie an einem Beispiel mögliche Konsequenzen des Einschleppens neuer Arten in einen Lebensraum.

2. Beurteilen Sie die folgende Aussage: „Aufgrund der Erfahrungen sollte Schädlingsbekämpfung grundsätzlich auf biologische Art erfolgen."

3. Erklären Sie, warum eine Erklärung nach dem Räuber-Beute-Prinzip immer modellhaft und unvollständig bleibt.

Konzeptvorschlag

M1 Chemische Schädlingsbekämpfung durch DDT

Beute

In Kalifornien wurde Ende des 19. Jahrhunderts aus Australien eine Schildlaus eingeschleppt, die in Obstplantagen sehr große Schäden verursachte. In der Folgezeit importierte man auch ihren natürlichen Fressfeind, eine Marienkäferart. Dadurch konnte die Schildlausplage bald unter Kontrolle gebracht werden. *Räuber*

Nach Entdeckung des Insektizids DDT (Dichlor-diphenol-trichlorethan) setzte man dieses Mittel ein, um auch die Restbestände der Schildlaus zu vernichten. Zwischen 1958 und 1963 wurde die Entwicklung der Räuber-Beute-Populationen ohne und mit DDT-Einsatz registriert.

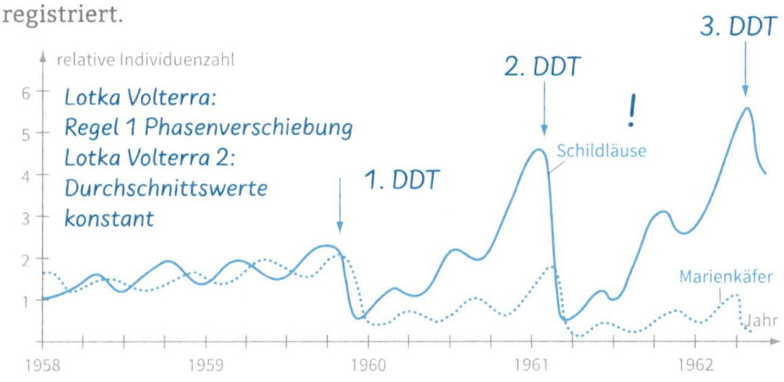

Räuber-Beute-Beziehung gestört, 3. Regel: Beute erholt sich schneller

Ergebnis: Einsatz erfolglos
Vergrößerung der Beute
Verringerung der Räuber
Negativ: DDT in der Umwelt

Populationsentwicklung von Schildläusen und Marienkäfern; ↓ = Einsatz von DDT

M2 Biologische Schädlingsbekämpfung

Die San-José-Schildlaus gelangte nach dem Zweiten Weltkrieg aus Amerika zu uns. Sie erwies sich als verheerender Schädling, da nur 1 % dieser Schädlinge von heimischen Schildlausparasiten befallen und damit bekämpft wurde.

Im Jahr 1960 führte man daher eine biologische Schädlingsbekämpfung mit der Schlupfwespe *Prospaltella perniciosa*, dem natürlichen Feind der Schildlaus, durch. Sie wurde aus Amerika eingeführt, in großen Massen gezüchtet und freigelassen. Die hoch spezialisierte Wespe erreicht eine Parasitierung von bis zu 50 %. Sie legt zunächst ihre Eier in die Schildläuse. Dort entwickeln sich die Larven und töten mit dem Schlüpfen letztendlich ihren Wirt.

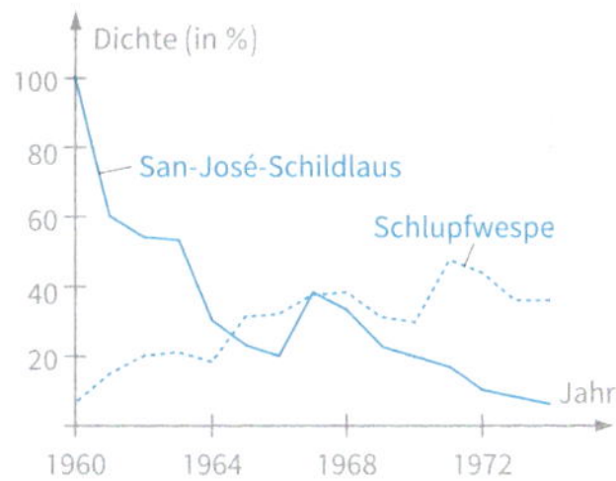

Populationsentwicklung von San-José-Schildlaus und Schlupfwespe

Schildlaus und Schlupfwespe in Räuber-Beute-Beziehung, aber keine eindeutige Aussage bzgl. 1. und 2. Volterra-Regel. Volterra 3 kann nicht gelten, da Schlupfwespe Teil des Räuber-Beute-Systems ist.

Ergebnis: Maßnahme zumindest im Zeitraum erfolgreich, dauerhafte Ausrottung nicht möglich, da eindimensionales Räuber-Beute-System

5.7 Ist der Aasee noch zu retten?

M1 Information über den Aasee in Münster

Der Aasee ist ein etwa 40 ha großer, künstlich angelegter See im Zentrum von Münster (Nordrhein-Westfalen), in den die Aa mündet. Er ist mit seinen angrenzenden Grün- und Parkflächen ein beliebter Naherholungsraum im Stadtgebiet. Durch die in den See einmündende Regenwasserkanalisation und das landwirtschaftlich geprägte Einzugsgebiet wird das Wasser des Sees belastet. Der See ist auf seiner gesamten Fläche maximal 2 m tief. Nicht nur aufgrund der geringen Wassertiefe, sondern vor allem aufgrund der im Sommer deutlich herabgesetzten Wasserqualität wird in den Medien immer wieder ausdrücklich darauf hingewiesen, dass Schwimmen im Aasee nicht erlaubt sei. Phasenweise vermehren sich vor allem Cyanobakterien (Blaualgen) sehr stark, sodass es zur sogenannten Algenblüte kommt. Dies erfolgt vor allem dann, wenn intensive Sonneneinstrahlung die Wassertemperatur steigen lässt. Die Cyanobakterien produzieren für Mensch und Tier toxische Substanzen. Daher werden z. B. auch Hundehalter darauf hingewiesen, dass ihre Tiere kein Wasser aus dem Uferbereich trinken sollten.

M2 Freilandversuche zur Phosphatfällung im Aasee

Laut Umweltamt der Stadt Münster sind im Sommer 2005 erstmalig Freilandversuche zur Phosphatfällung in Aasee und Aa durchgeführt worden: „Ab dem 21. Juni wurden innerhalb von drei Wochen insgesamt 100 t Eisen-III-Chlorid von einem Spezialboot in den See eingemischt. Seit dem 14. Juli wird dieses Fällungsmittel in den Zufluss der Münsterschen Aa dosiert. Dort werden bis Anfang Oktober dann 118 t des Mittels eingebracht."

M3 Messergebnisse 2005; Probestelle Einmündung Aa

Datum	28.06.	05.07.	12.07.	19.07.	02.08.	16.08.	23.08.	30.08.	06.09.	13.09.	20.09.
Gesamt-Phosphat (mg/l), gerundet	0,52	0,52	0,46	0,01	0,04	0,02	0,01	0,03	0,04	0,03	0,03

M4 Renaturierung der Aa (2011/2012)

In den Medien war im Jahr 2011 zu lesen, dass die Aa beginnend im Jahr 2012 renaturiert werden soll und so ihr urprüngliches kurvenreiches Flussbett zurückbekommen wird. In den dann wieder auenähnlichen Gebieten sollen sich so Pflanzen und Tiere wieder vermehrt ansiedeln.
2011 verlief die Aa noch 2,6 Kilometer lang in einem kanalähnlichen Flussbett, das 1936 angelegt wurde – damals wollte man mit dieser Maßnahme eine schnellere Entwässerung der angrenzenden landwirtschaftlichen Nutzflächen erzielen.

M5 Vergiftet vom Aasee-Wasser (2018)

Ein Münsteraner berichtet:
„Ich weiß nicht mehr, was ich von den Berichten zum Tod der Fische im Aasee halten soll. Seit Tagen höre und lese ich die widersprüchlichsten Kommentare und Einschätzungen in den Medien.
Da lese ich von einem völlig entsetzten Jogger, der am Morgen nach dem ersten trüben Regentag nach wochenlanger großer Hitze mit ansehen muss, wie die Fische in Scharen aus heiterem Himmel aus dem Wasser sprangen, nach Luft schnappten und innerhalb einer einzigen Stunde qualvoll erstickten.
Da höre ich von Politikern, dass das Ganze völlig überraschend und in keiner Weise vorhersehbar und zu verhindern war.
Andere Stimmen betonen, dass die geringe Wassertiefe, der hohe Nährstoffeintrag und die großen Mengen an Phosphatfällung seit Jahren ein großes Problem darstellen.
Und Experten meinen, der See brauche ein Management. Sie behaupten, die Menge der Fische habe nichts mit der Wasserqualität zu tun, sie fordern u. a. den größeren Besatz mit Raubfischen und diskutieren den Einbau einer großen Wasserfontaine.
Da soll der Laie nun wissen, wie er das Ereignis beurteilen soll.“

A

1. Vergleichen Sie in tabellarischer Form die Bedingungen in einem oligotrophen See mit denen in einem eutrophen See.

2. Erläutern Sie die in **M2** geschilderte Maßnahme und werten Sie die in **M3** dargestellten Ergebnisse aus. Erläutern Sie zudem die Ziele der in **M4** geschilderten Maßnahme.

3. Erklären Sie, warum es plötzlich und ausgerechnet nach einem trüben Regentag am folgenden Morgen zu der Katastrophe kam (**M5**).

4. Beurteilen Sie die in **M5** angesprochenen Maßnahmen, auch im Zusammenhang mit der Aussage: „Der See braucht ein Management."

Lösungsvoraussetzungen: Kennzeichen oligo- und eutropher Seen, Eutrophierungsfaktoren, Gesetz des Minimums

L

1.

Oligotropher See	Eutropher See (Beispiel Aasee)
In einem oligotrophen See greift für die Produzenten das Gesetz des Minimums: Das Wachstum einer Pflanze richtet sich nach dem Stoff, der ihr am wenigsten zur Verfügung steht. Die begrenzte Menge an Phospat hat zur Folge, dass nur relativ wenig Biomasse produziert wird.	Über die landwirtschaftlichen Düngemittel werden vor allem Phosphate und Nitrate in die Gewässer eingetragen. Durch die erhöhte Menge an Mineralstoffen gibt es keine limitierenden Faktoren für das Algenwachstum. Die Produktivität der Produzenten und ihre Biomasse werden erheblich gesteigert, wodurch es zur Algenblüte kommt. Das Wasser wird stark getrübt.
Oligotrophe Seen sind meist tief, ihr Wasser ist recht kalt. Wasser erwärmt sich nur langsam (Wassertemperatur als wachstumsbegrenzender Faktor). Kälteres Wasser kann zudem größere Mengen Sauerstoff speichern.	Das flache Gewässer (max. 2 m) erwärmt sich im Sommer schnell, was das Blaualgenwachstum zusätzlich begünstigt. Warmes Wasser kann weniger Sauerstoff speichern.
Abgestorbene Biomasse sinkt in geringen Mengen ab und wird unter aeroben Bedingungen von Destruenten am Grund des Sees zersetzt.	Vor allem in den unteren Schichten sterben die Produzenten hauptsächlich infolge des Lichtmangels ab. Große Mengen abgestorbener Biomasse sinken ab und werden von Destruenten zersetzt. Durch die hohe Sauerstoffzehrung kommt es zu anaeroben Bedingungen. Es können giftige Stoffe wie Ammoniak und Schwefelwasserstoff entstehen.
Während der Sommerstagnation gelangen die im Sediment gebundenen Stoffe nicht an die Oberfläche. Dies geschieht erst wieder während der Herbst- und Frühjahrszirkulation.	In dem flachen Gewässer findet keine Schichtung statt. Die eingetragenen Nährstoffe sind im Wasser frei verfügbar.
Es stellt sich ein Gleichgewicht zwischen Sauerstoffverbrauch und -produktion ein.	Die hohe Atmungstätigkeit der Produzenten und Konsumenten kann auch in den oberen Schichten des Sees zu einer Sauerstoffzehrung führen, wodurch Organismen absterben. Der See kippt schließlich um.

2. Durch das Eintragen großer Mengen an Eisenchlorid soll Phosphat ausgefällt werden. Im Prinzip gilt für das Verfahren die folgende Grundgleichung:
$PO_4^{3-} + Fe^{3+} \rightarrow FePO_4$. Das schwerlösliche Phosphat ist somit am Grund des Sees gebunden und steht den Produzenten nicht mehr zur Verfügung. Phosphatknappheit soll somit wieder zum wachstumsbegrenzenden Faktor werden. Das Mittel wird im Freiwasser und im Zulauf eingesetzt, damit sowohl bereits vorhandenes als auch neu eingetragenes Phosphat ausfällt. Es müssen große Mengen eingesetzt werden, da der See relativ großflächig und offenbar sehr stark eutrophiert ist.
Die Messergebnisse zeigen, dass die Maßnahme ab 14. Juli eine deutliche Wirkung zeigt. Die Menge an Phosphat ist etwa fünfzig Mal geringer als noch sieben Tage zuvor und pendelt sich bei einem konstanten Wert ein.
Durch die 2012 einsetzende Renaturierung der Aa (Mäander, Entfernung von Sohlbefestigungen, Anlage von Uferrandstreifen, Errichtung von Rohrichtzonen, Sandfang- und Absetzbecken) soll erreicht werden, dass die Pflanzen Nährstoffe binden und so den Nährstoffeintrag in den See verringern. Die Produzenten stehen außerdem Konsumenten höherer Ordnung als Nahrung zur Verfügung, wodurch die Artenvielfalt des Ökosystems erhöht werden soll. So wird die Naturnähe wiederhergestellt. Dies soll wiederum zu einer Stabilisierung des Ökosystems beitragen. Unterschiedliche und höhere Fließgeschwindigkeiten in der Aa soll zu deutlich besseren Wasserqualitäten führen, da so vor allem die starke Erwärmung verhindert wird, die zur Algenblüte entscheidend beiträgt. Uferrandstreifen halten landwirtschaftliche Einflüsse vom Wasser fern.
Die Katastrophe im Rekordsommer 2018 zeigt allerdings, dass die bisherigen Renaturierungsmaßnahmen noch nicht genügend gegriffen haben.

3. Ursache für das Massen-Fischsterben war die geringe Sauerstoffkonzentration im Wasser. Durch den Regen, der am Tag zuvor fiel, wurden große Mengen warmes Wasser in den ohnehin schon stark erwärmten Aasee geschwemmt. Da das warme Wasser Sauerstoff deutlich schlechter binden kann als kaltes bzw. kühleres Wasser, sank der Sauerstoffgehalt relativ plötzlich. Zudem betreiben in der Nacht auch die Produzenten (z. B. Algen) ausschließlich Zellatmung und verbrauchen Sauerstoff. So kam es letztlich zum Unterschreiten des kritischen Wertes (3 mg O_2/Liter). In den frühen Morgenstunden kam es zu der Katastrophe – die Fische verendeten massenhaft.

4. Durch die geforderte Wasserfontaine soll dauerhaft mehr Sauerstoff in das Gewässer eingetragen werden. Dies ist eine hilfreiche und kurzfristig wirksame Maßnahme, die jedoch eher lokal begrenzt Wirkung zeigt und vor allem nicht die problematischen Ursachen bekämpft: den hohen Nährstoffeintrag in den See. Die enorm große Fischmenge, die im Aasee vorkommt, zeigt, dass der See nach wie vor äußerst nährstoffreich ist, sodass sich Fische, die sich vom (Zoo-)Plankton ernähren, sehr stark vermehren können. Durch mehr Raubfische würde die Anzahl der Friedfische reduziert werden. So könnte sich wiederum auch das Zooplankton, das sich vom Phytoplankton ernährt, also u. a.

A

2. Eine junge Ente folgt einem gelben, piependen Ball, den der Versuchsleiter durch den Garten der Aufzuchtstation bewegt.
Erklären Sie dieses Verhalten sowie seinen biologischen Sinn.

L

2. Es handelt sich hier um das Ergebnis einer Nachfolgeprägung.
Enten als typische Nestflüchter besitzen das angeboren Verhalten, direkt nach dem Schlüpfen der Mutter überallhin zu folgen. Dieses ist ein biologisch sinnvolles Verhalten, wird doch dadurch sichergestellt, dass die Mutter ihre zumeist vielen Küken immer in der Nähe hat, sie so zum einen besser schützen und warnen kann, ihnen zum anderen aber auch als „Lehrmeisterin" Erfahrungen zur Verhaltensoptimierung im nestnahen Lebensraum vermitteln kann.
Das Nachfolgeverhalten ist dem schlüpfenden Entenküken also angeboren – nicht angeboren ist aber, welchem Objekt das Küken hinterherläuft. Dieses wird vom Küken vielmehr gelernt. In einer sensiblen Phase, direkt bzw. einige Stunden nach dem Schlüpfen, wird das erste Objekt, welches drei zentrale Kennzeichen aufweist, vom Küken als „Mutter" identifiziert und im Gedächtnis verankert. Die drei Kennzeichen, die ein Objekt aufweisen muss, um als „Entenmutter" eingestuft zu werden, sind: Es muss eine bestimmte Größe haben (größer als Küken), sich bewegen und Laute von sich geben.
Bei der Nachfolgeprägung lernt das frisch geschlüpfte Küken also innerhalb eines bestimmten engen Zeitfensters (sensible Phase) das Objekt zu identifizieren, auf das es sein angeborenes Nachfolgeverhalten anwenden muss. Nach der sensiblen Phase ist eine Umprägung in der Regel nicht mehr möglich.
So wie das Nachfolgeverhalten bei Nestflüchtern biologisch sinnvoll ist (s. o.), so ist auch die Prägung sinnvoll. Hierdurch wird unter natürlichen Verhältnissen sichergestellt, dass es das Elterntier ist, dem das Küken nachfolgt (denn piepende, sich bewegende Bälle gibt es in der Natur eher selten).

A

3. Erläutern Sie die Kennzeichen eines monosynaptischen Eigenreflexes und eines polysynaptischen Fremdreflexes.

L

3. Der **Eigenreflex** ist ein Reflex, bei dem das Sinnesorgan, das den Reiz aufnimmt, direkt im reagierenden Organ liegt. Kennzeichen von Eigenreflexen sind:
- Schaltung über das Rückenmark
- Ablauf unwillkürlich
- sehr kurze, weitgehend konstante Latenzzeit
(Zeit zwischen Reizeinwirkung und Reaktion ca. 20 bis 30 ms)
- kaum ermüdbar
- geringe Reizsummation (Reizsummation = Viele kurz hintereinander oder aber in enger räumlicher Nachbarschaft gegebene unterschwellige Reize lösen die Reaktion aus.)

Eigenreflexe sind häufig **monosynaptisch,** das heißt, der Reflexbogen besteht neben Rezeptor und Effektor (Muskel) nur aus zwei Nervenzellen, die über eine einzige Synapse verschaltet sind.
Ein **Fremdreflex** ist ein Reflex, bei dem reizaufnehmendes und reagierendes Organ nicht identisch sind. Kennzeichen von Fremdreflexen sind:

- Reflexbogen polysynaptisch
- Schaltung über Reflexzentren im Rückenmark (z. B. Rückziehreflex der Extremitäten) oder in rückenmarksnahen Teilen des Gehirns (z. B. Saug-, Schluck-, Nies-, Hust- und Lidschlussreflex über das verlängerte Mark/Nachhirn; Pupillenreflex über das Mittelhirn)
- Ablauf in der Regel unwillkürlich, jedoch in vielen Fällen auch willentlich beeinflussbar
- kurze Latenzzeit von ca. 60 bis 200 ms, die mit zunehmender Reizintensität kürzer wird
- reizspezifische Ermüdung (Habituation) feststellbar
- deutliche Reizsummation feststellbar
- Überdauern feststellbar (bei starken Reizen dauert die Reaktion auch nach dem Ende der Reizeinwirkung fort).

Fremdreflexe sind immer **polysynaptisch,** das heißt, es ist mindestens ein Interneuron/Schaltneuron des ZNS am Reflexbogen beteiligt.

4. Beschreiben Sie das Grundschema eines Reflexbogens am Beispiel des Patellarsehnenreflexes. A

4. Ein Reflex ist neuroanatomisch an bestimmte vorgegebene Nervenbahnen gebunden (Reflexbogen). Beim Patellarsehnenreflex des Menschen, einem monosynaptischen Eigenreflex, sieht der Reflexbogen wie folgt aus: L
Reiz (Fuß bleibt z. B. beim Gehen an einem Widerstand hängen; dadurch wird der Quadrizeps-Muskel im Oberschenkel ruckartig gedehnt)
⇒ **Rezeptor** (im Innern des Muskels liegende Muskelspindel wird dadurch erregt)
⇒ **afferente Bahn** (Erregungsleitung über sensorische/afferente Nervenbahn zum Rückenmark)
⇒ **Umschaltung** (an Synapse im Rückenmark Erregungsübertragung von sensorische auf motorische/efferente Nervenbahn)
⇒ **efferente Bahn** (Erregung erreicht über efferente Nervenbahn wieder Quadrizeps)
⇒ **Effektor** (Erregung bewirkt Kontraktion des Quadrizeps)
⇒ **Reaktion** (Unterschenkel schnellt vor; im Normalfall wird dadurch z. B. bei einem Stolpern der drohende Fall abgewendet)

A

5. „Lernen, das ist die Aufnahme neuer Informationen aus der Umwelt."
Zeigen Sie auf, inwieweit diese Aussage den Begriff „Lernen" korrekt definiert.

L

5. Die vorgegebene Definition von Lernen greift zu kurz. Sie stellt nur einen der beim Lernen zentralen Vorgänge dar.
Lernen umfasst den gesamten Prozess, der zu einer individuellen, erfahrungsbedingten Ausprägung neuer oder zu einer Änderung alter Verhaltensweisen führt.
Dieser Prozess beinhaltet fünf zentrale Elemente:
1. individuelle und selektive Aufnahme von Informationen aus der Umwelt
2. Verarbeitung dieser Informationen
3. Abspeicherung dieser Informationen (in der Regel im ZNS des Individuums; Gedächtnis)
4. Abruf dieser Informationen in gegebenen Situationen
5. Ausprägung eines neuen, individuellen Verhaltens oder Änderung alter Verhaltensweisen als Folge des Abrufs der verarbeiteten Information

A

6. Zeigen Sie die Vor- und die Nachteile von Lernen gegenüber angeborenem Verhalten auf.

L

6. Vorteile
- Durch Lernen ist eine individuelle Verhaltensanpassung an neue Umweltsituationen innerhalb kurzer Zeit möglich. Eine Anpassung genetisch fixierter Verhaltenskomponenten im Zuge evolutionärer Prozesse dauert hingegen lange.
- In vielen Fällen geben angeborene Verhaltenskomponenten einen groben Verhaltensrahmen vor, dessen Feinabstimmung auf die jeweilige individuelle Lebenssituation durch Lernen erfolgt.
- Der Lernprozess ist in vielen Fällen reversibel, das heißt, ein lernendes Lebewesen kann sein Verhalten immer wieder neu veränderten Umweltgegebenheiten anpassen (hohe Flexibilität).

Nachteile
- Ein zu erlernendes Verhalten steht dem Lebewesen (im Gegensatz zu angeborenem Verhalten) nicht sofort zur Verfügung.
- Erlerntes Verhalten muss so von Generation zu Generation immer wieder neu erworben werden. Dieses kostet Zeit und Energie.
- Lernen ist mit Vergessen gekoppelt. Damit besteht die Gefahr des Verlustes von Erlerntem im Verlauf eines Lebens und die Gefahr, dass Erlerntes mit dem Tod des Individuums für immer verloren ist. Den nachfolgenden Generationen steht es damit nicht mehr zur Verfügung.
- Lernen beinhaltet, dass z. B. auch schädliche Verhaltensweisen erlernt werden können.

7. Zeigen Sie die möglichen Formen von Belohnung und Bestrafung und deren Funktion im Rahmen der „klassischen Konditionierung“ und der „operanten Konditionierung“ auf. A

7. Bei der **operanten Konditionierung (instrumentellen Konditionierung)** haben Belohnung und Bestrafung eine zentrale Funktion: L

Belohnung (Verstärkung) erhöht die Auftrittswahrscheinlichkeit einer zunächst spontanen, nicht zielgerichteten Aktion. Sie kann in zwei Formen auftreten: als positive Verstärkung und als negative Verstärkung.

Positive Verstärkung meint die Gabe einer direkten Belohnung (positiver Verstärker). Dies können z. B. Nahrungsmittel, Lob oder auch Geld sein.

Negative Verstärkung meint eine indirekte Belohnung durch Beseitigung eines negativen Verstärkers, also z. B. durch Ausschalten einer grellen Lampe, Abschalten eines anliegenden Stromes oder Abstellen lauten Lärms.

Bestrafung verringert die Auftrittswahrscheinlichkeit einer zunächst spontanen, nicht zielgerichteten Aktion. Auch sie kann in zwei Varianten auftreten: zum einen als **aversive Bestrafung** in Form des Verabreichens einer direkter Strafe, also z. B. der Verabreichung eines Schlages, der Gabe eines Stromstoßes oder Computerspielverbot, zum anderen als **entziehende Bestrafung**. Hier wird das Lebewesen dadurch bestraft, dass ihm ein positiver/angenehmer Ausgangsreiz entzogen wird. Dies kann z. B. durch „Liebesentzug“/Entzug von Zuwendung, Entzug von Spielzeug oder Wegnahme von bereitgestellter Nahrung geschehen.

Häufig wird zwischen **primären und sekundären Verstärkern** differenziert. Primäre Verstärker sind Verstärker, die von Lebensbeginn an wirken (z. B. Nahrung, Zuwendung). Sekundäre Verstärker müssen dagegen erst als solche gelernt werden (z. T. durch klassische Konditionierung). Sie sind ursprünglich neutrale Reize (z. B. Geld, der Titel „Dr.“ oder Fernsehen).

Bei der **klassischen Konditionierung** haben Belohnung und Bestrafung keine Funktion. Allerdings kann es z. B. bei einer Bestrafung zu einer „unbeabsichtigten“ klassischen Konditionierung kommen: Die bestrafende Person (die ursprünglich als neutrale Person angesehen wurde) wird durch die Bestrafung zum bedingten Reiz. So löst diese Person schließlich (auch ohne zu bestrafen) bereits konditionierte Reaktionen wie Angst, Abwendung oder Flucht aus.

8. Skizzieren Sie die Kennzeichen und den Ablauf einer Instinkthandlung unter Verwendung der Fachsprache der Ethologie. A

8. **Kennzeichen:** Bei einer Instinkthandlung handelt es sich um eine komplexe Verhaltensweise, bei der angeborene Elemente eine zentrale Bedeutung haben. Für ihre Auslösung, ihren Ablauf und ihre Intensität sind äußere Reize und innere Bedingungen eines Tieres von Bedeutung. Eine Instinkthandlung ist damit nicht jederzeit, sondern nur bei L

gegebener **Handlungsbereitschaft** auslösbar. Sie beinhaltet neben angeborenen auch erlernte Elemente, wobei beide Elemente in der Regel eng miteinander verzahnt sind. Deshalb sind Instinkthandlungen deutlich variabler als z. B. Reflexe.
Ablauf: Ein Lebewesen weist für eine bestimmte Endhandlung eine hohe **spezifische Handlungsbereitschaft** (Motivation) auf. Diese wird von endogenen (im Tier selber liegenden) und exogenen (Außen-) Faktoren bestimmt. Sie löst (ungerichtetes) **Appetenzverhalten** aus. Es tritt ohne Vorliegen auslösender Reize auf, ist unspezifisch und sehr variabel. Sein Ablauf wird durch Außenreize und Erfahrungen des Lebewesens beeinflusst.
Irgendwann trifft das Lebewesen dann eventuell auf eine „die Endhandlung auslösende Reizsituation“. Diese liefert dem Lebwesen eine Fülle von Reizinformationen. Unter diesen vielen Reizen befindet sich auch der sogenannte **Schlüsselreiz.** Er kann ein bestimmter Einzelreiz sein, sich aber auch aus mehreren Einzelreizen (**Schlüsselreizkomponenten**) zusammensetzen. Der Schlüsselreiz bzw. eventuell nur einige seiner Komponenten lösen über einen **angeborenen auslösenden Mechanismus (AAM)** die komplexe **instinktive Endhandlung** (**Erbkoordination**) aus. Beim **AAM** handelt es sich um eine neuronale Funktionseinheit im Gehirn. Er besteht zum einen aus einem **neuronalen Filter** (**Selektor**), der die Qualität der Umweltreize überprüft und aus der Fülle der Reize die Schlüsselreizkomponenten identifiziert. Zweites Element des AAM ist eine **Verrechnungseinheit**. Sie verrechnet Informationen über die Qualität und Intensität der Schlüsselreizkomponenten und über die Intensität der spezifischen Handlungsbereitschaft für die jeweilige Endhandlung und löst bei einer bestimmten Konstellation beider Elemente die Endhandlung aus. Diese läuft nach einem genetisch vorgegeben Programm ab; sie ist in ihrem Bewegungsablauf weitgehend starr, immer gleich. Allerdings können ihre Intensität und Geschwindigkeit je nach Qualität des Schlüsselreizes **und** der Stärke der spezifischen Handlungsbereitschaft variieren (**Prinzip der doppelten Quantifizierung**). Das Ausführen der Endhandlung führt in der Regel zu einer Verringerung der Handlungsbereitschaft.

6.2 Drogensucht als Lernergebnis?

M1 Das limbische System

Das limbische System ist eine Funktionseinheit des Gehirns. Es umfasst Strukturen an der Hirnbasis, unter anderem das Septum. Diese Strukturen liegen nahezu ringförmig um den Hirnstamm, daher auch der Name „limbisches System“ (von lat. *limbus* = Saum, Bordüre).

Evolutionär ist das limbische System vermutlich der älteste Teil des Großhirns und war ursprünglich im Wesentlichen für die Auswertung und Weiterleitung von Geruchsinformationen zuständig. Beim Menschen leistet es heute einen wichtigen Beitrag im Bereich des Bewusstseins, der Emotionen, Motivationen und der Assoziationen. Strukturen des limbischen Systems sind zudem zentral an der Übertragung von Informationen vom Kurzzeit- ins Langzeitgedächtnis beteiligt. Auch haben Gefühle wie Angst oder Wut hier ihren Ursprung.

Das limbische System ist durch Chemikalien leicht zu beeinflussen. Eine Reihe von Drogen und Psychopharmaka hat hier ihren Wirkungsort, so die Suchtdrogen Morphin, Heroin und Kokain, die ihre abhängigmachende Wirkung direkt oder indirekt über Dopamin freisetzende Neuronen des limbischen Systems ausüben.

M2 Der Hirnselbstreizungsversuch von Olds und Milner

1953 arbeiteten James Olds und Peter Milner an der McGill-Universität in Montreal (Kanada) mit Ratten. Sie implantierten diesen feine Elektroden in bestimmte Bereiche des Gehirns. Diese Elektroden waren über eine dünne, flexible Leitung mit einem Stromgeber verbunden. Über diesen konnten Stromstöße einer Stärke von 10 bis 300 μA bei ca. 0,5 bis 5 Volt auf die Spitze der implantierten Elektroden geleitet werden.

Die beiden Forscher verwendeten im nachfolgend beschriebenen Versuch eine Ratte, der eine Elektrode im Bereich des Septums eingepflanzt worden war.

Olds und Milner setzten diese Ratte nun in eine Skinner-Box (→ nebenstehende Abbildung). Zunächst floss kein Strom auf die Elektrode. Jedes Mal jedoch, wenn die Ratte in der Box die Taste drückte, schloss sie damit den Stromkreis und erhielt automatisch einen kurzen, schwachen Stromstoß. Die Ergebnisse des Versuches stellt **M3** dar.

Die Versuchsanordnung von Olds und Milner

M3 Die Ergebnisse des Hirnselbstreizungsversuches von Olds und Milner

Tag	Zeit nach Versuchsbeginn	Tastendrücke pro Minute	Besonderheiten
1	0–5 Minuten	0,2	Die Stromzufuhr in der Apparatur war an diesem Tag blockiert. Auch bei Hebeldruck floss so kein Strom.
	5,1–10 Minuten	0,2	
	10,1–15 Minuten	0,4	
	15,1–20 Minuten	0,2	
	20,1–25 Minuten	0	
	25,1–30 Minuten	0,4	
2	0–5 Minuten	0,4	Die Stromzufuhr war freigegeben. Bei Hebeldruck floss jetzt Strom. Direkt vor Beginn des Versuches wurde der Ratte ein Stromstoß gegeben, ohne dass diese zuvor die Taste gedrückt hatte.
	5,1–10 Minuten	2	
	10,1–15 Minuten	5	
	15,1–20 Minuten	7	
	20,1–25 Minuten	10	
	25,1–30 Minuten	12	
3	0–5 Minuten	10	Versuchsbedingungen wie am 2. Tag
	5,1–10 Minuten	19	
	10,1–15 Minuten	28	
	15,1–20 Minuten	30	
	20,1–25 Minuten	29	
	25,1–30 Minuten	31	
4	0–5 Minuten	29	Versuchsbedingungen wie am 2. Tag
	5,1–10 Minuten	31	
	10,1–15 Minuten	30	
	15,1–20 Minuten	31	
	20,1–25 Minuten	32	
	25,1–30 Minuten	31	
5	0–5 Minuten	33	Versuchsbedingungen wie am 2. Tag Aber: Die Ratte wurde 12 Stunden vor Versuchsbeginn nicht mehr gefüttert. Direkt nach Versuchsbeginn stellte man duftendes Futter in die Box. Die Ratte beachtete das Futter während des Versuches nicht; erst nach Versuchsende fraß sie.
	5,1–10 Minuten	32	
	10,1–15 Minuten	34	
	15,1–20 Minuten	32	
	20,1–25 Minuten	32	
	25,1–30 Minuten	34	

M4 Craving

Unter „Craving“ (engl. *craving* = starkes, heftiges Verlangen) versteht man in der Suchtforschung das unwiderstehliche Verlangen eines Süchtigen nach seiner Droge (z. B. Alkohol, Nikotin, Kokain, Heroin) oder nach der Ausführung einer bestimmten Tätigkeit (z.B. dem Spielen bestimmter Spiele). Dieses Verlangen ist willentlich nicht unterdrückbar und tritt z. B. dann auf, wenn der Süchtige einen mit der Sucht verbundenen Gegenstand sieht (z. B. Flasche, Spritze, weißes Pulver) oder einen mit der Sucht verbundenen Ort aufsucht.

A

1. Erklären Sie die Begriffe klassische Konditionierung und operante Konditionierung.
2. Erläutern Sie die Ergebnisse des Hirnselbstreizungsversuches von OLDS und MILNER.
3. Entwickeln Sie Hypothesen zur Bedeutung von Lernvorgängen der klassischen und der operanten Konditionierung bei der Entstehung von Drogensucht und Craving.

Lösungsvoraussetzungen: Aufbau des Gehirns, klassische Konditionierung, operante Konditionierung

L

1. - **Klassische Konditionierung:** Lernvorgang, bei dem ein zunächst neutraler Reiz zum auslösenden Reiz für eine bestimmte Verhaltensweise wird; dieses wird in einer Lernphase durch Kopplung des neutralen Reizes mit einem unbedingten, reaktionsauslösenden Reiz erreicht. Nach vielfacher Wiederholung dieser gekoppelten Reizdarbietung löst schließlich in der Kannphase schon allein der ehemals neutrale, nun bedingte (gelernte) Reiz die Reaktion des Lebewesens aus, die nun als bedingte (erlernte) Reaktion bezeichnet wird.
   - **Operante Konditionierung:** Lernvorgang, bei dem die Auftrittswahrscheinlichkeit einer ehemals spontanen, nicht zielgerichteten Aktion durch positive oder negative Verstärkung erhöht wird oder aber durch Bestrafung verringert wird. Positive Verstärkung meint dabei die Gabe einer direkten Belohnung; negative Verstärkung meint eine indirekte Belohnung etwa in Form des Ausschaltens einer unangenehmen Grundsituation. Unter Bestrafung wird dabei die Verabreichung direkter Strafen (aversive Bestrafung) oder der Entzug eines angenehmen Stimulus wie z. B. Zuneigung (entziehende Bestrafung) verstanden.

2. Bei dem von OLDS und MILNER durchgeführten Versuch zur Hirnselbstreizung handelt es sich um eine **operante Konditionierung**.
   - Am **1. Tag** des Versuches zeigt die Ratte in der Skinner-Box spontanes, nicht zielgerichtetes Neugier- und Erkundungsverhalten und berührt dabei zufällig auch immer wieder einmal die Taste (neutrale Aktion). Auf das Drücken der Taste erfolgt hier jedoch noch kein Stromstoß ins Septum. Es handelt sich daher um die **Nullphase** der operanten Konditionierung.

- Ab dem **2. Tag** folgt auf jeden Tastendruck der Ratte ein Stromstoß ins Septum, der, wie der weitere Versuch zeigt, für die Ratte eine direkte Belohnung (einen positiven Verstärker) darstellt. Dies ist bereits die **Lernphase** der operanten Konditionierung. Es zeigt sich am zweiten Tag die typische Lernkurve mit einer zunehmenden Zahl von Tastendrücken pro Minute bei Versuchsfortschritt.
- Etwa ab der 15. Minute am **3. Tag**, spätestens aber am vierten Tag, befindet sich das Tier bereits in der **Kannphase**. Hier wird die ehemals neutrale Aktion „Tastendruck" zielgerichtet eingesetzt, um die Belohnung (= Stromstoß in das Septum) zu erhalten. Sie ist damit zur **bedingten Aktion** geworden.
  Zu erkennen ist dies an der gleichbleibend hohen Zahl bedingter Aktionen.
  Die Kannphase wurde damit nach einem nur sehr kurzen Lernprozess erreicht.
- Am **4. Tag** wird bereits nach einmaliger Gabe eines „Anreißer"-Stromstoßes sofort wieder das Lernmaximum abgerufen.
- Eine besondere Situation ist am **5. Tag** gegeben: Hier ist die Ratte 12 Stunden nicht gefüttert worden, also hungrig. Dennoch wählt sie bei gleichzeitigem Angebot von duftendem Futter und der Möglichkeit zur Selbstreizung des Septums den Stromstoß. Erst nach Ende des Versuches, also nach Unterbrechung des Stromkreises und folglich Ausbleiben der Stromstoß-Belohnung, frisst die Ratte.

Der Versuch zeigt: Die Erregung bestimmter Hirnbereiche (hier des Septums) wird von der Ratte als belohnend empfunden. Diese Bereiche können als Belohnungszentrum bezeichnet werden.
Bei Erregung des Belohnungszentrums ist dessen Dominanz offenbar so groß, dass sogar heftiger Hunger dadurch überdeckt werden kann (5. Tag).
Zudem lernen Ratten offenbar im Zuge einer operanten Konditionierung bei direkter elektrischer Stimulation des Belohnungszentrums schneller als beim Einsatz anderer Verstärker.

3. - **Ausgangsfragestellung (1):** In welcher Weise sind klassische und operante Konditionierung an der Entstehung einer Drogensucht beteiligt?
  Erklärungshypothese: Lernvorgänge der operanten Konditionierung könnten die Entstehung einer Drogensucht erklären. Viele Drogen wirken im Bereich des limbischen Systems (**M1**). In diesem Bereich befindet sich auch das körpereigene Belohnungssystem des Menschen (Aufgabe 2). Dessen Stimulation durch Drogen ist dabei der Stimulation durch die Stromstöße (**M2**, **M3**) gleichzusetzen.
  Wie im von Olds und Milner durchgeführten Versuch haben Süchtige gelernt, die Einnahme „ihrer" Droge mit einem Belohnungseffekt durch das körpereigene Belohnungssystem in Verbindung zu bringen. Dieser Belohnungseffekt führt bei ihnen zu intensiven positiven Gefühlen (Euphorie, Enthemmung usw.). Diese positive Verstärkung fördert das Verlangen, diesen Zustand durch erneuten Drogenkonsum wieder herbeizuführen.

- **Ausgangsfragestellung (2):** Wie kann das Zustandekommen des Craving auf der Basis der klassischen und der operanten Konditionierung erklärt werden?
  Erklärungshypothese: Lernvorgänge der klassischen Konditionierung könnten die Entstehung des Craving erklären. Vor dem „Drogenkick" werden in der Regel immer wiederkehrende „Signalhandlungen" ausgeführt (z. B. Schnapsflasche öffnen, Spritze mit Droge füllen, Kokainpulver vorbereiten) oder es wird eine ganz bestimmte Umgebung aufgesucht (z. B. ein bestimmtes Szene-Café).
  Zu Beginn der Drogenkarriere ist all dies für den Konsumenten noch bedeutungsleer (= neutrale Reize). Diese Handlungen, Gegenstände oder Orte werden aber vom Drogenkonsumenten im Zuge einer klassischen Konditionierung mit dem nachfolgenden „Drogenkick" verbunden und diese Verbindung wird im Gehirn abgespeichert (= Lernphase). Nach Abschluss der Lernphase führt beim Drogensüchtigen oftmals schon der Anblick eines Gegenstandes, der mit dem Drogenkonsum zusammenhängt, oder das Aufsuchen eines Ortes, an dem häufig Drogen konsumiert wurden, zum unwiderstehlichen Verlangen nach der Droge, eben zum Craving (**M4**). Das Craving kann damit als bedingte Reaktion angesehen werden, die durch den bedingten Reiz (z. B. Spritze, Flasche, Spielautomat) ausgelöst wird.

Tipps zur Herangehensweise Tipp

- Achten Sie besonders auf die materialgestützte Begründung der Hypothesen.

Mögliche Prüfungsfragen zu diesem Thema für einen zweiten Prüfungsteil

1. Erläutern Sie Methoden, mit denen die Verhaltensforschung zu Erkenntnissen kommt. A

2. Vergleichen Sie Methoden zur Erforschung tierischen Verhaltens mit denen der Humanethologie.

3. „Ein Klassenzimmer ist mit einer SKINNER-Box vergleichbar."
   Erläutern Sie, wie diese Aussage zu verstehen ist und beurteilen Sie diese.

4. Selbstständige und kooperative Lernformen sollten im heutigen Unterricht einen vorrangigen Stellenwert haben.
   Erläutern Sie den zugrunde liegenden Lernbegriff.

5. Nennen Sie einige Strategien für effektives Lernen beim Menschen.

6.3 Ein bahnbrechendes Experiment der Verhaltensbiologie des Menschen?

M1 Das WATSON/RAYNER-Experiment

Der amerikanische Psychologe JOHN B. WATSON führte 1919 zusammen mit ROSALIE RAYNER ein Experiment durch, das heute in fast jedem Lehrbuch der Psychologie zu finden ist.

Testperson in diesem Experiment ist Albert B., der Sohn einer Amme am Harriet-Lane-Hospital in Baltimore, der von seiner Mutter regelmäßig mit zur Arbeit in das Hospital genommen wird.
Albert ist zu Beginn des Experimentes fast neun Monate alt. Er zeigte bis zu diesem Zeitpunkt nach Aussage seiner Mutter nie Angst oder Wut und weinte praktisch nie.
Zunächst werden Albert lebende Tiere gezeigt, so eine weiße Ratte, ein Kaninchen, ein Hund, dann verschiedene leblose Objekte wie Baumwolle oder Masken mit und ohne Haare. Albert zeigt in keinem Fall Furcht. Er greift in der Regel nach den Tieren und Gegenständen.

Albert greift nach der weißen Ratte.

In einem zweiten Vorversuch wird Albert veranlasst, seinen Kopf zu drehen, während Watson hinter dem Kind steht und mit einem Hammer kurz und heftig auf eine Eisenstange schlägt. Beim ersten Mal schreckt Albert zusammen, beim zweiten Mal verzieht er zudem die Lippen, beim dritten Mal beginnt er zu weinen.

Albert berührt die Hundepfote.

Zwei Monate später startet das eigentliche Experiment. Ort der Versuche: Ein kleiner, durch Lampen hell erleuchteter Raum. Albert und die Experimentatoren sitzen während der Versuche auf einer Matratze. Eine Kamera zeichnet die Versuche auf.

Zudem erstellen Watson und Rayner ein Versuchsprotokoll, dessen wesentliche Inhalte, geordnet nach dem Alter des kleinen Albert, im Folgenden wiedergegeben werden:

11 Monate 3 Tage

Man zeigt Albert eine weiße Ratte. Dieser versucht, sie mit der linken Hand zu erreichen. In dem Moment, in dem er das Tier berührt, schlägt Watson direkt hinter Albert auf die Eisenstange. Das Kind zuckt zusammen und kippt nach vorn, weint aber nicht. Man setzt Albert wieder hin. Erneut streckt er seine Hand nach der Ratte aus. Als er das Tier berührt, wird wieder gegen die Eisenstange geschlagen. Albert schreckte zusammen, kippt vornüber und wimmert. Nun wird eine Woche lang kein weiterer Test vorgenommen.

Die Versuchssituation

11 Monate 10 Tage

Man präsentiert Albert die Ratte, teils mit, teils ohne Schlagen der Eisenstange. Zwischen den einzelnen Versuchsschritten erhält er Bauklötze, mit denen er spielt. Die Ergebnisse:

Präsentation Ratte	Schlagen der Eisenstange	Reaktion Alberts
X		beobachtet Ratte; tastet nach ihr; als die Ratte seine linke Hand berührt, zieht er diese zurück
X	X	zuckt zusammen; kippt zur Seite; kein Weinen
X	X	zuckt zusammen; kippt zur Seite; kein Weinen
X		verzieht Gesicht; wimmert; beugt sich weg
X	X	kippt zur Seite; wimmert
X	X	zuckt heftig zusammen; weint
X		weint; krabbelt rasch von der Ratte weg

11 Monate 15 Tage

Zunächst gibt man Albert Bauklötze, mit denen er wie üblich spielt. Sodann präsentiert man ihm, immer unterbrochen durch Phasen, in denen er mit den Bauklötzen spielen darf, verschiedene Tiere und Gegenstände. In allen Fällen erfolgt deren Präsentation ohne Schlagen der Eisenstange. Die Reaktionen Alberts sehen dabei wie folgt aus:

Tier/Gegenstand	Reaktion Alberts
Ratte	wimmert; zieht Hand weg
Ratte	beugt sich nach links, so weit wie möglich von Ratte weg
Kaninchen	lehnt sich so weit wie möglich von Tier weg; wimmert; weint
Hund	keine so heftige Reaktion wie beim Kaninchen
Pelzmantel aus Seehundfell	wendet sich ab; quengelt; beginnt schließlich zu weinen
Baumwolle in Papiertüte (Alberts Hand wird auf die Baumwolle gelegt)	zieht Hand weg; beginnt mit Papiertüte zu spielen, wobei er aber jeden Kontakt mit der Baumwolle vermeidet

Während Albert mit der Papiertüte spielt, neigt Watson seinen Kopf zu ihm hin, um zu sehen, wie das Kind auf die Haare reagiert. Alberts Reaktion wird im Versuchsprotokoll als „completely negative“ vermerkt. Zwei andere Personen (wohl Rayner und Alberts Mutter) neigen nun ebenfalls ihren Kopf zu Albert hin. Albert berührt deren Haar und spielt damit.

12 Monate 21 Tage

Watson und Rayner testen unter anderem Ratte, Kaninchen, Hund und Pelzmantel jeweils ohne Geräusch. Albert zeigt bei allen Tieren bzw. Gegenständen Zeichen von Furcht. Beim Kaninchen notieren die Experimentatoren, dass Albert zunächst keine Meidereaktion zeigt. Nach ein paar Sekunden jedoch verzieht er das Gesicht, nickt mit dem Kopf und schaut gespannt zu den Experimentatoren hin. Dann beginnt er das Kaninchen mit den Füßen wegzuschieben. Nach etwa einer Minute streckt er seine rechte Hand aus und berührte das Ohr des Kaninchens, schließlich streichelte er es. Auch beim Pelzmantel schwankt Alberts Reaktion zwischen Annäherung und Rückzug.
Diese Sitzung war die fünfte. (Sitzung Nr. 4 wurde hier nicht dokumentiert, sie brachte keine neuen Erkenntnisse.) Diese fünfte Sitzung ist zugleich die letzte, da Albert von seiner Mutter danach nicht mehr mit in das Hospital gebracht wird.

Doch Watson und Rayner halten ihre Versuchsziele bereits für erreicht. Als Ergebnis ihres Experimentes notieren sie: „Aus diesen Experimenten kann man schließen, dass direkt konditionierte emotionale Reaktionen, wie auch solche, die durch Generalisierung entstanden sind, obzwar mit einem gewissen Intensitätsverlust, so doch länger als einen Monat bestehen bleiben. Unserer Ansicht nach bleiben sie das ganze Leben lang bestehen und verändern die Persönlichkeit.“

A

1. Nennen Sie den verhaltensbiologischen Zusammenhang des Experimentes und die Untersuchungsziele von WATSON und RAYNER.

2. Erläutern Sie Ablauf und Ergebnisse der einzelnen Phasen des Experimentes.

3. Nehmen Sie zum methodischen Ansatz des Experimentes und zur Aussagekraft seiner Ergebnisse Stellung.

Lösungsvoraussetzungen: Klassische Konditionierung, Behaviorismus, Auswertung von Versuchsprotokollen

L

1. Beim WATSON/RAYNER-Experiment handelt es sich um eine **klassische Konditionierung**.
   Die Untersuchungsziele von WATSON und RAYNER waren dabei:
   1. Der Nachweis, dass beim Menschen Furcht durch klassische Konditionierung erlernt wird.
   2. Der Nachweis, dass die an einem Reiz erlernte Reaktion „Furcht" auf verschiedene andere, ähnliche Reize (Objekte) übertragen wird (Reizgeneralisierung).
   3. Der Nachweis, dass die in der Kindheit erlernte „Furcht-Reaktion" dauerhafter Bestandteil der emotionalen Ausstattung einer Person bleibt.

2. Die einzelnen Phasen des Experimentes sahen wie folgt aus:
   Vorversuche 1 und 2
   - Diese Vorversuche gehören zur Nullphase der klassischen Konditionierung.
   - Der Versuchsperson werden verschiedene Tiere und Gegenstände gezeigt. Sie zeigt Interesse an diesen Objekten und greift nach ihnen (Zeile 14/15).
   - All diese Objekte stellen bezogen auf die zu konditionierende Reaktion neutrale Reize dar.
   - Im zweiten Vorversuch schlägt der Experimentator mit einem Hammer scharf auf eine Eisenstange. Albert zeigt daraufhin verschiedene Furchtreaktionen (Zeile 19–23).
   - Beim Schlaggeräusch handelt es sich um einen unkonditionierten Reiz (unbedingten Reiz), bei der Furcht um eine unkonditionierte Reaktion (unbedingte Reaktion).

   Tag 1 und Tag 2 des eigentlichen Experimentes
   - Diese beiden Tage gehören weitgehend zur Lernphase der klassischen Konditionierung.
   - Hier werden der Versuchsperson der neutrale Reiz „Ratte" und der unkonditionierte Reiz „Schlaggeräusch" kombiniert dargeboten. Dabei erfolgt die gekoppelte Darbietung der beiden Reize am ersten Tag zweimal und am zweiten Tag viermal (Zeile 35–39 und Zeile 47/48).

- Albert zeigt in allen Fällen Furcht, die anfangs als unkonditionierte Reaktion anzusehen ist.
- Am zweiten Tag wird ihm mehrfach die Ratte ohne das Schlaggeräusch dargeboten. Bei der zweiten dieser Darbietungen zeigt Albert eine merkliche Furchtreaktion (Zeile 52), bei der dritten sogar eine heftige Fluchtreaktion (Zeile 53). Spätestens hier ist aus dem neutralen Reiz „Ratte“ ein konditionierter Reiz (bedingter Reiz) und aus der vorher unkonditionierten Furchtreaktion eine konditionierte Reaktion (bedingte Reaktion) geworden.
- Albert befindet sich ab hier in der Kannphase der klassischen Konditionierung.

Tag 3 und Tag 5 des eigentlichen Experimentes

- Die konditionierte Furchtreaktion ist auch fünf bzw. 41 Tage später noch vorhanden (Zeile 73/74 und Zeile 80).
- Nun werden Albert verschiedene andere Tiere und „haarige“ Objekte dargeboten. Er reagiert jeweils mit einer Furchtreaktion (Zeile 80 ff. und Zeile 83). Hier hat eine Reizgeneralisierung stattgefunden: Auch dem konditionierten Reiz ähnelnde Reize lösen die Furchtreaktion aus.
- Auf Reize, die dem konditionerten Reiz unähnlich sind (Bauklötze), reagiert Albert nicht.
- Laut Watson und Rayner sind damit die gesteckten Untersuchungsziele erreicht (Zeile 90).

3. Bei der geforderten Stellungnahme könnten unter anderen folgende Aspekte aufgeführt werden:

Methodischer Ansatz

- Furchtkonditionierungsversuche mit Säuglingen sind ethisch mehr als bedenklich.
- Die Versuchsrahmenbedingungen waren nicht immer gleich: z. B. sind offenbar manchmal zwei Experimentatoren in direktem Kontakt mit Albert, manchmal drei (Zeile 74 f. und Zeile 90).
- Es gibt keine standardisierte Reaktionsdefinition. Was genau ist eine Furchtreaktion: Zur-Seite-Kippen, Zusammenzucken, Wegziehen der Hand, Verziehen des Gesichtes, Wimmern, Weinen?
- Eine Quantifizierung der Furchtreaktionen fehlt.
- Die Experimentatoren sind nicht nur objektive Beobachter, sondern vielmehr im Versuch selber auch „Reize“. So könnte es sein, dass Watson der konditionierte Reiz ist („Der Krachmacher“), der die Furchtreaktion bei Albert auslöst, wie Unterschiede im Verhalten Alberts gegenüber den Haaren von Watson bzw. seiner Mutter nahelegen (Zeile 72 – 76).

Aussagekraft der Ergebnisse

- Der Versuch wurde nur *ein* Mal, mit nur *einer* Versuchsperson und bezogen auf nur eine konditionierte Reaktion durchgeführt. Dennoch wurden daraus weitreichende

verallgemeinernde Schlussfolgerungen gezogen (Zeile 91 ff.). Dies ist wissenschaftlich unzulässig.
- Die Reproduzierbarkeit der Ergebnisse wurde nicht überprüft.
- Widersprüche in den Ergebnissen, so z. B. beim Verhalten Alberts gegenüber Kaninchen und Pelzmantel am fünften Tag (Zeile 80 ff.), werden nicht thematisiert, sondern ignoriert.
- Für die Annahme der Experimentatoren, dass die Konditionierung ein Leben lang erhalten bleibt (Zeile 95), geben die Versuchsergebnisse keinerlei Anhaltspunkt.
- Neben den Schwächen im experimentellen Ansatz beeinträchtigt auch die emotionale Beteiligung der Experimentatoren die Qualität der Ergebnisse. So zeugen Formulierungen wie „Albert verhielt sich ‚completely negative'" eher vom Frust eines Experimentators als von objektiver Erfassung der Reaktion. Die von WATSON, dem Begründer des **Behaviorimus**, selber geforderte grundsätzliche Objektivität des Beobachters ist hier wohl nicht gegeben.

Damit sind die Ergebnisse des WATSON/RAYNER-Experimentes in ihrer Aussagekraft sehr begrenzt. In keinem Fall dürfen aus ihnen die von den Experimentatoren gezogenen generalisierten Schlussfolgerungen abgeleitet werden.

Tipps zur Herangehensweise Tipp
- In **Aufgabe 2** muss das Ablaufschema der klassischen Konditionierung auf das WATSON/RAYNER-Experiment angewendet werden. Achten Sie dabei auf eine klare Strukturierung der Darstellung und eine saubere Anwendung der Fachsprache. Sichern Sie Aussagen durch Textbelege ab. Doch Achtung: Das Abschreiben längerer Passagen aus dem Materialtext ist zu vermeiden!
- Gestalten Sie Ihre kritischen Anmerkungen in **Aufgabe 3** soweit möglich materialbezogen.

Mögliche Prüfungsfragen zu diesem Thema für einen zweiten Prüfungsteil

1. Erläutern Sie Methoden zur Klärung der Frage, ob bestimmte Verhaltensmuster ererbt oder erlernt sind. A
2. Erklären Sie die jeweilige biologische Bedeutung von ererbtem und erlerntem Verhalten.
3. Erläutern Sie an Beispielen die Bedeutung von Verhaltensmustern für evolutionsbiologische Prozesse.
4. Beurteilen Sie die folgende Aussage: „Der Mensch ist auch in seinem Verhalten durch das stammesgeschichtliche Erbe bestimmt."

7 Aufgaben zum Bereich Evolution

Der Themenbereich „Evolution“ ist zentral und relevant in nahezu allen Prüfungen und in allen Bundesländern. Es gilt, alle anderen Themenbereiche unter evolutionären Gesichtspunkten zu reflektieren. Dies bedeutet, dass in Aufgaben zur Evolution immer auch zentrale Kenntnisse und Methoden aus den anderen Themenfeldern beherrscht werden müssen.
Mithilfe der „Fragen zur Wissenswiederholung“ können Sie überprüfen, ob Sie über zentrale Kenntnisse zu den Evolutionstheorien und Evolutionsfaktoren verfügen. Im Folgenden sind Kenntnisse aus verschiedenen Sachgebieten unter evolutionären Gesichtspunkten an konkreten Aufgabenbeispielen anzuwenden. Am Anfang einer jeden Aufgabe finden Sie Hinweise zu den Lernvoraussetzungen, die Grundlage zur Lösung der Aufgabe sind, sodass Sie eine gezielte Auswahl treffen können.

7.1 Fragen zur Wissenswiederholung

A

1. Erläutern Sie die geschichtliche Entwicklung des Evolutionsgedankens und stellen Sie die wesentlichen Theorien in ihren Grundzügen dar.

L

1. Bis zum Ende des 18. Jahrhunderts bestimmte der Schöpfungsbericht des Alten Testaments die Sichtweise der westlichen Kultur mit der zentralen Vorstellung von der Unveränderlichkeit oder Konstanz der Arten.
   CARL VON LINNÉ war ein Vertreter dieser Lehre. Er schuf ein hierarchisch gegliedertes System, mit dem die Vielzahl verschiedener Pflanzen und Tiere geordnet werden konnte. Er deutete Ähnlichkeiten allerdings nicht als entwicklungsgeschichtliche Verwandtschaft. Seine Systematik schuf aber die Grundlagen, auf denen die Evolutionslehre Fuß fassen konnte.
   GEORGE DE CUVIER erforschte geologische Gesteinsschichten und ordnete die gefundenen Fossilien in das LINNÉ'sche System ein. Je tiefer ein Fossil in den Gesteinsschichten lag und je älter es damit war, desto stärker unterschied es sich von bestehenden Formen. Er lehnte jedoch evolutionäre Veränderungen ab und nahm an, dass die Tiere jeder Gesteinsschicht durch immer wiederkehrende Naturkatastrophen umgekommen sein mussten. Auf jede dieser Katastrophen folgte die göttliche Neuschöpfung von Arten (Katastrophentheorie).
   JEAN BAPTISTE DE LAMARCK entwickelte die erste umfassende Evolutionstheorie. Er nahm als Ursache der Evolution einen den Lebewesen eigenen **Vervollkommnungstrieb** an. Dabei sind die durch Umweltbedingungen hervorgerufenen inneren Bedürfnisse die treibende Kraft der Evolution. Durch den **Gebrauch** bzw. **Nichtgebrauch**

verändern sich im Laufe des Lebens Organe und Eigenschaften eines Individuums. Die so **erworbenen Eigenschaften werden** an die Nachkommen **vererbt**.
CHARLES DARWIN schuf mit seiner Evolutionstheorie die Grundlage für die heutige Vorstellung von Evolution. Jeder Organismus produziert mehr Nachkommen, als für die Erhaltung der Art erforderlich sind und schließlich auch überleben (**Überproduktion**). Die Angehörigen einer Art sind niemals völlig gleich, sondern unterscheiden sich voneinander in zahlreichen Merkmalen (**Variabilität**). Die Individuen, die durch ihre Eigenschaften für die Umwelt am besten geeignet sind, überleben und pflanzen sich fort, während die weniger gut geeigneten Varianten im Laufe der Zeit aussterben (**natürliche Auslese oder Selektion**). Die genetischen Informationen über die Merkmale der Überlebenden werden an die Nachkommen weitergegeben (**Vererbung**).
Die **synthetische Theorie** der Evolution basiert auf den Grundgedanken DARWINS. Sie wurde durch eine Vielzahl neuer Erkenntnisse verschiedener Forschungsgebiete der Biologie erweitert. Dabei fand eine Schwerpunktverlagerung statt: Nicht das Individuum steht im Zentrum der Überlegungen, sondern die **Population** und der **Genpool**. Evolution ist die Veränderung des Genpools einer Population im Laufe der Zeit.

2. Die Flosse vom Pinguin und die Brustflosse des Delfins sind sowohl als analog als auch als homolog zu bezeichnen. Erläutern Sie an diesem Beispiel die Begriffe Homologie und Analogie. A

2. Merkmale, die äußerlich nach Bau und Funktion sehr verschieden sein können, sich aber auf denselben Grundbauplan zurückführen lassen, bezeichnet man als homologe Merkmale. Homologe Merkmale oder Organe deutet man im Rahmen der Evolution als Ausdruck einer **divergenten Entwicklung,** ausgehend von einer gemeinsamen genetisch festgelegten Grundform. Die Flosse vom Pinguin und die Brustflosse des Delfins lassen sich auf den fünfgliedrigen Grundbauplan der Wirbeltiergliedmaßen zurückführen, sind also homolog. Aus der Klasse der Reptilien, die über diesen Grundbauplan verfügten, haben sich die Vögel einerseits und die Säugetiere andererseits entwickelt. Merkmale, die dieselbe Funktion haben, jedoch einen verschiedenen Grundbauplan aufweisen können, bezeichnet man als analoge Merkmale. Die Interpretation im Rahmen der Evolution ist die einer **konvergenten Entwicklung,** ausgehend von systematisch verschiedenen Grundformen. Aus verschiedenen systematischen Gruppen (Vögel/ Säugetiere) hat folglich eine Anpassung an den Lebensraum Wasser stattgefunden. Der Vogelflügel des Pinguins und die Flosse des Delphins sind somit auch als analog zu bezeichnen. L

A

3. Zu den allgemeinen Erkenntnissen aus der Paläontologie gehört, dass Entwicklungsvorgänge nicht umkehrbar sind, dass komplizierte Strukturen, die einmal verloren gegangen sind, nicht in gleicher Weise erneut gebildet werden können. Erläutern Sie die Begriffe Rudiment und Atavismus an einem Beispiel und diskutieren Sie, ob das Vorkommen von Atavismen den Erkenntnissen aus der Paläontologie widerspricht.

L

3. Rudimente sind funktionslose, rückgebildete Organe an einer Stelle, an der nahe verwandte Arten ein funktionstüchtiges Organ aufwiesen. Bartenwale besitzen im Körperinneren funktionslose Reste des Beckengürtels und des Oberschenkelknochens. Diese legen den Schluss nahe, dass Bartenwale von vierfüßigen Vorfahren abstammen. Heutige Pferde weisen am einzigen ausgeprägten 3. Finger der Vorderextremität einen Huf auf, 2. und 4. Finger der ursprünglich fünfstrahligen Extremität sind reduziert, die vorhandenen Griffelbeine stellen Rudimente dar. In seltenen Fällen taucht bei heutigen Pferden ein verlängertes Griffelbein mit Huf auf. Man nennt solche Rückschläge zum Aussehen eines Vorfahren allgemein Atavismen. Ihre Bildung wird erklärt durch eine Störung in der Embryonalentwicklung: Dabei wird eine abgeschaltete genetische Information (die der ursprünglichen, fünfstrahligen Extremität) fälschlicherweise abgelesen bzw. eine Information zur Rückbildung dieser Extremitäten wird eben *nicht* abgelesen. Da das verlängerte Griffelbein aber anders als in der ursprünglichen Evolution der Pferdeartigen mit einem Huf ausgestattet ist und es sich um eine außergewöhnliche Verwirklichung von Ahnenformen bei Einzelindividuen handelt, ergibt sich kein Widerspruch zu den Erkenntnissen aus der Paläontologie.

A

4. Listen Sie in tabellarischer Form die verschiedenen Möglichkeiten zur Entstehung von Fossilien auf und erläutern Sie diese kurz.

L

4.

1. Dauerfrostboden	Verhinderung des Zersetzungsprozesses durch Einlagerung in Dauerfrostboden (sibirisches Mammut und „Ötzi")
2. Baumharz Bernstein	Kleinere Tiere wie Fliegen, Ameisen, Käfer oder Spinnen sind in fossilen Harzen (Bernstein) erhalten geblieben.
3. Mumifizierung	In Gegenden mit extremer Trockenheit konnten Lebewesen durch Austrocknung konserviert werden; durch Sauerstoffabschluss in saurem Moorwasser entstanden Moorleichen.
4. Abdrücke von Weichteilen in hart gewordenem Sediment	Weichteile wurden in Ton oder Schlamm eingeschlossen. Anschließend verfestigte sich das Sediment und die eingeschlossenen Teile wurden zerstört. Erhalten blieben nur die Abdrücke.
5. Erhaltung anorganischer Substanzen	Gehäuse, Schalen, Panzer, Zähne oder Knochen wurden als anorganische Substanzen von Fäulnisbakterien nicht angegriffen.
6. Versteinerungen	Füllte sich der Hohlraum einer Schale nach dem Absterben eines Tieres mit Sediment, das später erhärtete, so zeigt der entstandene Steinkern den inneren Abdruck der Schale mit allen Einzelheiten; drangen Minerallösungen in die Gewebe eines toten Baumes ein und ersetzten die ausfallenden Mineralien das organische Material, so entstand eine echte Versteinerung.

5. Definieren Sie den Begriff „Brückentier" und erläutern Sie diesen anhand eines selbst gewählten Beispiels. A

5. Brückentiere sind Tiere, die Merkmale verschiedener Tiergruppen in sich vereinigen und damit mosaikartig zusammengesetzt sind. Brückentiere können helfen, evolutionäre Entwicklungen zu erklären. Eines der bekanntesten Beispiele ist der Urvogel *Archaeopteryx*, der Merkmale der Reptilien (Krallen an Vorder- und Hinterextremitäten, Schwanzwirbelsäule) und solche der Vögel (Federn, Flügel, Vogelschädel) aufweist. L

6. Das Holz eines Strauches vom Mittelstreifen einer Autobahn wurde mit der Radiokarbonmethode auf ein Alter von etwa 5000 Jahren datiert. Erläutern Sie die Radiokarbonmethode und diskutieren Sie die Ursache der fehlerhaften Altersbestimmung. A

6. Beim Kohlenstoff ist neben dem stabilen Isotop mit der Massenzahl 12 (^{12}C) auch das instabile ^{14}C-Isotop mit einer um zwei Neutronen erhöhten Atommasse bekannt, welches unter Abgabe radioaktiver Strahlung zerfällt. In ihrem chemischen Verhalten unterscheiden sich die beiden Isotope nicht. ^{14}C hat eine Halbwertzeit von etwa 5740 Jahren, nach dieser Zeit ist also die Hälfte aller ursprünglichen Atome zerfallen. Neubildung und Zerfall von ^{14}C stehen in der Atmosphäre in einem stabilen Gleichgewicht. Während der Fotosynthese nehmen Pflanzen entsprechend dieser Gleichgewichtsverteilung sowohl $^{12}CO_2$ als auch $^{14}CO_2$ auf und bauen den Kohlenstoff in ihre Moleküle ein. Mit der Nahrung gelangen die beiden Kohlenstoff-Isotope in tierische und menschliche Körper. Stets liegt somit ein gleicher Anteil an ^{14}C im Körper vor. Mit dem Tod des Lebewesens wird nun kein ^{14}C mehr aufgenommen, das vorhandene ^{14}C zerfällt jedoch fortlaufend. Durch Messung der noch vorhandenen Menge an ^{14}C kann man also das Alter von Fossilien bestimmen. Wegen der relativ kurzen Halbwertszeit ist diese Methode allerdings nur zur Datierung relativ junger Fossilien bis zu etwa 50 000 Jahren geeignet. L
Erdöl ist durch einen Fossilisationsprozess entstanden, der in abgestorbenen marinen Lebewesen seinen Ursprung hatte. Der ^{14}C-Gehalt ist somit im Erdöl und damit auch in den daraus gewonnen Kraftstoffen deutlich geringer als in der Atmosphäre. Durch die Verbrennung der Kraftstoffe gelangt also insbesondere an Autobahnen relativ gesehen mehr ^{12}C in die Umgebung, der Strauch vom Mittelstreifen hat also weniger ^{14}C aufgenommen und erscheint somit älter.

7. Erläutern Sie, warum die Aminosäuresequenz eines Enzyms, das bei verschiedenen Arten denselben biochemischen Vorgang katalysiert, Aufschluss über den Grad der Verwandtschaft von Arten geben kann. A

7. Der Vergleich des entsprechenden Enzyms bei verschiedenen Arten zeigt Übereinstimmung in zahlreichen Positionen. Sie sind Ausdruck des gemeinsamen stammesgeschichtlichen Ursprungs. Die Primärstruktur von Enzymen ist genetisch festgelegt. L

Unterschiede in einzelnen Aminosäurepositionen, die die Funktion des Enzyms nicht beeinträchtigen, sind auf Unterschiede in der Basensequenz der DNA zurückzuführen, also auf Mutationen. Nimmt man an, dass diese Mutationen im Laufe der Zeit mit gleicher Häufigkeit entstanden sind, so kann man aus der Anzahl der Unterschiede schließen, wie lange es etwa her ist, dass der letzte gemeinsame Vorfahre lebte. Somit erhält man Informationen über den Grad der Verwandtschaft verschiedener Arten.

A

8. „Eine rasche Anpassung an veränderte Umweltverhältnisse vollzieht sich häufig ohne neue Mutationen allein auf dem Wege der Präadaption."
Nehmen Sie Stellung zu dieser Behauptung.

L

8. Der Begriff Präadaption bezeichnet die Entstehung von Eigenschaften, die erst später einen Sinn bekommen (Anpassung „im Voraus"). Eine Präadaption tritt dadurch ein, dass Mutationen ungerichtet stattfinden. So kommt es vor, dass beim Eintreten neuer Lebensbedingungen einzelne Individuen zufällig „schon angepasst" sind. Ein Beispiel hierfür ist die Entstehung der Resistenz von Bakterien gegen Antibiotika. Diese Resistenz entsteht nicht erst durch veränderte Umweltbedingungen (hier: das Hinzufügen des Antibiotikums), sondern dadurch, dass einige Bakterien schon vorher zufällig gegen dieses Antibiotikum resistent waren.

Bei diploiden Lebewesen können sich rezessive Allele gleichsam in „Wartestellung" befinden und erst unter veränderten Umweltbedingungen zu einem Selektionsvorteil führen.
Ein weiteres Beispiel findet man in der Evolution der Tetrapoden. Im Devon entwickelten sich spezialisierte Fische, bei denen sich beinartige Körperanhänge offensichtlich als bessere Anpassung zum Paddeln und Kriechen durch die dichte Vegetation im Flachwasser erwiesen als Flossen. Außerdem konnten diese Tiere bei einer gleichzeitigen Entwicklung von Lungen zusätzlich zu den Kiemen über immer längere Strecken zum nächsten Tümpel kriechen, falls ihr Wohngewässer austrocknete. Die Verbesserung der Extremitäten bedeutete also einen Selektionsvorteil. Die entsprechenden Allele setzten sich dann in den jeweiligen Populationen allmählich durch. Aber erst Dutzende von Millionen Jahren später wurde diese präadaptive Anpassung an das Landleben von den frühen Amphibien genutzt.

A

9. Erläutern Sie das Hardy-Weinberg-Gesetz und ermitteln Sie die Häufigkeit, mit der heterozygote Personen (Aa) in einer Population Träger des rezessiven Allels a für Phenylketonurie (PKU) sind. Die PKU tritt mit einer Häufigkeit von 1 : 10 000 bei homozygot rezessiven Individuen (aa) auf.

9. Das HARDY-WEINBERG-Gesetz besagt, dass die Allelhäufigkeit eines Genpools unter den folgenden Bedingungen einer idealen Population konstant bleibt: L

- Es finden keine Mutationen statt.
- Es erfolgt keine Zu- und Abwanderung von Individuen (keine Migration).
- Alle Individuen haben aufgrund ihrer Erbanlagen die gleiche „Eignung" für die Auseinandersetzung mit der Umwelt (keine Selektion).
- Alle Elternorganismen haben die gleiche Fruchtbarkeit und bringen somit eine gleiche Anzahl an Nachkommen hervor
- Die Population pflanzt sich zweigeschlechtlich fort, wobei die Wahrscheinlichkeit für die Paarung beliebiger Partner gleich groß ist (Panmixie).
- Es handelt sich um eine sehr große Population (Zufallsereignisse spielen keine Rolle).

Die mathematische Formulierung des HARDY-WEINBERG-Gesetzes lautet für die

- Allelfrequenzen p (A) und q (a): $p + q = 1$
- Genotypenhäufigkeiten: $p^2 + 2pq + q^2 = 1$

Bei der PKU beträgt die Häufigkeit des rezessiven Genotyps (aa): $q^2 = \frac{1}{10\,000}$, daraus folgt die Allelfrequenz $q(a) = \frac{1}{100}$ und die Allelfrequenz $p(A) = \frac{99}{100}$.
Die Häufigkeit des Genotyps Aa berechnet sich wie folgt:
$2pq = 2 \cdot \frac{99}{100} \cdot \frac{1}{100} = \frac{198}{10\,0000} \approx \frac{200}{10\,000} = \frac{2}{100} = \frac{1}{50}$
Etwa jeder fünfzigste Mensch ist also heterozygoter Träger des rezessiven Allels.

10. Erklären Sie die Begriffe „genetische Drift", „Flaschenhalseffekt" und „Gründereffekt". A

10. Eine zufällige Veränderung der Allelfrequenz in einer Population bezeichnet man als **genetische Drift**. Zwei Situationen können Populationen so stark schrumpfen lassen, dass sie klein genug für eine genetische Drift sind. Katastrophen wie Erdbeben, Überschwemmungen, Dürren und Feuer, aber auch Bejagung durch den Menschen und Reduktion der Lebensräume können die Größe einer Population drastisch reduzieren. Der Genpool der kleinen überlebenden Population entspricht damit nicht mehr dem der ursprünglichen Population. Durch Zufall sind bestimmte Allele im Vergleich zur Ausgangspopulation unter den Überlebenden überrepräsentiert, andere hingegen unterrepräsentiert. Manche gehen vielleicht gänzlich verloren. Eine genetische Drift durch derartige Ereignisse bezeichnet man als **Flaschenhalseffekt**. Unter Umständen verändert genetische Drift weiterhin für viele Generationen den Genpool der Population, bis diese so groß ist, dass derartige Zufälle keine Rolle mehr spielen. Genetische Drift ist immer dann wahrscheinlich, wenn wenige Individuen einer größeren Population eine isolierte Insel, einen See oder neuen Lebensraum besiedeln. Je kleiner die Stichprobe, desto weniger wird die genetische Ausstattung der Gründerindividuen den Genpool der größeren Stammpopulation repräsentieren. Diese Form der genetischen Drift bezeichnet man als **Gründereffekt**. Ist die Besiedlung erfolgreich, wird zunächst genetische Drift die Häufigkeit der Allele im Genpool stark beeinflussen. Mit zunehmender L

Populationsgröße können dann auch hier Zufallsereignisse die genetische Struktur der Population immer weniger beeinflussen.

A

11. Erläutern Sie die verschiedenen Formen der Selektion und stellen Sie diese in Zusammenhang mit den Begriffen „Artenwandel“, „Artkonstanz“ und „Artaufspaltung“.

L

11. Bei der gerichteten Selektion führt eine Änderung der Umweltbedingungen zu einem einseitigen Selektionsdruck auf eine Population und somit zur Veränderung des Genpools in Richtung auf eine bessere Anpassung. Bleibt die Umweltveränderung über mehrere Generationen konstant, so führt dies zur Veränderung der Population, also zum **Artenwandel**. Ist eine Population gut an ihre Umwelt angepasst und ändern sich die Umweltbedingungen nicht, so wirkt die Selektion der Entstehung extremer, zu stark vom Durchschnitt abweichender Formen entgegen. Die stabilisierende Selektion sorgt für eine **Artkonstanz**. Bei der aufspaltenden Selektion sind Teile der Population unterschiedlichen Umweltbedingungen ausgesetzt und es werden somit eher extreme Varianten selektiv begünstigt.
Die Population zerfällt in Teilpopulationen, es kommt zur **Artaufspaltung**.

A

12. Erklären Sie die Begriffe „präzygote Isolation“ und „postzygote Isolation“.

L

12. **Präzygote Isolationsmechanismen** sorgen dafür, dass es zu keiner Befruchtung kommen kann. Leben die Populationen in verschiedenen Lebensräumen und treffen sie nicht aufeinander, so spricht man von der **Habitatisolation.** Ist das Balzverhalten unterschiedlich oder sind die äußerlichen oder akustischen Auslöser für eine sexuelle Anziehung zwischen Weibchen und Männchen zu unterschiedlich, bezeichnet man das als **ethologische oder Verhaltensisolation**. Erfolgt die Fortpflanzung zu verschiedenen Jahreszeiten oder Tageszeiten, so liegt eine **zeitliche Isolation** vor. Weisen die Kopulationsorgane bzw. die Blüten von Pflanzen einen unterschiedlichen Bau auf und passen nicht mehr zueinander bzw. verhindern eine Pollenübertragung, so spricht man von **mechanischer Isolation**. Ist aufgrund fortgeschrittener genetischer Separation eine Verschmelzung weiblicher und männlicher Gameten nicht mehr möglich, bezeichnet man dies als **gametische Isolation.**
Bei den **postzygoten Isolationsmechanismen** greift die Isolation erst nach der Befruchtung. Die Hybridzygoten können im Laufe ihrer Entwicklung absterben oder die Bastarde erreichen nicht die Geschlechtsreife (Bastardsterblichkeit).
Die Bastarde können steril sein oder über eine geringere relative Fitness verfügen, also weniger genetisches Material in die Folgegeneration einbringen.

13. Erläutern Sie die Unterschiede im Ablauf einer allopatrischen und einer sympatrischen Artbildung. A

13. Grundvoraussetzung für die **allopatrische Artbildung** ist die Auftrennung einer Stammpopulation in Teilpopulationen durch eine räumliche Schranke. Nun können die Evolutionsfaktoren wirksam werden. Eine zufällige Auswahl von Allelen aus dem Gesamtgenpool kann zu einer unterschiedlichen Zusammensetzung der nun isolierten Genpoole geführt haben. Gendrift kann wirksam werden, wenn die Teilpopulationen genügend klein sind. Verschiedene zufällige Mutationen bleiben auf den jeweiligen Genpool beschränkt. Rekombination führt zu unterschiedlichen Allelkombinationen und damit zu Individuen mit neuen Merkmalskombinationen. Es können verschiedene Selektionsbedingungen wirksam werden, wenn die isolierten Lebensräume verschieden sind. Führen die genetischen Unterschiede zu einer reproduktiven Isolation der Teilpopulationen, so sind neue Arten entstanden. L
Die **sympatrische Artbildung** findet ohne eine vorherige geografische Isolation statt. Einzelne Individuen einer Population werden durch eine Mutation schlagartig von der Restpopulation reproduktiv isoliert und bilden den Ausgangspunkt für eine neue Art. Die sympatrische Artbildung findet man vorwiegend bei Pflanzen, bei denen es infolge einer Meiosestörung zu einer Vervielfältigung des Chromosomensatzes kommt (Polyploidisierung).

14. Begründen Sie, warum sich die Beuteltiere in Australien zu ihrer heutigen Formenvielfalt entwickeln konnten und erklären Sie in diesem Zusammenhang den Begriff adaptive Radiation. A

14. Vor ca. 200 bis 250 Millionen Jahren war die Landmasse der Erde ein einziger großer Kontinent. Dieser begann sich vor etwa 180 Millionen Jahren in eine nördliche und in eine südliche Landmasse zu teilen. Darauf folgte das Auseinanderbrechen der Südkontinente, Australien war seit der Kreidezeit völlig isoliert. Zuvor war die Evolution der Säugetiere so weit fortgeschritten, dass sich auf den noch zusammenhängenden Kontinenten und somit auch in Australien Beuteltiere ausgebreitet hatten. Im dann isolierten Australien blieben die Beuteltiere erhalten, auf den restlichen Kontinenten wurden sie von den sich dort entwickelnden konkurrenzfähigeren Placenta-Tieren verdrängt. Die Ausgangsarten in Australien fächerten sich in zahlreiche Arten auf (Radiation), wobei jede Art eine spezifische ökologische Nische besetzt, an diese also in besonderer Weise angepasst (adaptiert) ist. L

A

15. Ordnen Sie den Menschen in das natürliche System ein.

L

15.

Systematische Zuordnung	Merkmale
Stamm: Wirbeltiere	knöchernes Innenskelett
Klasse: Säugetiere	Säugen der Nachkommen, Haarkleid, gleichbleibende Körpertemperatur
Ordnung: Primaten (Herrentiere)	nach vorne gerichtete Augen zum räumlichen Sehen, Greifhände und Greiffüße ohne Krallen, geringe Nachkommenzahl und lange Abhängigkeit der Jungen von der Mutter, stark entwickeltes Großhirn
Überfamilie: Hominoidea (Menschenartige)	verbreiterter Brustkorb und zum Rücken verbreiterte Schulterblätter mit der Konsequenz der größeren Beweglichkeit der Arme, hintere Backenzähne mit dem charakteristischen Y-5-Muster, Fehlen eines Schwanzes und Bildung eines Steißbeines
Familie: Hominidae (Menschen)	parabolischer Zahnbogen mit (nahezu) geschlossenen Zahnreihen, schüsselförmiger Bau des Beckens, gewölbte Füße, zentrale Lage des Hinterhauptloches, doppel-S-förmige Wirbelsäule, Opponierbarkeit des verlängerten Daumens
Gattung: Homo Art: Homo sapiens	Reduktion des Sexualdimorphismus, Zunahme der Gehirngröße von 500 cm^3 auf bis zu 1750 cm^3, hohe Stirn, keine Überaugenwülste, Kinnbildung, Fleischfresser, Herstellung von Steinwerkzeugen, Entwicklung der Feuerbenutzung und Ausbildung einer Kultur

A

16. Erläutern Sie, warum ein Stammbaum zur Evolution des Menschen immer nur als „weitgehend anerkannt", nicht aber als wissenschaftlich gesichert bezeichnet werden kann.

L

16. Die Anzahl der Fossilfunde ist begrenzt. Damit sind die Zusammenhänge zwischen den einzelnen Funden unsicher, insbesondere, da man die Variationsbreite der einzelnen jeweils vorhandenen Arten nicht einschätzen kann. Das lässt Raum für subjektive Interpretationen der Forscher, die einen Fund je nach Betonung einzelner Merkmale in eine neue Art einordnen oder sie einer bereits vorhandenen Art zuordnen. Außerdem existieren häufig nur Fragmentfunde, was eine sichere Einordnung weiter erschwert. Die Einschätzung eines Fundes ist weiterhin von der Tatsache abhängig, ob Werkzeuggebrauch vorlag oder nicht – diese Funde müssen also vorhanden sein und richtig interpretiert werden.

Neben der Erstellung eines Stammbaumes auf der Grundlage von Fossilfunden können Verwandtschaftsverhältnisse auf der Grundlage cytologisch-biochemischer Merkmale heute lebender Formen geklärt werden. Dazu gehören der Vergleich von Karyogrammen, DNA-Vergleiche, Vergleiche von Aminosäuresequenzen verschiedener Proteine mit gleicher Funktion und der Präzipitin-Test. Diese Vergleiche führen zu unterschiedlichen, sich zum Teil widersprechenden Stammbäumen.
Ein Stammbaum zur Evolution des Menschen kann somit nur als „weitgehend anerkannt" bezeichnet werden, wenn er mit möglichst wenigen Forschungsergebnissen im Widerspruch steht.

17. Über die Entstehung der Art *Homo sapiens* gibt es zwei Hypothesen, die Hypothese vom multiregionalen Ursprung und die Hypothese vom afrikanischen Ursprung. Erläutern Sie beide Hypothesen. A

17. Die Hypothese vom multiregionalen Ursprung des modernen Menschen geht davon aus, dass sich diese mehrfach unabhängig voneinander in unterschiedlichen Regionen der Erde (Afrika, Europa, Ostasien, Südostasien/Australien) aus dort ansässigen Populationen der Art *Homo erectus* entwickelt haben. Somit gilt *Homo erectus* als unser aller Vorfahre. Genfluss zwischen den einzelnen Populationen soll dafür gesorgt haben, dass es nicht zur reproduktiven Isolation und damit zur Artaufspaltung kam. Die charakteristischen Unterschiede zwischen den heutigen Menschengruppen hätten somit einen sehr alten Ursprung. L

Die Hypothese vom afrikanischen Ursprung des modernen Menschen („Out-of-Africa-Modell") geht davon aus, dass die gesamte Menschheit eine gemeinsame und vergleichsweise junge Wurzel hat. Alle heute lebenden Menschen sind Nachkommen des *Homo sapiens*, der vor etwa 150 000 Jahren in Afrika entstanden ist und dann andere Kontinente besiedelte, wobei er dort noch lebende andere Menschenformen (*Homo erectus*, Neandertaler) ablöste oder verdrängte. Für die Herausbildung genetischer Unterschiede zwischen den verschiedenen Menschengruppen stand nur wenig Zeit zur Verfügung.

18. Die Fähigkeit, Werkzeuge herzustellen, zu sprechen, aus eigener und fremder Erfahrung zu lernen sowie zusammenzuarbeiten sind Grundlagen der kulturellen Evolution. Stellen Sie dar, welche Errungenschaften der biologischen Evolution für diese Fähigkeiten die Voraussetzung schufen. A

18. Die Entwicklung des aufrechten Ganges mit den entsprechenden anatomischen Veränderungen (Form der Wirbelsäule und des Beckens, Lage des Hinterhauptloches, Entwicklung des Standfußes) setzte die Hände frei zum Werkzeuggebrauch und zur Werkzeugherstellung. Der verlängerte menschliche Daumen kann jedem der anderen Finger gegenübergestellt werden, sodass ein Präzisionsgriff möglich ist und damit ein effektiverer Umgang mit Werkzeugen. L

Die zunehmende Entwicklung des Großhirns schuf die Voraussetzung für ein vernetztes und planendes Denken.

Beim erwachsenen Menschen liegt der Kehlkopf, anders als bei allen anderen Säugetieren, tief im Halsbereich. Die Verlagerung des Kehlkopfes vergrößerte den Mund-Rachen-Raum und damit die Zahl der Stimmlaute. Die Veränderung der Anordnung der Zähne von einem u-förmigen in einen parabolischen Zahnbogen führte zusammen mit der Wölbung des Gaumens und der zunehmenden Beweglichkeit der Zunge zur Fähigkeit, viele Sprachlaute hervorzubringen. Die Ausbildung eines eigenen motorischen Sprachzentrums im Gehirn ermöglichte das zusammenhängende Sprechen.

Die Verlängerung der Lebensdauer des Menschen weit über das fortpflanzungsfähige Alter hinaus führte zu einer zeitlichen Überlappung der Generationen, was für die Weitergabe von Traditionen wichtig ist.

A

19. Beschreiben Sie das MILLER-Experiment und erläutern Sie die Bedeutung dieses Experimentes für die chemische Evolution und die Entstehung des Lebens.

L

19. MILLER erhitzte in einem Kugelkolben Wasser. Der Wasserdampf vermischte sich mit den hinzugefügten Gasen Wasserstoff (H_2), Methan (CH_4) und Ammoniak (NH_3). In einem zweiten Kugelkolben, durch den das Gemisch geleitet wurde, wurden zwischen zwei Elektroden Blitze erzeugt. Ein anschließender Gegenstromkühler kondensierte den Wasserdampf und die darin gelösten Stoffe. Beides floss über ein Sammelrohr in den ersten Kolben zurück. In diesem geschlossenen Kreislauf entstanden organische Substanzen, auch solche, die Bestandteile von Lebewesen sind wie Kohlenwasserstoffe, Lipide, Harnstoff, Zucker, insbesondere Ribose und Desoxyribose, sowie Purin- und Pyrimidinbasen. Mit diesem Experiment wurden die Bedingungen auf der Urerde simuliert. Nach der Bildung einer festen Kruste waren auf der Erdoberfläche Meere und Kontinente entstanden. Permanent zuckten heftige Blitze vom Himmel, Vulkane brachen aus, Meteore schlugen ein, das vorhandene Wasser wurde also häufig stark erhitzt. Die Atmosphäre bestand vorzugsweise aus den im Experiment benutzten reduzierenden Gasen.

Das Experiment zeigt also, dass die in Lebewesen vorkommenden Bausteine unter den Bedingungen der Uratmosphäre entstehen konnten.

Gegen diese Vorstellung werden verschiedene Argumente angeführt, die davon ausgehen, dass gerade unter den Bedingungen der Uratmosphäre ein großer Teil der eben entstandenen organischen Substanzen wieder zerstört worden wäre.

Darüberhinaus kann dieses Experiment höchstens erklären, wie kleine Bruchstücke, die in Lebewesen vorkommen, entstanden sein könnten, nicht aber, wie große Moleküle (Proteine, Nukleinsäuren) sich gebildet haben. Das Problem der Entstehung des Lebens ist damit nicht gelöst.

20. Definieren Sie den Begriff „Altruismus“ und zeigen Sie auf, inwiefern Altruismus mit dem Konzept der Gesamtfitnessmaximierung vereinbar ist. A

20. Unter **Altruismus** versteht man uneigennütziges Verhalten, also ein Verhalten, das die reproduktive Fitness des uneigennützig Handelnden mindert und die des Handlungsempfängers erhöht. Dieses kann im Extremfall mit einer Aufopferung des altruistisch Handelnden verbunden sein, im Regelfall geht es aber eher um Hilfeleistungen, die das Leben des uneigennützig Handelnden nicht gefährden. Das Gegenteil von Altruismus ist Egoismus. L

Aus Sicht der Soziobiologie ist das Ziel jeden Verhaltens eine Maximierung der reproduktiven Fitness. Dabei setzt sich die reproduktive Gesamtfitness zusammen aus den beiden Komponenten **direkte Fitness** (der durch eigene Nachkommen erzielte Fortpflanzungserfolg) und **indirekte Fitness** (der durch Unterstützung gesicherte/erzielte Fortpflanzungserfolg von Verwandten, mit denen ein Lebewesen Gene gemeinsam hat). Tatsächlich scheint uneigennütziges Handeln auf den ersten Blick einer Maximierung der reproduktiven Gesamtfitness entgegenzustehen. Bei näherer Betrachtung allerdings wandelt sich dieses Bild: In vielen Fällen nämlich kann der in einer bestimmten Situation uneigennützig Handelnde erwarten, dass der „Beschenkte“ bei anderer Gelegenheit diese Hilfe erwidert („Eine Hand wäscht die andere.“ oder „Wie ich dir, so du mir.“). Bei dieser Form von Altruismus (**reziproker Altruismus**) nimmt der Helfende nur eine momentane Minderung seiner Fitness in Kauf, um später durch die dann erhaltene Hilfe einen Fitnessgewinn zu erzielen, der die vorherigen Investitionsverluste mindestens ausgleicht. Die Kosten-Nutzen-Analyse fällt also unter dem Strich meist für beide Partner positiv aus. Diese Form des Altruismus dient damit der Fitnessmaximierung.

Eine zweite Form altruistischen Handelns beinhaltet die Inkaufnahme individueller Fitnesseinbußen zugunsten von Verwandten (**nepotistischer Altruismus**). Hier führt das altruistische Verhalten zwar zur Minderung der direkten Fitness, dafür aber zu einer Steigerung der indirekten Fitness (Verwandtenselektion). In der Gesamtbilanz führt dies auch hier zu einer Steigerung der reproduktiven Gesamtfitness.

Altruistisches Handeln beinhaltet zudem teilweise **indirekte Nutzeffekte**, die auf den ersten Blick gar nicht erkennbar sind (Beispiel: Hilft ein Lebewesen einem nicht mit ihm verwandten Artgenossen, so kann es im Zuge dieser Hilfe bestimmte Fähigkeiten trainieren oder Strategien zur Bewältigung von Schwierigkeiten ausprobieren. Das Risiko von Fehlschlägen trägt dabei derjenige, dem geholfen wird. Letztendlich können die Trainingseffekte den Aufwand für die Hilfe mehr als kompensieren).

Altruistisches Handeln enthält somit (fast) immer egoistische Komponenten und dient durchaus der Maximierung der reproduktiven Gesamtfitness.

7.2 Bakterienresistenz – Ergebnis des Zufalls oder gezielte Anpassung?

M1 Äußerungen eines Wissenschaftlers zur Entstehung der Bakterienresistenz

„Clevere Keime: Sie entwickeln Resistenzen gegen Antibiotika, die in der Therapie, aber auch in der Tierzucht eingesetzt werden."

http://www.pharmazeutische-zeitung.de

M2 Der Versuch von Luria und Delbrück

Zur Beantwortung der Frage, wie Bakterien Antibiotikaresistenzen erwerben, führten die Forscher Luria und Delbrück einen Versuch durch.
Nach den Kontrollversuchen (①) wurde die Bakterienkultur auf 40 Reagenzgläser verteilt, in denen die Bakterien einige Zeit kultiviert wurden, sodass sie sich vermehrten. Anschließend plattierte man die 40 Bakterienkulturen auf einem Nährboden mit Antibiotikum aus und bebrütete sie (②). Jeder etwa 4 mm große Punkt auf dem Nährboden entspricht einer Bakterienkolonie, die rund 10 Milliarden erbgleiche Bakterien enthält. Das Bild der abgebildeten 20 Petrischalen ist exemplarisch auf die weiteren Schalen übertragbar.

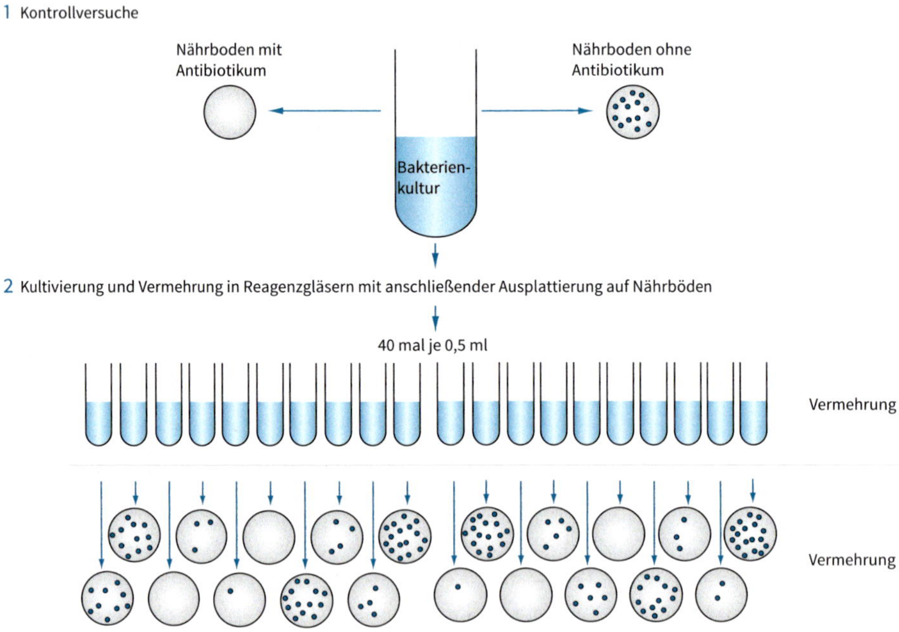

A

21. Erklären Sie die Entstehung antibiotikaresistenter Bakterien nach den Evolutionstheorien von LAMARCK und DARWIN.
Erläutern Sie, welcher Theorie das Zitat (**M1**) näher steht.

22. Beschreiben Sie die Ergebnisse des Versuches **M2** und werten Sie anschließend den Versuch aus.
Leiten Sie daraus die Antwort auf die Ausgangsfrage ab, wie es zur Bakterienresistenz kommt.

23. Erläutern Sie wie das Zitat (**M1**) verbessert werden könnte.

Lösungsvoraussetzungen: Evolutionstheorien von LAMARCK und DARWIN, Bakterienvermehrung und -kultivierung

L

21. Nach LAMARCK würden die Bakterien aufgrund ihres inneren Dranges nach Vervollkommnung die Resistenz erwerben oder entwickeln. Diese Eigenschaft würde an die Nachkommen weitergegeben werden. Das Antibiotikum wäre somit unmittelbare Ursache der neu erworbenen Resistenz. Diese aktive Aneignung von Eigenschaften scheint im Zitat in **M1** ausgedrückt zu werden: Hier wird sogar von „cleveren Bakterien" gesprochen, die bewusst und planmäßig Resistenzen erwerben. Nach DARWIN würden Bakterien eine Überproduktion an Nachkommen zeigen, die eine große Variabilität aufweisen. Zufällig befänden sich in der Nachkommenschaft Bakterienvarianten, die dem Antibiotikum gegenüber resistent wären. Bakterien, die eine solche Resistenz nicht zeigen, könnten in dem Medium nicht überleben und würden von der natürlichen Selektion aussortiert. Die resistenten Bakterien wären nach DARWIN die tauglichsten, die überleben *(survival of the fittest)*. Sie vererben die Eigenschaften an die Nachkommen weiter.

22. Der Kontrollversuch (①) zeigt, dass sich die Bakterien nur auf einem Nährboden ohne Antibiotikum vermehren. In der Ausgangskultur sind folglich keine resistenten Bakterien zu finden. Im Folgeversuch (②) zeigt sich, dass jetzt in einigen Ansätzen resistente Bakterien zu finden sind und dass die Anzahl der Kolonien je Petrischale stark variiert. Wäre eine aktive Anpassung an die Umweltbedingungen im Sinne LAMARCKS möglich, wären in jeder Petrischale resistente Bakterienkolonien in ähnlicher Anzahl zu finden gewesen. Die Resistenz ist jedoch ein Ergebnis zufälliger Mutationen. So erklärt sich die stark fluktuierende (schwankende) Zahl an Bakterienkolonien auf den Platten: Sind viele resistente Kolonien zu erkennen, so ist die Mutation zu einem frühen Zeitpunkt der Bakterienvermehrung eingetreten. Sie wurde an die Nachkommen weitergegeben. Fehlen Kolonien, so fand keine Mutation statt. Bei geringer Anzahl an Kolonien hat die Mutation zu einem späten Zeitpunkt stattgefunden. Der Versuch zeigt, dass DARWINS Evolutionstheorie gestützt wird, LAMARCKS Theorie hingegen verworfen werden muss.

23. Die Aussage „clevere Bakterien“ sollte verworfen werden, denn Bakterien haben weder ein Bewusstsein noch können sie sich aktiv an Umweltbedingungen anpassen.
Die Folgeaussage könnte zudem präzisiert werden: „Durch zufällige Mutationen können Bakterien Resistenzen gegen Antibiotika erlangen […].“

Tipp

Tipps zur Herangehensweise

- Achten Sie bei Aufgabe 2 besonders auf die sehr genaue Beschreibung der Ergebnisse auf allen Platten. Eine nur oberflächliche und grobe Bearbeitung verhindert die zentrale Erkenntnis.

Mögliche Prüfungsfragen zu diesem Thema für einen zweiten Prüfungsteil

A

1. Erklären Sie, warum Mutationen oft als „Motor“ der Evolution bezeichnet werden.

2. Erläutern Sie an konkreten Beispielen weitere Evolutionsfaktoren, die zur Veränderung von Populationen führen.

3. Vergleichen Sie die Auswirkungen von Mutationen bei ungeschlechtlicher Vermehrung mit den Auswirkungen bei der geschlechtlichen Vermehrung.

4. Diskutieren Sie den heute üblichen Einsatz von Antibiotika in der Tierzucht unter Berücksichtigung der Vor- und Nachteile.

Konzeptvorschlag

*Formulierung „clevere" Keime schlecht
Besser: Durch zufällige Mutationen können Resistenzen entstehen.*

*Formulierung im Aktiv, Hinweise auf aktive Anpassung:
Lamarck: Innerer Drang nach Vervollkommnung führt zur immer besseren Resistenz, Vererbung der Resistenz an die nächsten Generationen; Antibiotikum wäre Ursache der Resistenz*

M1 Äußerungen eines Wissenschaftlers zur Entstehung der Bakterienresistenz

„Clevere Keime: Sie entwickeln Resistenzen gegen Antibiotika, die in der Therapie, aber auch in der Tierzucht eingesetzt werden."

http://www.pharmazeutische-zeitung.de

M2 Der Versuch von Luria und Delbrück

Zur Beantwortung der Frage, wie Bakterien Antibiotikaresistenzen erwerben, führten die Forscher Luria und Delbrück einen Versuch durch.
Nach den Kontrollversuchen (①) wurde die Bakterienkultur auf 40 Reagenzgläser verteilt, in denen die Bakterien einige Zeit kultiviert wurden, sodass sie sich vermehrten. Anschließend plattierte man die 40 Bakterienkulturen auf einem Nährboden mit Antibiotikum aus und bebrütete sie (②). Jeder etwa 4 mm große Punkt auf dem Nährboden entspricht einer Bakterienkolonie, die rund 10 Milliarden erbgleiche Bakterien enthält. Das Bild der abgebildeten 20 Petrischalen ist exemplarisch auf die weiteren Schalen übertragbar.

1 Kontrollversuche

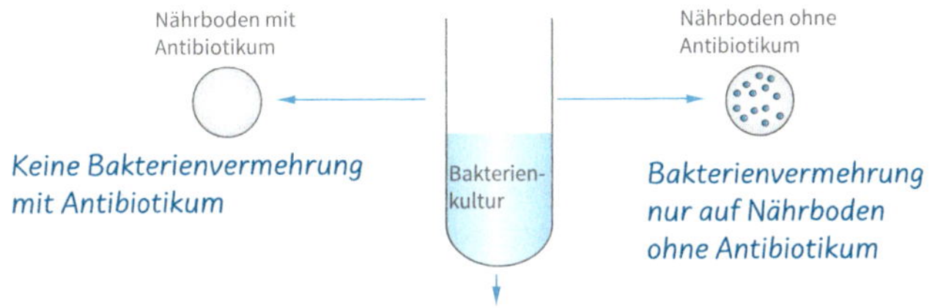

2 Kultivierung und Vermehrung in Reagenzgläsern mit anschließender Ausplattierung auf Nährböden

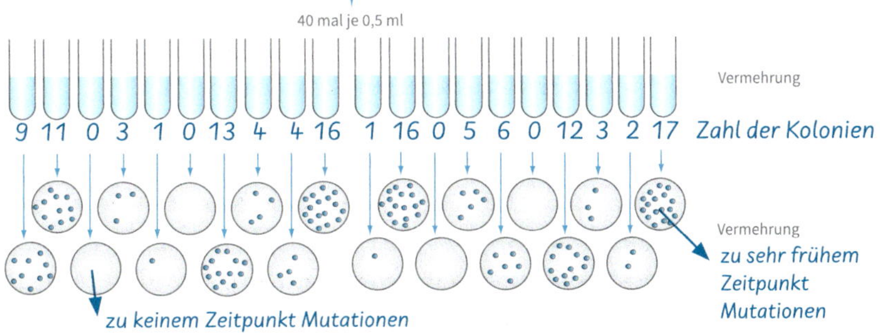

*Ergebnis: völlig unregelmäßige, zufällige Verteilung auf den Platten; eine aktive Anpassung lässt etwa gleiche Zahlen erwarten! Also: Keine aktive Anpassung sondern zufällige Mutationen!
Darwin: Überproduktion Variabilität Selektion: Zufällig ergeben sich Varianten, die resistent sind. Durch natürliche Selektion überleben die resistenten Bakterien*

7.3 Welche Zukunft hat der Gepard?

M1 Informationen zum Gepard

Die Unterfamilie der Geparde ist eine sehr ursprüngliche Gruppe von Katzen, die seit dem Beginn des Eiszeitalters nahezu unverändert existiert. Heute existiert nur noch eine Art, der Gepard *(Acinonyx jubatus)*.
Einst waren Geparde weit über Afrika und Asien verbreitet. Vor ca. 10 000 Jahren wurde der gesamte Gepardenbestand durch eine Seuche auf einige hundert Exemplare reduziert. Da der Gepard sich anschließend in den Savannen Afrikas und Asiens wieder ausbreitete, konnte er bis in unsere Zeit überleben.
Zu den Beutetieren der Geparde zählen vor allem kleine Antilopen, aber auch das Vieh der Farmer. Zeitweise wurde die Raubkatze daher zum Abschuss freigegeben. Daneben wurde der Gepard auch wegen seines schönen Fells gejagt.

Die gesamte Populationsgröße der Geparde hat von geschätzten 1 000 000 Tieren um 1900 auf heute ungefähr 15 000 freilebende Individuen abgenommen.
Um 1940 verschwand der Gepard aus Indien und die 200 freilebenden Tiere im Iran sind wahrscheinlich die letzten Vertreter der asiatischen Geparde. Heute wird der Gepard durch das Washingtoner Artenschutzabkommen geschützt, der Handel ist untersagt.
Die in freier Wildbahn existierenden Exemplare leben eng zusammengerückt: Standen jedem Gepard vor etwa 50 Jahren noch 100 km^2 Fläche zur Verfügung, so liegt die Populationsdichte in den Nationalparks heute bei einem Individuum auf 6 km^2.
Die Teilpopulationen sind dabei weitgehend voneinander getrennt (→ **M3**).

Etwa 1300 Geparde leben heute in zoologischen Gärten, Zuchtversuche verlaufen jedoch selten erfolgreich. Daran ändern auch technologisch anspruchsvolle Projekte, wie etwa das reproduktive Klonen von asiatischen Geparden, nichts.
Die Nachwuchssterblichkeit ist bei den Geparden hoch: In den ersten acht Monaten sterben bis zu 70 % der Jungen. Auch ausgewachsene Geparde sind sehr krankheitsanfällig. In einem Safari-Park tötete eine Virusepedemie fast die Hälfte der Geparde; andere Katzenarten blieben gesund. Die Fertilität der Geparden-Männchen ist stark herabgesetzt. Im Verhältnis zu anderen Katzen haben Geparde 90 % weniger Spermien und von den restlichen 10 % weisen 75 % Abnormalitäten auf.

M2 Ergebnisse von Heterozygotie-Untersuchungen

In den 80er-Jahren des vorigen Jahrhunderts wurden erstmals auch molekulargenetische Studien zur genetischen Vielfalt tierischer Populationen anhand von DNA-Fingerprints veröffentlicht. Untenstehend sind einige Ergebnisse dieser Untersuchungen wiedergegeben.

Population	Heterozygotenanteil in der Population (in %)
Gepard (Ostafrika)	1,40 %
Gepard (Südafrika)	0,04 %
Wirbeltiere	7,10 %
Säugetiere (Mittelwert von 172 Arten)	6,70 %
Raubtiere (Mittelwerte von 216 Arten)	2,80 %

M3 Aktueller Bestand des Gepards

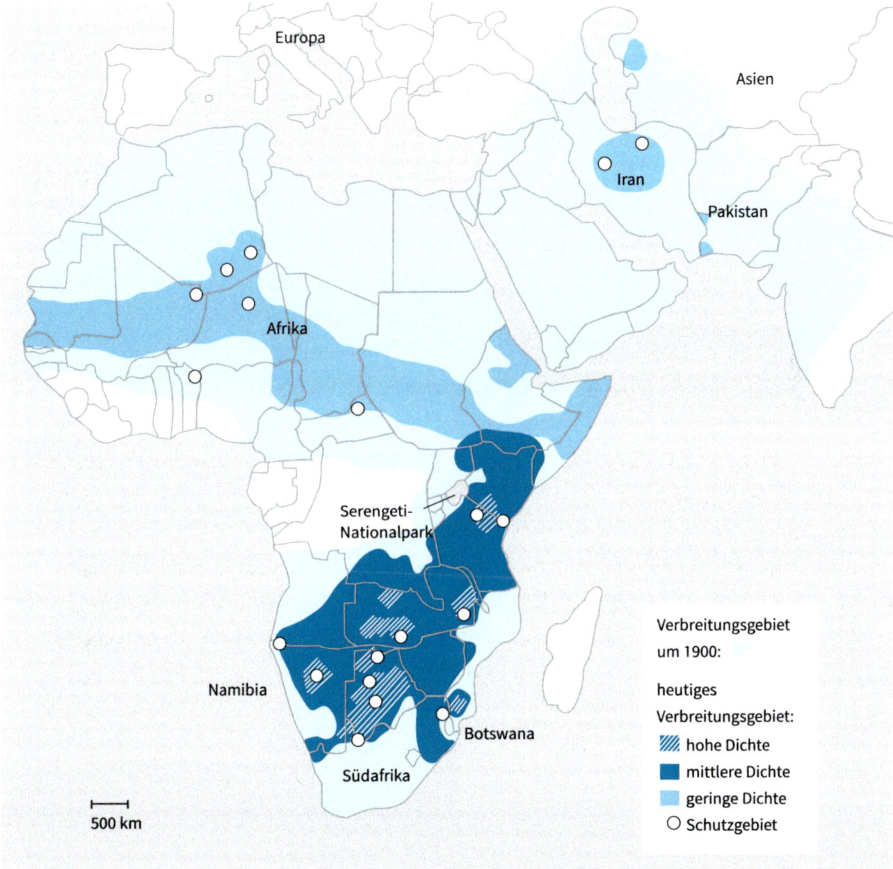

A

1. Beschreiben Sie die Bestandsentwicklung des Gepards mithilfe von **M1** und **M3**.

2. Erläutern Sie die in **M2** dokumentierten Befunde und stellen Sie allgemein die Bedeutung der Heterozygotie für die Entwicklung einer Population dar.

3. Erläutern Sie die derzeitige Situation des Gepardenbestandes.

4. Beurteilen Sie, welche Zukunft der Gepard hat und wie sich der Bestand entwickeln könnte.

Lösungsvoraussetzungen: Evolutionsfaktoren (Rekombination, Isolation und Gendrift), Bedeutung der Heterozygotie für die Entwicklung von Populationen

L

1. Während die Geparde früher weite Teile Asiens und Afrikas besiedelten, nahm ihre Zahl infolge der Epidemie vor ca. 10 000 Jahren drastisch ab. Anschließend erholte sich der Bestand wieder. Noch 1900 waren die Geparde in ganz Afrika, Teilen Vorderasiens und Indiens verbreitet. Eine Ausnahme bildeten lediglich die Regenwälder West- und Zentralafrikas. Seitdem haben sich Verbreitungsgebiet und Bestand deutlich verringert. Geparde leben heute überwiegend in den Savannengebieten südlich der Sahara und östlich der Regenwälder Zentralafrikas. Abgesehen von einigen Schutzgebieten existieren hier nur noch zwei Hauptverbreitungsgebiete: das eine in Ostafrika (Kenia und Tansania), das andere in Südafrika (Namibia und Botswana). Dabei sind die Teilpopulationen sowohl in den Schutzgebieten als auch in den beiden Hauptverbreitungsgebieten deutlich voneinander isoliert.

2. Die Geparde Südafrikas besitzen auffallend niedrige Heterozygotiewerte, der entsprechende Wert liegt für den ostafrikanischen Gepard bereits 35-mal höher. Insgesamt weisen die Geparde im Vergleich zu Raubtieren, Säugetieren und Wirbeltieren allgemein einen deutlich niedrigeren Heterozygotiewert auf. Diese niedrigen Werte sind zum einen durch die Verkleinerung des Genpools infolge der Epidemie zu erklären und zum anderen durch die Isolierung der Teilpopulationen, sodass kein Genfluss zwischen den Teilpopulationen mehr stattfindet. Ein niedriger Heterozygotiewert und eine eingeschränkte Fertilität der Geparden-Männchen im Vergleich zu anderen Raubkatzen sind die Folge.
Ein geringer Anteil heterozygoter Individuen innerhalb einer Population hat eine geringe phänotypische Variabilität der Population zur Folge. Damit verfügt die entsprechende Population über eine verminderte Anpassungsfähigkeit an eine sich wandelnde Umwelt.

3. Für den Rückgang des Gepardenbestandes sind folgende Faktoren verantwortlich: Jagd durch Viehzüchter, Wildfang und Zähmung von Jungtieren, Kultivierung der Savannengebiete und Dezimierung der Beutetiere, Verringerung der Populationsgröße und Isolation als Folge der Zurückdrängung in kleine, getrennte Schutzgebiete. Ein wesentlicher Faktor ist der fehlende genetische Austausch zwischen den isolierten Gebieten und in der Folge die Abnahme des Heterozygoten-Anteils aufgrund fortgesetzter Inzucht (**M2**). Der kleine Genpool und die eingeschränkte genetische Variabilität führen zu einer höheren Anfälligkeit für Infektionen, verringerter Fertilität und schlechterer Anpassungsfähigkeit gegenüber sich ändernden Umweltbedingungen.

4. Denkbare Lösungsansätze, wie etwa die Schaffung von Korridoren, um der Verinselung entgegenzuwirken, sind wegen der Größe der Entfernungen und der menschlichen Raumansprüche unrealistisch. Zuchtversuche in zoologischen Gärten sind bislang wenig erfolgreich (**M1**). Ein möglicher – wenngleich angesichts des Aufwandes und der Kosten wenig realistischer – Ansatz wäre das Einkreuzen von Individuen aus anderen Regionen, um so die genetische Variabilität zu erhöhen. Die Zukunftsprognose des Gepards fällt somit negativ aus. Der Gepard ist vom Aussterben bedroht.

Tipps zur Herangehensweise Tipp

- Achten Sie bei der Bearbeitung von Aufgabenteil 4, dass es sich lediglich um mögliche Prognosen handeln kann und formulieren Sie entsprechend.

Mögliche Prüfungsfragen zu diesem Thema für einen zweiten Prüfungsteil

A

1. Erklären Sie, warum man bei der Einrichtung von Naturschutzgebieten nach Möglichkeit eine Vernetzung der einzelnen Gebiete anstrebt.

2. Vergleichen Sie die evolutive Entwicklung in kleinen und großen Populationen.

3. Erläutern Sie die Wirkung des Evolutionsfaktors „Gendrift“ an einem Beispiel und beurteilen Sie dessen Bedeutung.

4. Erklären Sie die Entstehung der Artenvielfalt auf kleinen Inselarchipelen gegenüber dem Vorherrschen weniger Arten auf großen Landmassen.

5. Beurteilen Sie, ob anspruchsvolle und kostspielige Maßnahmen zum Erhalt kleiner Restpopulationen überhaupt sinnvoll sind.

Konzeptvorschlag

M1 Informationen zum Gepard

Informationen zu Aufgabe 1

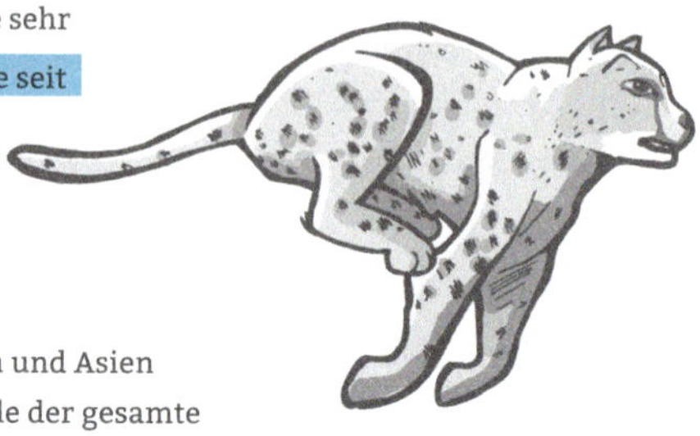

Die Unterfamilie der Geparde ist eine sehr ursprüngliche Gruppe von Katzen, die seit dem Beginn des Eiszeitalters nahezu unverändert existiert. Heute existiert nur noch eine Art, der Gepard *(Acinonyx jubatus)*.
Einst waren Geparde weit über Afrika und Asien verbreitet. Vor ca. 10 000 Jahren wurde der gesamte Gepardenbestand durch eine Seuche auf einige hundert Exemplare reduziert. Da der Gepard sich anschließend in den Savannen Afrikas und Asiens wieder ausbreitete, konnte er bis in unsere Zeit überleben.
Zu den Beutetieren der Geparde zählen vor allem kleine Antilopen, aber auch das Vieh der Farmer. Zeitweise wurde die Raubkatze daher zum Abschuss freigegeben. Daneben wurde der Gepard auch wegen seines schönen Fells gejagt.

Die gesamte Populationsgröße der Geparde hat von geschätzten 1 000 000 Tieren um 1900 auf heute ungefähr 15 000 freilebende Individuen abgenommen.
Um 1940 verschwand der Gepard aus Indien und die 200 freilebenden Tiere im Iran sind

---

Informationen zu Aufgabe 3 und Grundlage für die Beurteilung in Aufgabe 4

wahrscheinlich die letzten Vertreter der asiatischen Geparde. Heute wird der Gepard durch das Washingtoner Artenschutzabkommen geschützt, der Handel ist untersagt.
Die in freier Wildbahn existierenden Exemplare leben eng zusammengerückt: Standen jedem Gepard vor etwa 50 Jahren noch 100 km^2 Fläche zur Verfügung, so liegt die Populationsdichte in den Nationalparks heute bei einem Individuum auf 6 km^2.
Die Teilpopulationen sind dabei weitgehend voneinander getrennt (→ M3).

Etwa 1300 Geparde leben heute in zoologischen Gärten, Zuchtversuche verlaufen jedoch selten erfolgreich. Daran ändern auch technologisch anspruchsvolle Projekte, wie etwa das reproduktive Klonen von asiatischen Geparden, nichts.
Die Nachwuchssterblichkeit ist bei den Geparden hoch: In den ersten acht Monaten sterben bis zu 70 % der Jungen. Auch ausgewachsene Geparde sind sehr krankheitsanfällig. In einem Safari-Park tötete eine Virusepedemie fast die Hälfte der Geparde; andere Katzenarten blieben gesund. Die Fertilität der Geparden-Männchen ist stark herabgesetzt. Im Verhältnis zu anderen Katzen haben Geparde 90 % weniger Spermien und von den restlichen 10 % weisen 75 % Abnormalitäten auf.

M2 Ergebnisse von Heterozygotie-Untersuchungen

In den 80er-Jahren des vorigen Jahrhunderts wurden erstmals auch molekulargenetische Studien zur genetischen Vielfalt tierischer Populationen anhand von DNA-Fingerprints veröffentlicht. Untenstehend sind einige Ergebnisse dieser Untersuchungen wiedergegeben.

Population	Heterozygotenanteil in der Population (in %)
Gepard (Ostafrika)	1,40 %
Gepard (Südafrika)	0,04 %
Wirbeltiere	7,10 %
Säugetiere (Mittelwert von 172 Arten)	6,70 %
Raubtiere (Mittelwerte von 216 Arten)	2,80 %

Im Osten 35-mal höher als die extrem geringe Heterozygotie im Süden

Höchster Anteil an Heterozygoten durch großen Genpool

Keine genetische Vielfalt in den Populationen des Gepards im Vergleich zum Heterozygotenanteil bei Wirbel- und Säugetieren

Gefahr des Aussterbens des Gepards

M3 Aktueller Bestand des Gepards

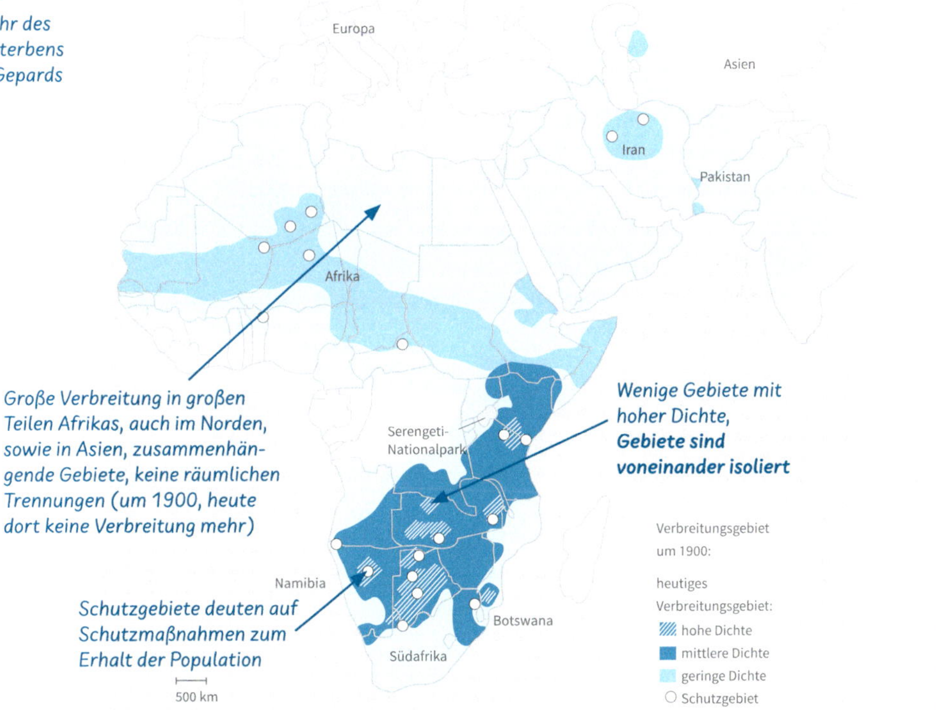

7.4 Streit um die Herkunft des modernen Menschen

M1 Modellvorstellungen zur Herkunft des modernen Menschen

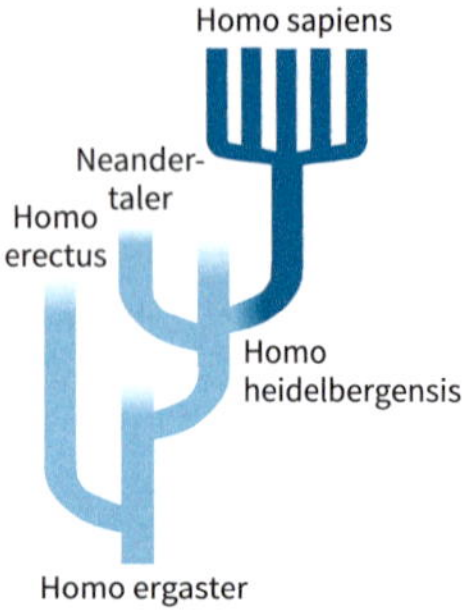

„Out-of-Africa-Modell"

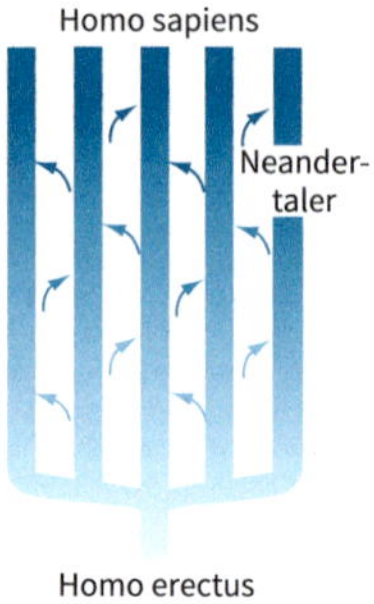

Multiregionales Modell

M2 Molekularbiologische Befunde

Im Jahre 1997 gelang es Genetikern, aus Resten eines Neandertaler-Skeletts mitochondriale DNA (mt-DNA) zu isolieren. Anschließend wurde ein 379 Basenpaare langes Fragment mithilfe der Polymerasekettenreaktion vervielfältigt und dann sequenziert. Parallel dazu ermittelten die Genetiker die entsprechende Sequenz von Menschen aus verschiedenen Teilen der Welt sowie von Schimpansen.

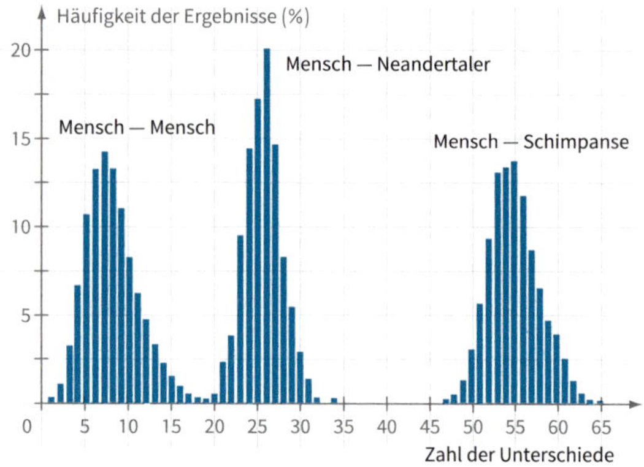

a) Zahl der Sequenzunterschiede bei 379 Basenpaaren zwischen verschiedenen Menschengruppen sowie zwischen Mensch – Neandertaler und Mensch – Schimpanse

Zunächst verglichen die Forscher die menschlichen Sequenzen miteinander und ermittelten, an welchen Stellen sich ihre mt-DNA unterschied.
Anschließend verglichen sie diese Sequenz mit der des untersuchten Neandertalers und mit der von Schimpansen.

Untersuchungsgruppe	Anzahl der Sequenzunterschiede	Anzahl untersuchter Personen
Afrikaner	27,1	478
Asiaten	27,7	498
Australier, Ozeanier	28,3	20
Indianer	27,4	167
Europäer	28,2	510

b) Zahl der Sequenzunterschiede bei 379 Basenpaaren zwischen verschiedenen Menschengruppen und dem Neandertaler

A

1. Erläutern Sie mithilfe von **M1** die beiden Modelle zur Herkunft des modernen Menschen. Stellen Sie dabei insbesondere die Position des Neandertalers in beiden Modellen heraus.

2. Werten Sie **M2 a)** dahingehend aus, ob der Neandertaler als eigene Art *(Homo neanderthalensis)* oder als Unterart des Menschen *(Homo sapiens neanderthalensis)* aufzufassen ist.

3. Erläutern Sie, warum die Daten aus **M2** das „Out-of-Africa-Modell" stützen und prüfen Sie, ob damit der im Thema genannte Streit beigelegt ist.

Lösungsvoraussetzungen: Modellvorstellungen zur Herkunft des modernen Menschen („Out-of-Africa-Modell", Multiregionales Modell), DNA-Sequenzvergleiche und ihre Bedeutung für die Evolution, Artdefinitionen

L

1. - **„Out-of-Africa-Modell":** Dieses Modell geht davon aus, dass alle heute lebenden Menschen Nachkommen von *Homo sapiens* sind, der vor etwa 150 000 Jahren in Afrika entstand und von dort andere Kontinente besiedelte. Dabei verdrängte *Homo sapiens* andere hier ansässige Menschenformen *(Homo erectus, Neandertaler)* oder löste sie ab. In zwei Wanderungswellen, deren Ursprung ebenfalls in Afrika lag, hatten sich diese zuvor aus einzelnen Populationen von *Homo ergaster* gebildet. Bei einem ersten Exodus entstand so *Homo erectus*, bei einer zweiten Wanderungswelle bildeten sich vor etwa 800 000 Jahren über *Homo heidelbergensis* die *Neandertaler*. Dem „Out-of-Africa-Modell" zufolge ist der Neandertaler kein direkter Vorfahr der heutigen Europäer, sondern repräsentiert eine ausgestorbene Seitenlinie.
   - **Multiregionales Modell:** Nach dieser Vorstellung haben sich die modernen Menschen mehrfach unabhängig voneinander in unterschiedlichen Regionen der Erde (Afrika, Europa, Ostasien, Südostasien/Australien) aus dort ansässigen Populationen von *Homo erectus* entwickelt. Genfluss zwischen den einzelnen Populationen soll dafür gesorgt haben, dass es nicht zur genetischen Isolation und damit zu einer Artaufspaltung kam. Nach dieser Auffassung sind die heutigen Europäer direkte Nachfahren der *Neandertaler*, die sich aus einer Population von nach Europa eingewanderten Mitgliedern der Art *Homo erectus* entwickelt haben.
     Da dieses Modell anstelle klarer Artgrenzen fließende Übergänge postuliert, wären die Neandertaler keine eigene Art, sondern allenfalls eine Unterart von *Homo erectus* oder *Homo sapiens*. Die entsprechende Bezeichnung müsste demnach *Homo sapiens neanderthalensis* lauten.

2. **M2 a)** zeigt einen Vergleich der mt-DNA-Sequenzen verschiedener Menschengruppen sowie den Vergleich Mensch – Neandertaler und Mensch – Schimpanse.
   Die Anzahl der Unterschiede des 379 Basenpaare langen Abschnitts wurde in Beziehung zur jeweiligen Häufigkeit der Ergebnisse gesetzt. Es wird deutlich, dass die Unterschie-

de mit durchschnittlich acht Positionen in der Gruppe Mensch – Mensch am geringsten sind. In der zweiten Gruppe Mensch – Neandertaler liegt der Wert bei durchschnittlich 27 Positionen. Im Vergleich dazu ist in der Gruppe Mensch – Schimpanse die Anzahl der Unterschiede mit durchschnittlich 55 Positionen am größten. Bei der Interpretation des Diagramms geht man davon aus, dass die Sequenzunterschiede Folge von Mutationen sind und dass die Mutationsrate über längere Zeiträume konstant war. Je größer die Anzahl der Unterschiede, desto mehr Zeit ist verstrichen, seit die beiden Formen sich voneinander getrennt haben. Sämtliche Menschen gehören zu einer Art, da sie fertile Nachkommen miteinander zeugen können (biologische Artdefinition). Menschen und Schimpansen gehören zu verschiedenen Arten mit größeren genetischen Unterschieden. Die relativ große Zahl an Sequenzunterschieden zwischen Mensch und Neandertaler lässt den Schluss zu, dass Mensch und Neandertaler wahrscheinlich zu zwei verschiedenen Arten gehören. Die korrekte Bezeichnung des Neandertalers wäre demnach *Homo neanderthalensis*. Sicher ist diese Aussage nicht, da die biologische Artdefinition bei fossilen Funden naturgemäß versagt. So wäre es auch denkbar, dass im Verlauf der letzten 30 000 Jahre der mögliche Anteil des Neandertalers zwar aus den Mitochondrien der Menschen verschwunden ist, sich aber im Genom des Zellkerns erhalten hat.

3. **M2 a)** lässt die Vermutung zu, dass die Neandertaler eine eigene Art bildeten und nicht als direkte Vorfahren des modernen Menschen zu sehen sind. **M2 b)** zeigt, dass die aufgeführten menschlichen Populationen in etwa gleich viele Sequenzunterschiede zum Neandertaler aufweisen. Nach dem multiregionalen Modell müssten diese aber bei den Europäern als direkte Nachfahren des Neandertalers geringer seien. Somit stützen diese molekularbiologischen Daten insgesamt das „Out-of-Africa-Modell".
Der Streit um die Herkunft des modernen Menschen ist damit allerdings nicht endgültig beigelegt, da hier lediglich auf der Basis weniger molekulargenetischer Daten ein Aspekt der entsprechenden Modellvorstellungen beleuchtet wurde.

Tipp

Tipps zur Herangehensweise

- Überprüfen Sie vor der Bearbeitung ihre Sicherheit in der Definition der Begriffe Population, Rasse, Art.

Mögliche Prüfungsfragen zu diesem Thema für einen zweiten Prüfungsteil

A

1. Beurteilen Sie die Bedeutung genetischer Methoden zur Verwandtschaftsbestimmung.
2. Erklären Sie, wie es bei dem Einsatz verschiedener Methoden zu widersprüchlichen Einordnungen kommen kann.
3. Erklären Sie, warum der Stammbaum der Hominiden in den letzten Jahrzehnten immer wieder „neu geschrieben" werden musste.
4. Beurteilen Sie, ob die derzeit noch verwendete Einteilung in Menschenrassen noch zeitgemäß ist.

Konzeptvorschlag

M1 Modellvorstellungen zur Herkunft des modernen Menschen

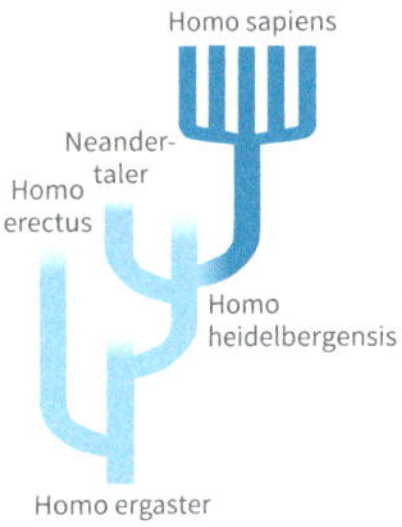

„Out-of-Africa-Modell“

Zwei Wanderungswellen: eine führt zum Homo erectus, eine zweite zum Homo heidelbergensis und zum Neandertaler als ausgestorbene Seitenlinie

Multiregionales Modell

Starker Genfluss zwischen den Populationen: heutige Europäer als direkte Nachfahren aus Vermischungen aus Neandertaler und Homo sapiens Neandertaler wären keine eigene Art.

M2 Molekularbiologische Befunde

Im Jahre 1997 gelang es Genetikern, aus Resten eines Neandertaler-Skeletts mitochondriale DNA (mt-DNA) zu isolieren. Anschließend wurde ein 379 Basenpaare langes Fragment mithilfe der Polymerasekettenreaktion vervielfältigt und dann sequenziert. Parallel dazu ermittelten die Genetiker die entsprechende Sequenz von Menschen aus verschiedenen Teilen der Welt sowie von Schimpansen. Zunächst verglichen die Forscher die menschlichen Sequenzen miteinander und ermittelten, an welchen Stellen sich ihre mt-DNA unterschied.

Unterschiede in durchschnittlich 8 Positionen gering

Unterschiede in durchschnittlich 27 Positionen gering

Unterschiede mit durchschnittlich 55 Positionen am größten

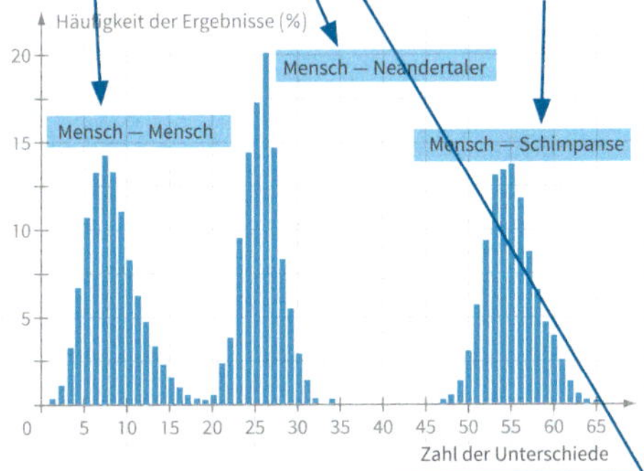

a) Zahl der Sequenzunterschiede bei 379 Basenpaaren zwischen verschiedenen Menschengruppen sowie zwischen Mensch – Neandertaler und Mensch – Schimpanse

Sehr eingeschränkte Beurteilungsbasis

Sequenzunterschiede als Folge von Mutationen; Annahme: Mutationsrate über längere Zeiten konstant: Je größer die Zahl der Unterschiede, desto größer der Zeitraum seit der Trennung

Ergebnis: relativ große Anzahl an Unterschieden gegenüber Mensch – Mensch stützt eher das Modell „Out of Africa“ ABER

Anschließend verglichen sie diese Sequenz mit der des untersuchten Neandertalers und mit der von Schimpansen.

Untersuchungsgruppe	Anzahl der Sequenzunterschiede	Anzahl untersuchter Personen
Afrikaner	27,1	478
Asiaten	27,7	498
Australier, Ozeanier	28,3	20
Indianer	27,4	167
Europäer	28,2	510

b) Zahl der Sequenzunterschiede bei 379 Basenpaaren zwischen verschiedenen Menschengruppen und dem Neandertaler

begrenzte Aussagekraft

In etwa gleich viele Sequenzunterschiede bei allen Menschengruppen – Neandertaler; stützt Modell „Out of Africa“; nach multiregionalem Modell müssten die Unterschiede bei den Europäern als direkte Nachfahren des Neandertalers geringer sein

7.5 Rassen- und Artbildung bei Eisvögeln auf Neu-Guinea

M1 Schema zur Rassen- und Artbildung

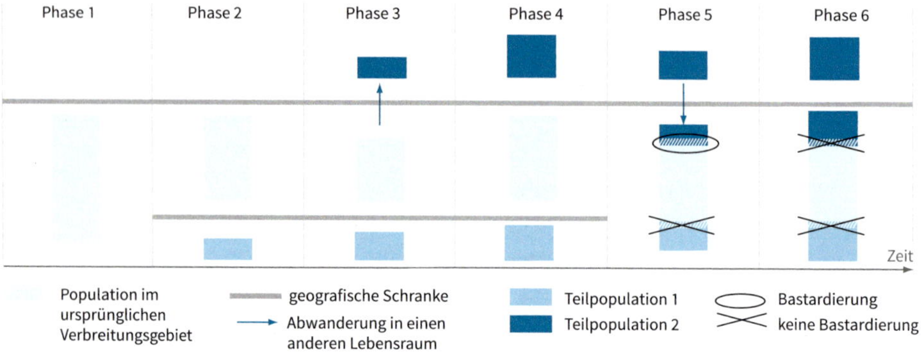

M2 Informationen zu Neu-Guinea

Neu-Guinea liegt nördlich von Australien. Bis vor etwa 10 000 Jahren bildeten die Aru-Inseln und Süd-Neu-Guinea eine gemeinsame Insel, die vom Rest der Hauptinsel durch einen Meeresarm getrennt war (gestrichelte Linie in der Abbildung). Diese Wasserstraße wurde später teilweise durch Sedimente aus den Gebirgen von Neu-Guinea aufgefüllt, die Aru-Inseln wurden abgetrennt.

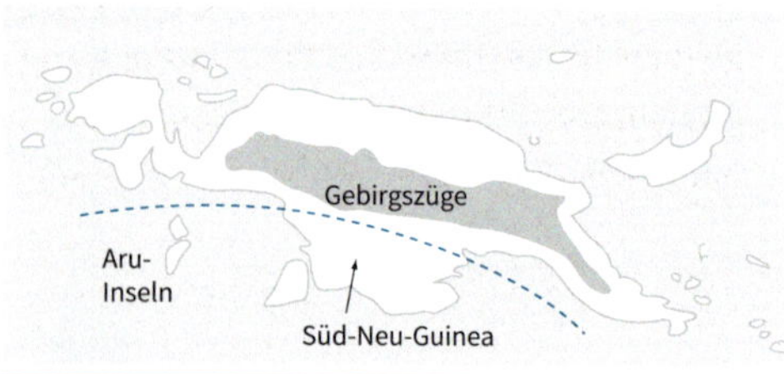

Neu-Guinea und die Aru-Inseln

M3 Informationen zu Eisvögeln und zur Verbreitung der Eisvögel auf Neu-Guinea

Die Eisvögel *(Alcedinidae)* bilden eine Familie von etwa 90 Arten kleiner bis mittelgroßer Vögel, die meist in den Tropen beheimatet sind. Sie haben einen großen Kopf, einen langen spitzen Schnabel und kurze Beine. Das Gefieder ist oft bunt gefärbt, die Schwanzfedern sind häufig kurz. Sehr formenreich sind die Eisvögel auf Neu-Guinea. Die Gattung *Tanysiptera* zeichnet sich durch einen stufigen Schwanz aus, in dem die mittleren Federn sehr lang und schmal sind mit einem spatelförmig erweiterten Ende. Eisvögel

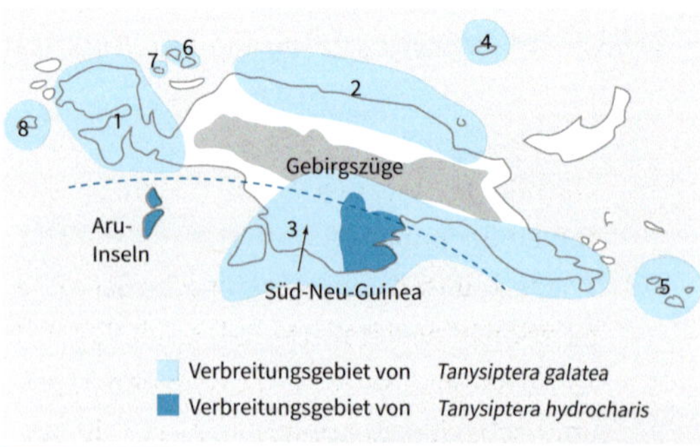

Verbreitung der Eisvögel auf Neu-Guinea

der Gattung *Tanysiptera* kommen auf Neu-Guinea in zwei Arten vor: Die mit 1 bis 8 bezeichneten Populationen bilden die Art *Tanysiptera galatea*. Von diesen Populationen unterscheiden sich die drei Festlandformen (1 bis 3) nur wenig. Die Inselpopulationen (4 bis 8) sind dagegen auffallend unterschiedlich, in älterer Literatur werden sie sogar als getrennte Arten beschrieben. Die zweite vorkommende Art *Tanysiptera hydrocharis* ist nur in wenigen Gebieten zu finden.

M4 Grundlegende Erläuterungen zum Artbegriff

In der biologischen Systematik wird die Art unterschiedlich definiert:

- Der **morphologische Artbegriff** beruht auf rein äußerlichen Gemeinsamkeiten der infrage kommenden Lebewesen. Danach bestimmt der Grad der morphologischen Unterschiede den Status der Art.
- Daneben gibt es den **biologisch-genetischen** oder kurz **biologischen Artbegriff**. Danach werden alle Individuen zu einer Art gerechnet werden, die sich fruchtbar untereinander fortpflanzen oder fortpflanzen lassen.
- Für den **populationsbiologischen Artbegriff** ist die reproduktive Isolation ausschlaggebend. Es kommt dabei nicht darauf an, ob sich zwei Lebewesen unter Laborbedingungen fruchtbar vermehren lassen, entscheidend ist vielmehr, ob es dazu auch unter natürlichen Bedingungen kommt oder kommen kann.

A

1. Erläutern Sie die in **M1** dargestellten charakteristischen Phasen der Artbildung.

2. Beschreiben Sie auf der Grundlage von **M3** die Verbreitung der Eisvögel der Gattung *Tanysiptera* und stellen Sie aus evolutionärer Sicht eine Hypothese auf, wie sich die verschiedenen Eisvogelformen entwickelt haben könnten.

3. Beurteilen Sie unter Einbeziehung von **M4** die Probleme bei der systematischen Einordnung der verschiedenen Populationen.

Lösungsvoraussetzungen: Evolutionsfaktoren, Rasse- und Artbegriff, allopatrische Artbildung

L

1. ▶ **Phase 1:** Man erkennt Individuen einer Art, die im selben Raum leben und eine Fortpflanzungsgemeinschaft bilden. Sie stellen eine Population mit einem gemeinsamen Genpool dar.

   ▶ **Phase 2, unten:** Eine geografische Schranke führt zur Auftrennung der Stammpopulation in zwei isolierte Teilpopulationen. Durch zufällige Auswahl kann sich die Allelzusammensetzung der kleineren Population von der Ursprungspopulation unterscheiden. Gendrift ist in dieser kleinen Population möglich. Verschiedene zufällige Mutationen bleiben auf den jeweiligen Genpool beschränkt. Möglicherweise werden unterschiedliche Selektionsfaktoren wirksam. Das führt zu einer zunehmenden genetischen Separation.

- **Phase 5, unten:** Die geografische Schranke ist aufgehoben. Es ist keine Bastardierung mehr möglich, die genetische Separation ist soweit fortgeschritten, dass reproduktive Isolationsmechanismen dieses verhindern. Präzygotische Barrieren können dafür sorgen, dass keine Zygotenbildung stattfindet (Verhaltensisolation, zeitliche Isolation, mechanische Isolation, gametische Isolation). Postzygotische Barrieren sind daneben möglich, die dazu führen, dass sich die Zygoten der Hybriden nicht entwickeln oder die Geschlechtsreife nicht erreichen (Bastard-Sterblichkeit). Auch Bastardsterilität ist möglich. Damit liegen zwei verschiedenen Arten vor. Sind die beiden Arten auch ökologisch isoliert, können sie auf Dauer nebeneinander existieren.
- **Phase 3, oben:** Eine Teilpopulation wandert in einen neuen, isolierten Lebensraum ab. Der Gründereffekt kann eventuell in dieser kleinen Population wirksam werden, ebenso wie die oben beschriebenen Evolutionsfaktoren.
- **Phase 5, oben:** Es findet eine Rückeinwanderung in den ursprünglichen Lebensraum statt. Die genetische Separation ist aber noch nicht fortgeschritten, sodass Bastardierung weiterhin möglich ist. Damit liegt keine reproduktive Isolation vor; die Veränderungen im Genpool haben sich auf andere Merkmale bezogen. Es handelt sich hier also um zwei Rassen einer Art.
- **Phase 6, oben:** Die Bastarde besitzen offensichtlich einen Selektionsnachteil (eingeschränkte Lebensfähigkeit oder Fruchtbarkeit), sodass sich reproduktive Isolationsmechanismen ausbilden konnten und die Artschwelle erreicht ist. Eine Teilpopulation ist weiterhin in dem geografisch isolierten Lebensraum verblieben (Habitatisolation).

2. Die Art *T. hydrocharis* ist lediglich auf den Aru-Inseln und in einem begrenzten Raum im Süden von Neu-Guinea zu finden. Die Art *T. galatea* besiedelt in drei unterschiedlichen Formen in getrennten Bereichen das Festland von Neu-Guinea außerhalb der Gebirgszüge. Weiterhin kommt sie im Süden gemeinsam mit der Art *T. hydrocharis* vor. Außerdem besiedelt sie in fünf weiteren Formen einen Teil der umliegenden Inseln. Ausgehend von einer Ursprungspopulation auf Neu-Guinea, deren Verbreitungsgebiet aufgrund der Materialien nicht bestimmbar ist, haben sich, durch den Meeresarm geografisch voneinander getrennt, im Norden der Insel die Stammpopulation der Art *T. galatea* und im Süden auf den Aru-Inseln und Süd-Neu-Guinea die Stammpopulation der Art *T. hydrocharis* entwickelt. Nach der Aufhebung der geografischen Schranke (Auffüllen der Wasserstraße durch Sedimente aus den Gebirgen von Neu-Guinea) und Abtrennung der Aru-Inseln hat die Art *T. hydrocharis* in den genannten Bereichen in zwei nunmehr geografisch getrennten Populationen überlebt, wohingegen sich die Art *T. galatea* ausbreiten konnte, eventuell aufgrund ihrer höheren ökologischen Potenz. Die nur geringen Unterschiede der drei Festlandformen sprechen für eine gemeinsame Stammpopulation auf dem Festland. Auf den Inseln ist der Genfluss zum Festland eingeschränkt, sodass die auffallenden Unterschiede der Inselpopulationen für eine frühe Besiedlung und damit eine lang andauernde getrennte Entwicklung sprechen könnten. Alternativ lassen sie sich durch den Gründereffekt und folglich durch Gendrift erklären. Eventuell haben auch unterschiedliche Selektionsbedingungen auf den Inseln eine Rolle gespielt.

3. Die Anwendung des populationsbiologischen Artbegriffes ist lediglich im Hinblick auf die systematische Einordnung der in Süd-Neu-Guinea lebenden Population 3 von *T. galatea* und *T. hydrocharis* sinnvoll, da dort die beiden Arten im selben Raum leben. Würde man diesen Artbegriff auf die anderen Populationen anwenden, müsste man von zehn verschiedenen Arten sprechen – hier ist in erster Linie also nur der morphologische Artbegriff sinnvoll. Die Tatsache, dass in älterer Literatur die Inselpopulationen 4 bis 8 als getrennte Arten beschrieben werden, verdeutlicht aber das Problem dieser Artdefinition, da es bei vergleichenden Studien darauf ankommt, wie stark Unterschiede oder Gemeinsamkeiten gewichtet werden.
Es könnte aber auch möglich sein, dass es in der Zwischenzeit erfolgreiche Kreuzungsversuche gegeben hat. In dem Fall träfe hier der biologische Artbegriff zu.

Tipps zur Herangehensweise Tipp

- Vergewissern Sie sich vor der Bearbeitung der Aufgabe bezüglich ihrer Kenntnisse zu verschiedenen Definitionen des Artbegriffs.

Mögliche Prüfungsfragen zu diesem Thema für einen zweiten Prüfungsteil

1. Erläutern Sie an ausgewählten Beispielen den Einfluss sich verändernder abiotischer oder biotischer Faktoren auf die Entwicklung von Populationen. A

2. Erklären, Sie, warum es eine viel zu einfache Vorstellung ist, eine Eigenschaft nur als vorteilig oder nachteilig zu bewerten.

3. Definieren Sie eine ökologische Nische und nennen Sie Beispiele.

4. Erläutern Sie das Konkurrenzausschlussprinzip an einem Beispiel und beurteilen Sie dessen Bedeutung.

7.6 Welches Paarungssystem ist im Geschlechterkonflikt ideal?

M1 Information zur Heckenbraunelle

Die Heckenbraunelle *(Prunella modularis)* ist ein kleiner unscheinbarer Singvogel, der oft in Gärten oder Parkanlagen nistet. Im Frühjahr errichten die Weibchen ihre Fortpflanzungsterritorien, die ausreichend Nahrung und Schutz vor Feinden bieten müssen. Jedes Weibchen hat zwei oder drei Bruten im Jahr mit jeweils drei bis fünf Eiern. Die Jungen werden nach dem Schlüpfen etwa vier Wochen von beiden Geschlechtern gefüttert.

M2 Das variable Paarungssystem der Heckenbraunelle

Bei der Heckenbraunelle findet sich ein außergewöhnlich variables Paarungssystem, das von der Größe der Weibchenterritorien abhängig ist. Nachdem die Weibchen im Frühjahr ihre Territorien errichtet haben, konkurrieren die Männchen anschließend untereinander um den Zugang zu diesen Arealen. Teilen sich ein Männchen und ein Weibchen das gleiche Territorium, so ist **Monogamie** verwirklicht. Während das Weibchen in diesem Paarungssystem benachbarte Weibchen vertreibt, verteidigt das Männchen sein Territorium gegen Rivalen und versucht gleichzeitig, das Territorium um das eines zweiten Weibchens zu erweitern. Gelingt es dem Männchen, zwei benachbarte Weibchenreviere zu kontrollieren und sich mit beiden Weibchen zu verpaaren, entsteht **Polygynie**. Sind die Jungen in beiden Nestern geschlüpft, beteiligt sich das Männchen an der Aufzucht beider Bruten. Allerdings beobachtet man in diesem Fall eine erhöhte Aggressivität zwischen den Weibchen, die das Männchen zu schlichten versucht. Nicht selten gibt eines der beiden Weibchen aber seinen Brutplatz auf und das Männchen ist so zur Monogamie gezwungen.

Ist das Territorium so groß, dass es nicht allein von einem Männchen verteidigt werden kann, entsteht **Polyandrie**. Dies führt zum Zusammenschluss von zwei oder drei nicht miteinander verwandten Männchen bei der Verteidigung des Territoriums. Trotz dieser Kooperation herrscht zwischen den Männchen sexuelle Konkurrenz: Gelingt es einem dominanten α-Männchen, das unterlegene β-Männchen vom Weibchen fernzuhalten, so ist **eigennützige Polyandrie** die Folge. In diesem Fall investiert nur das α-Männchen in die Brutfürsorge. Das β-Männchen verlässt das Revier oder kümmert sich nicht weiter um die Brut. Es wartet dann auf den nächsten Brutzyklus oder versucht durch Anpicken der Eier, das Gelege zu zerstören. Das Weibchen beginnt in diesem Fall sofort mit dem Anlegen einer Ersatzbrut.

Kann das Weibchen der Kontrolle durch das α-Männchen entkommen, so fordert es das β-Männchen zur Kopulation auf. Mithilfe von DNA-Untersuchungen konnte gezeigt werden, dass sich die Brutfürsorge des β-Männchens bei dieser **kooperativen Polyandrie** proportional zur Vaterschaftswahrscheinlichkeit verhält: Je häufiger das β-Männchen sexuellen Zugang hatte, desto größer fiel die Hilfe bei der Jungenfütterung aus.

M3 Versuchsergebnisse

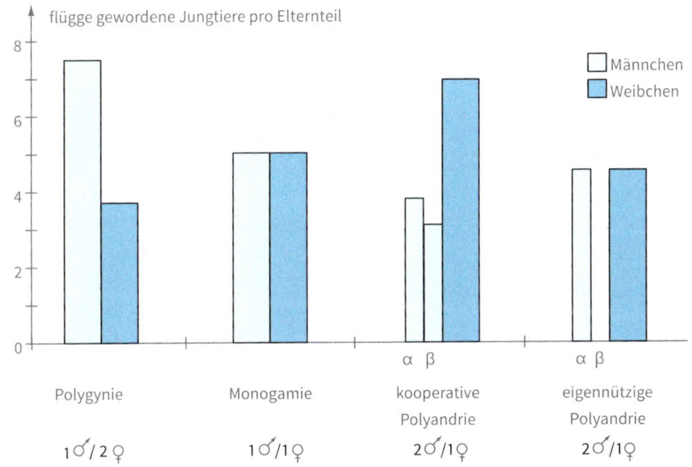

Anzahl flügge gewordener Jungtiere pro Brutsaison, jeweils für Weibchen und Männchen und nach Paarungssystem getrennt

A

1. Erklären Sie aus soziobiologischer Sicht allgemein die Ursache des Geschlechterkonflikts und die sich hieraus ergebenden Interessenskonflikte im Hinblick auf das jeweilige Paarungssystem.

2. Analysieren Sie das Material **M2** hinsichtlich der Fragestellung, durch welche Verhaltensweisen die Geschlechter versuchen, in dem jeweiligen Paarungssystem ihre Interessen durchzusetzen.

3. Werten Sie **M3** aus und erklären Sie die festgestellten Unterschiede.

4. Beurteilen Sie abschließend die Eingangsfrage, welches Paarungssystem im Geschlechterkonflikt ideal ist.

Lösungsvoraussetzungen: Anisogamie, sexuelle Konkurrenz, Paarungssysteme (Monogamie, Polyandrie, Polygynie)

L

1. Die Soziobiologie erklärt die Ursache des Geschlechterkonfliktes mit der Anisogamie, das heißt mit der ungleichen Größe der Geschlechtszellen (Gameten) bei den Geschlechtern. Männchen können viele „energetisch billige" Spermien produzieren, Weibchen dagegen nur wenige, große Eier, die zudem aufwändig zu produzieren sind. Das gemeinsame Ziel einer Fitnessmaximierung erreichen die Geschlechter daher über unterschiedliche Strategien: Männchen streben viele Kopulationen an, Weibchen dagegen nur wenige. Während Männchen folglich bei der Partnerwahl wenig wählerisch sind und die Polygynie favorisieren, müssen Weibchen ihren Partner sehr genau aussuchen, da die Zahl ihrer Eier begrenzt ist und sie möglichst viele Nachkommen aufziehen müssen. Fehlpaarungen stellen für Weibchen daher ein großes Risiko dar. Sie favorisieren als Paarungssystem die Monogamie. Die Folge der Anisogamie ist eine starke Konkurrenz zwischen den Männchen und ein ausgeprägt wählerisches Verhalten der Weibchen (*male competition* und *female choice*).

2. - **Monogamie:** Die Männchen versuchen das Revier auszudehnen, um mit einem zweiten Weibchen zur Polygynie zu gelangen, da sie in einer Polygynie ihre Reproduktionsinteressen am besten realisieren können. Dieses System läuft aber den Strategien der Weibchen zuwider; sie versuchen daher die Polygynie zu verhindern, indem sie die anderen Weibchen attackieren und vertreiben.
   - **Polygynie:** Die Männchen versuchen das für sie vorteilhafte System zu stabilisieren, indem sie Konflikte zwischen den Weibchen „schlichten" und sich um den Nachwuchs kümmern. Zwischen den Weibchen herrscht große Aggression, da die Polygynie den eigenen Reproduktionsinteressen zuwider läuft.
   - **Polyandrie:** Zwischen den Männchen herrscht zunächst Kooperation; das Revier wird gegen weitere Konkurrenten gemeinsam verteidigt. Die Kooperation endet aber, sobald das Weibchen begattungsfähig ist. So hält das dominante α-Männchen das β-Männchen vom Weibchen fern. Im Hinblick auf ihre Unterstützungsleistungen unterscheiden sich α-und β-Männchen deutlich: Die DNA-Untersuchungen zeigen, dass sich das β-Männchen an der Brutfürsorge in dem Maße beteiligt, in dem es alleinigen Zugang zum Weibchen hat (kooperative Polyandrie). Wird ihm dieser Zugang verwehrt, stellt es die Unterstützung ein und versucht sogar die Eier des Geleges zu zerstören. Dadurch erhöht es seine Chance zur eigenen Fortpflanzung, da das Weibchen nun mit einer Ersatzbrut beginnt. Das Weibchen versucht mit beiden Männchen zu kopulieren, indem es auch das β-Männchen aktiv zur Kopulation auffordert. Dadurch mildert es die Gefahr einer Zerstörung des Geleges durch das β-Männchen und steigert den eigenen Reproduktionserfolg.

3. Die Weibchen erreichen den höchsten Reproduktionserfolg mit durchschnittlich sieben flügge gewordenen Jungtieren in einer kooperativen Polyandrie. Der geringste Erfolg stellt sich mit durchschnittlich 3,7 Jungtieren in der Polygynie ein.
Die Unterschiede sind Ergebnis der unterschiedlichen Einbindung der Männchen in die Jungenfürsorge. Das Reproduktionsergebnis in einer Polyandrie mit doppeltem männlichem Investment ist zwangsläufig größer als das bei geteiltem Investment in einer polygynen Paarbeziehung.
Weibchen verhalten sich also biologisch angepasst, wenn sie einerseits den polygynen Interessen der Männchen entgegenwirken und andererseits versuchen, ein zweites Männchen in das Brutgeschäft einzubinden.
Aus Sicht der Männchen kehren sich die Verhältnisse genau um: Sie erzielen mit mehr als sieben flügge gewordenen Jungtieren in der Polygynie den größten Reproduktionserfolg, da sie hier gleichzeitig über zwei Gelege verfügen. In der kooperativen Polyandrie ist der Reproduktionserfolg beider Männchen gering; hier konkurrieren beide um den alleinigen Zugang zum Weibchen. Die unterschiedlichen Ergebnisse bei α- und β-Männchen spiegeln das unterschiedliche Ausmaß dieses Zugangs wider. Die Tatsache, dass hier der Fortpflanzungserfolg der α-Männchen noch unter dem Wert in der Monogamie liegt, ist möglicherweise auf die energiezehrenden Auseinandersetzungen mit dem β-Männchen zurückzuführen.
In der **eigennützigen Polyandrie** liegt der Fortpflanzungserfolg des α-Mänchens geringfügig über dem in der kooperativen Polyandrie, da das Männchen hier den alleinigen Zugang zum Weibchen hat. Das β-Männchen kann sich nicht fortpflanzen und bleibt folglich ohne Junge.
Bei **Monogamie** stellt sich für beide Geschlechter ein durchschnittlicher Reproduktionserfolg von fünf flügge gewordenen Jungtieren ein.
Zusammenfassend kann man feststellen: Männchen neigen zur Polygynie, da sie so ihre Interessen am besten realisieren können, was Weibchen wiederum zu verhindern suchen. Diese tendieren zur Polyandrie, was den männlichen Vaterschaftsansprüchen zuwiderläuft.

4. Paarungs- und Fortpflanzungssysteme sind das Ergebnis unterschiedlicher Fortpflanzungsstrategien. Wer dabei seine Interessen am ehesten durchsetzen kann, ist von ökologischen Rahmenbedingungen wie der jeweiligen Reviergröße abhängig.
Die gegenläufigen Interessen von Heckenbraunellen-Männchen und -Weibchen führen zu teils offenen, teils verdeckten Konflikten. Männchen erreichen mit der Polygynie ihr Optimum, Weibchen mit der kooperativen Polyandrie. Ein für beide Geschlechter gleichermaßen ideales Paarungssystem kann es nicht geben. Die Monogamie stellt lediglich einen Kompromiss bei der Realisierung der unterschiedlichen Interessen dar.

Tipp

Tipps zur Herangehensweise

- Vor Beginn der eigentlichen Aufgabenbearbeitung sollen Sie sich die Bedeutung der Begriffe Monogamie, Polygynie und Polyandrie in Erinnerung rufen.
- In Aufgabe 2 ist dann auf eine strukturierte Wiedergabe der unterschiedlichen Verhaltensweisen im jeweiligen Paarungssystem zu achten.
- Bei der Auswertung des Diagramms (**M2**) ist es sinnvoll, den Reproduktionserfolg in den verschiedenen Paarungssystemen jeweils zunächst getrennt für jedes Geschlecht zu erfassen.

Mögliche Prüfungsfragen zu diesem Thema für einen zweiten Prüfungsteil

A

1. Erläutern Sie Ursachen für die Entstehung von Variabilität bei ungeschlechtlicher und geschlechtlicher Vermehrung.

2. Bei Affen lässt sich beobachten, dass es zwischen Geschwistern oder Eltern und Kindern kaum sexuelle Kontakte gibt. In allen menschlichen Kulturen gilt das Inzest-Verbot. Formulieren Sie Hypothesen zur Entstehung dieses Phänomens.

3. 1984 erschien ein soziobiologischer Artikel mit dem Titel: „Kein Kampf ums Dasein." Beurteilen Sie diese Aussage.

7.7 Uneigennütziges Verhalten bei Nichtverwandten – ein Argument gegen den „Egoismus der Gene“?

M1 Information zum Verhalten von Vampirfledermäusen

Die gemeinen Vampire *(Desmodus rotundus)* leben in den amerikanischen Tropen innerhalb größerer Verbände in Gruppen von acht bis zwölf erwachsenen Weibchen und deren Nachwuchs. Die Weibchen sind teilweise miteinander verwandt, weil sie im Gegensatz zu den Männchen in ihrer Geburtsgruppe verbleiben. Vampirfledermäuse ernähren sich von Blut, das sie bei ihren nächtlichen Ausflügen aus Rindern und Pferden saugen. Ein Teil der Vampire kehrt häufig erfolglos von der Jagd zurück. Dies ist für die betroffenen Tiere eine dramatische Situation, da sie ohne Nahrung innerhalb von drei Tagen verhungern. Die erfolglosen Heimkehrer „betteln“ in diesem Fall gesättigte Artgenossen an und bekommen tatsächlich eine Spende von hervorgewürgtem Beuteblut. Dadurch wird das Überleben der erfolglosen Blutsauger gesichert.

M2 Gewichtsveränderung bei Vampirfledermäusen

Das Diagramm zeigt allgemein die Gewichtsveränderung bei Vampirfledermäusen nach dem Fressen und folgendem Hungern. Ohne neue Nahrungsaufnahme tritt nach ca. 60 Stunden der Hungertod ein. Daneben wurde das Gewicht des Spenders einer Blutmahlzeit vor und nach der Spende (A und B) angegeben sowie die entsprechenden Daten für den Empfänger der Mahlzeit (C und D). Die Buchstaben f und h stehen für die Veränderungen der Lebensdauer beim Spender bzw. Empfänger der Blutmahlzeit.

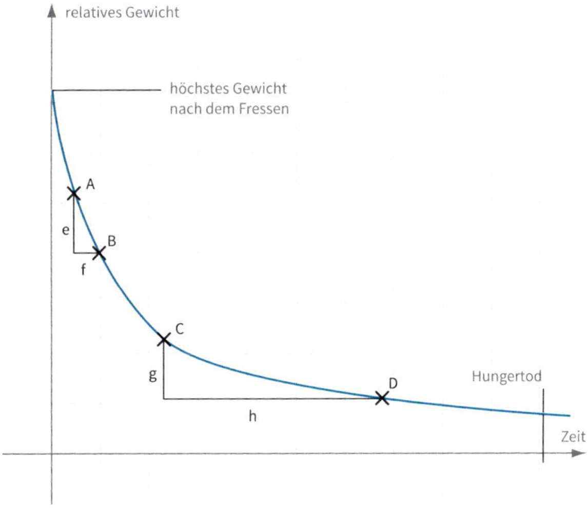

Gewichtsveränderung bei Vampirfledermäusen in Abhängigkeit von der Zeit

M3 Information zum Nahrungsteilen bei Nichtverwandten

Vampirfledermäuse zeigen die Bereitschaft zum Nahrungsteilen auch bei Tieren, mit denen sie nicht verwandt sind. In einer Laborstudie wurden nicht verwandte Vampirfledermäuse, die von einem gemeinsamen Schlafplatz stammten, mit nicht verwandten von einem anderen Schlafplatz zu einer neuen Gruppe zusammengestellt.

Wurden nun zufällig ausgewählte Tiere vorübergehend ohne Nahrung gehalten und anschließend zur inzwischen gefütterten Gruppe zurückgesetzt, so ließen sich gehäuft Fütterungen zwischen Individuen beobachten, die im Freiland den gleichen Schlafplatz nutzten. Zudem zeigte sich, dass ausgehungerte Fledermäuse, die Blut erhalten hatten, später häufiger bettelnde Schlafplatznachbarn fütterten, von denen sie selbst schon einmal gefüttert worden waren. In einer Freilandstudie wurde überprüft, wie häufig von zwei nahrungsteilenden Vampiren derselbe Schlafplatz genutzt wurde. Die Grafik gibt die entsprechenden Versuchsergebnisse wieder.

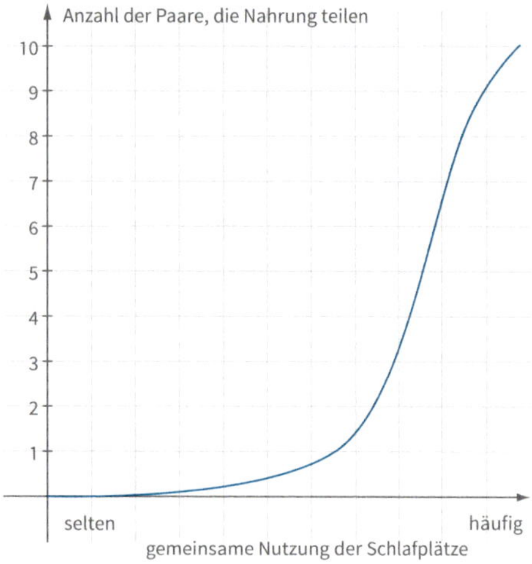

Nahrungsteilen bei gemeinsamer Nutzung der Schlafplätze

A

1. Erläutern Sie die unterschiedlichen Erklärungsansätze der klassischen Verhaltenslehre bzw. der Soziobiologie zum uneigennützigen Verhalten von Tieren.

2. Analysieren Sie anhand von **M2** Kosten und Nutzen für den Spender und den Empfänger der Hilfeleistung.

3. Erklären Sie auf der Basis von **M3**, unter welchen Umständen uneigennütziges Verhalten auch unter Nichtverwandten realisiert wird.

4. Beurteilen Sie abschließend die Eingangsfrage, ob uneigennütziges Verhalten bei Nichtverwandten ein Argument gegen den „Egoismus der Gene" ist.

Lösungsvoraussetzungen: Erklärungsansätze der klassischen Verhaltenslehre bzw. Soziobiologie zum Infantizid und zum nepotistischen Altruismus, Gruppenselektion, Individualselektion, Verwandtenselektion

L

1. Die **klassische Verhaltenslehre** nahm an, dass die Selektion an der Gruppe oder an der Art ansetzt (Gruppenselektion). Nach dieser Vorstellung würden also Lebewesen mit Eigenschaften begünstigt, die der Erhaltung der Art dienten. Uneigennütziges (altruistisches) Verhalten erfüllt demnach den Zweck, das langfristige Überleben der Gruppe oder der Art zu sichern.
Die **Soziobiologie** erklärt uneigennütziges Verhalten mithilfe der Individualselektion. Danach greift die Selektion am Individuum an und nicht an der Gruppe oder Art. Die ultimate Ursache von Verhalten ist hier die individuelle Fitnessmaximierung („Egoismus der Gene“). Uneigennütziges Verhalten ist zunächst mit Kosten für die direkte Fitness verbunden. Eine Unterstützug von Verwandten erhöht deren Fortpflanzungschancen und damit auch die Weitergabe von Kopien der eigenen Gene an die nächste Generation (Verwandtenselektion). Durch diesen Zugewinn an indirekter Fitness wird die Gesamtfitness maximiert. Diese Form selbstlosen Handelns wird als nepotistischer Altruismus bezeichnet.

2.
- **M2** zeigt, dass die Fledermäuse mit zunehmendem zeitlichem Abstand zur letzten Nahrungsaufnahme an Gewicht verlieren.
- Der abfallende Verlauf der Kurve bedeutet, dass das Hervorwürgen einer kleinen Blutmenge für ein wohlgenährtes Tier nur geringe Kosten verursacht; die Position des Tieres nähert sich dadurch nur geringfügig dem lebensbedrohlichen Schwellenwert auf der Zeitachse.
- Die gleiche Blutmenge kann jedoch für ein verhungerndes Tier einen enormen Nutzen bringen, da sich das relative Gewicht in kurzer Zeit deutlich erhöht. Die Blutmahlzeit könnte damit das Leben des Empfängers retten und sein weiteres Überleben bis zur folgenden Nacht ermöglichen, in der er wieder Gelegenheit zur Nahrungssuche hat.
- Die Spende einer Blutmenge *e* verursacht für den Spender mit dem Gewicht *A* einen Verlust von *f* Stunden, sie ermöglicht dem Empfänger mit dem Gewicht *C* jedoch das Überleben über einen Zeitraum von *h* Stunden.

3.
- Uneigennütziges Verhalten wird auch bei Nichtverwandten realisiert, sofern das zunächst nutznießende Tier bei nächster Gelegenheit den gegenteiligen Part übernimmt (Erwiderungsverlässlichkeit → **M3**)
- Voraussetzung für dieses Verhalten ist ein hohes Maß an Vertrautheit in Verbindung mit einer hohen Lebenserwartung und die Fähigkeit, sich gegenseitig zu erkennen. Die Vertrautheit dokumentiert sich in der Nutzung gemeinsamer Schlafplätze (**M3**).
- Das gegenseitige Erkennen schützt vor „Betrügern“, die nach einem einmaligen betrügerischen Verhalten keine Blutspende mehr erhalten und schließlich sterben würden, wenn sie selbst erfolglos von der Nahrungssuche an den Schlafplatz kämen.

4. Selbstloses Verhalten lässt sich nicht nur durch nepotistischen, sondern auch durch reziproken Altruismus erklären: So ist das Blutspenden zwar mit Kosten, aber auch mit Nutzen für die direkte Fitness verbunden, da der Empfänger einer Hilfeleistung diese Hilfe zu einem späteren Zeitpunkt erwidert. Auch in diesem Fall ist das altruistische Verhalten also genetisch eigennützig. Das „uneigennützige" Verhalten der Vampirfledermäuse steht damit nicht im Widerspruch zum „Egoismus der Gene" bzw. der Individualselektion.

Mögliche Prüfungsfragen zu diesem Thema für einen zweiten Prüfungsteil

A

1. Erläutern Sie an ausgewählten Beispielen direkte und indirekte Fitness.

2. Beurteilen Sie, unter welchen Bedingungen altruistisches Verhalten vorteilhaft ist.

3. Vogeleltern füttern in der Regel das am heftigsten bettelnde Junge zuerst und kümmern sich nicht um ein Junges, das aus dem Nest fällt.
Deuten Sie dieses Verhalten aus Sicht der Soziobiologie.

4. Mit dem Versuch der Anwendung soziobiologischer Erkenntnisse auf den Menschen erwuchs starke Kritik. Nennen Sie mögliche Gründe.

Stichwortverzeichnis

Bildquellenverzeichnis

|Alamy Stock Photo, Abingdon/Oxfordshire: Kneschke, Robert 74.3, 78.3. |imprint, Zusmarshausen: 22.1, 22.2, 26.1, 26.2, 27.1, 33.1, 36.1, 39.1, 39.2, 41.1, 41.2, 45.1, 45.2, 47.1, 53.1, 57.1, 57.2, 60.1, 61.1, 63.1, 66.1, 66.2, 66.3, 66.4, 66.5, 66.6, 66.7, 66.8, 66.9, 66.10, 66.11, 66.12, 66.13, 66.14, 66.15, 66.16, 66.17, 66.18, 66.19, 66.20, 67.1, 70.1, 70.2, 73.1, 74.1, 74.2, 77.1, 78.1, 78.2, 79.1, 80.1, 80.2, 81.1, 84.1, 85.1, 88.1, 93.1, 93.2, 94.1, 94.2, 99.1, 99.2, 99.3, 99.4, 99.5, 99.6, 99.7, 99.8, 99.9, 99.10, 99.11, 99.12, 103.1, 105.1, 115.1, 115.2, 117.1, 118.1, 120.1, 120.2, 120.3, 120.4, 123.1, 126.1, 126.2, 129.1, 129.2, 164.1, 167.1, 169.1, 173.1, 174.1, 174.2, 174.3, 177.1, 177.2, 177.3, 178.1, 178.2, 178.3, 183.1, 187.2, 188.1. |iStockphoto.com, Calgary: Kuiken, Mark Titel. |Schwarz, Thies, Hannover: 141.1, 146.1, 146.2, 147.1, 168.1, 172.1. |Tierbildarchiv Angermayer, Holzkirchen: Elfner 182.1. |wikimedia.commons: Desmodus 187.1.